Olaf Hemker | Heiner Kutza

Bodenbearbeitungen im Garten- und Landschaftsbau

Untersuchen – Bewerten – Verbessern

Praxisbibliothek grün

Dieses Buch ist Bestandteil der Reihe „Praxisbibliothek grün".
In dieser Reihe erscheinen Titel für Planende, Ausführende, Studierende, Auszubildende und Sachverständige im Garten- und Landschaftsbau.

Herausgeber dieser Reihe sind
Dipl.-Ing. (FH) Elke Hornoff,
Prof. em. Dr.-Ing. Mehdi Mahabadi,
Prof. Dipl.-Ing. (FH) Martin Thieme-Hack.

Dipl.-Ing. (FH) Elke Hornoff
Hochschule Osnabrück
Fakultät Agrarwissenschaften und Landschaftsarchitektur
Lehrgebiet Konstruktiver Ingenieurbau, Baukonstruktion und Landschaftsbau
Am Krümpel 31
49090 Osnabrück

Prof. em. Dr.-Ing. Mehdi Mahabadi
Hochschule Ostwestfalen-Lippe
Lehr- und Forschungsgebiet Technik des Garten- und Landschaftsbaus
Hellerkamp 26
42555 Velbert

Prof. Dipl.-Ing. (FH) Martin Thieme-Hack
Hochschule Osnabrück
Fakultät Agrarwissenschaften und Landschaftsarchitektur
Lehrgebiet Baubetrieb im Landschaftsbau
Am Krümpel 31
49090 Osnabrück

Olaf Hemker | Heiner Kutza

BODENBEARBEITUNGEN IM GARTEN- UND LANDSCHAFTSBAU

Untersuchen – Bewerten – Verbessern

99 Fotos
36 Zeichnungen
65 Tabellen

Zu den Autoren

Olaf Hemker, Prof. Dr.-Ing., Bauingenieur mit vielfältigen Labor- und Baustellenerfahrungen, z. B. für Wege, Teiche, Deponien, Reitplätze, Biketrails, Veranstaltungen auf Grünflächen. Sein Motto: Alles steht auf dem Boden. Die Herausforderung: Belastung und Witterung beeinflussen die Leistungsfähigkeit des Bodens.

Heiner Kutza, Dipl.-Ing. Landschaftsarchitektur. Langjähriger Leiter im Labor für Erdbau und Bodenmechanik, dazugehörig sind Felduntersuchungen auf großen und kleinen Baustellen, auf und mit unterschiedlichsten Böden, wie z. B. für eine Reitstation im Oman oder ein Forschungsvorhaben in Wacken (WOA).

INHALTSVERZEICHNIS

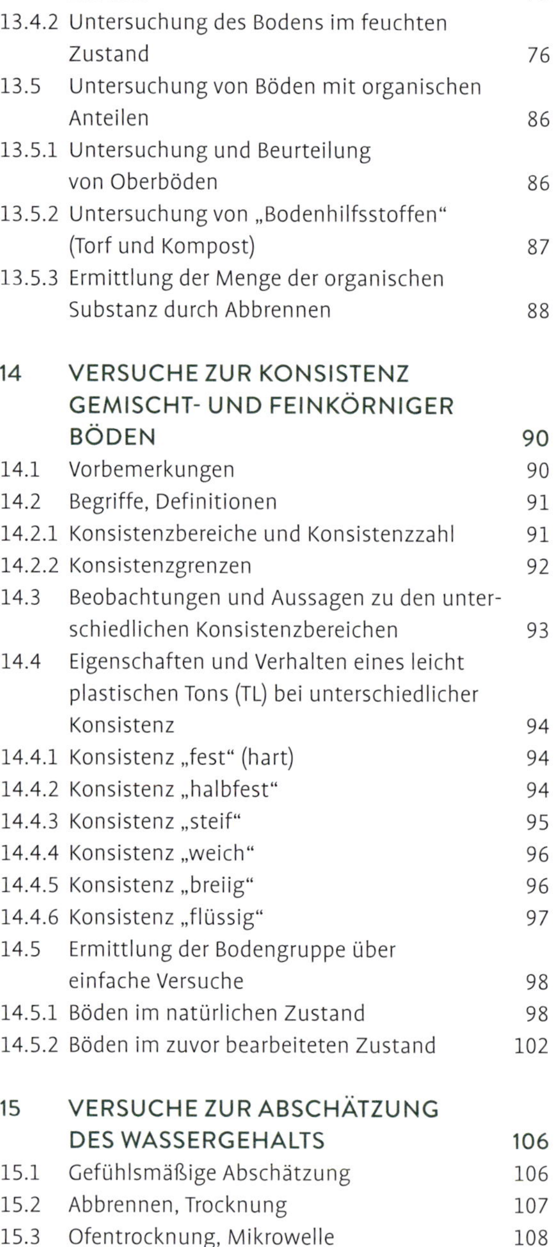

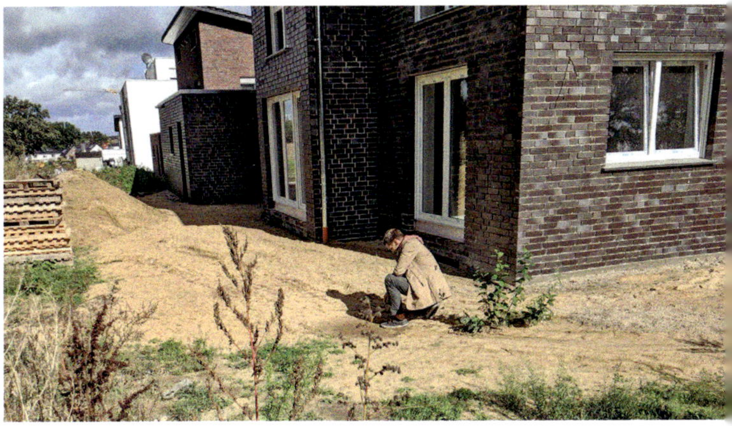

VORWORT

Bei fast allen Baumaßnahmen wird der Boden – meist gedankenlos – verwendet. Er wird befahren, er dient als Lagerfläche, es wird mit ihm als Baustoff gearbeitet, auf ihm als Baugrund ein Bauwerk errichtet oder er wird bepflanzt. Dabei spielt es keine Rolle, ob es sich um kleine oder große Maßnahmen handelt, ob sie vom Laien oder von einem Bauunternehmen ausgeführt werden.

Häufig (meistens?) geht dabei alles gut: Es sind ja, für den Laien, keine Schäden oder Mängel erkennbar und so überlegt sich später kaum jemand, warum sich der Boden so gut verhalten hat. Leider gibt es aber auch oft Probleme, die in vielen Fällen zu spät bemerkt werden. Wie viel Ärger, welche Unannehmlichkeiten und Kosten ließen sich vermeiden oder zumindest deutlich verringern, wenn die Eigenschaften des vorhandenen Bodens rechtzeitig beachtet würden. Im Idealfall sollte dies bereits während der Planung geschehen, zumindest aber bevor der Boden bearbeitet wird. Die so gewonnenen Kenntnisse könnten dann spätestens bei der praktischen Arbeitsausführung umgesetzt werden und es gäbe keine unschönen und meist teuren Überraschungen.

Der ständige Kontakt mit der Praxis und die dort immer wieder gestellten Fragen haben uns bewogen, in einem „kleinen“ Buch möglichst einfache Hinweise zur Beurteilung der Eigenschaften und des Verhaltens von Böden zusammenzustellen. Jeder Interessierte soll diese „Bodenbearbeitungen im Garten- und Landschaftsbau” anwenden können, um ohne umfangreiche (und in der Regel teure und zeitaufwendige) Laboruntersuchungen die Erkenntnisse zu gewinnen, die eine ausreichend sichere Einschätzung der bau- und vegetationstechnischen Eigenschaften des jeweils vorliegenden Bodens gestatten. Mit den vorgestellten Methoden der Bodenbeurteilung können auf jeden Fall einfachere Arbeiten im Garten-, Landschafts- und Erdbau so ausgeführt werden, dass keine größeren Mängel zu erwarten sind. Für umfangreichere Baumaßnahmen sind mit ihnen die gegebenenfalls möglichen „Schwachstellen” des Bodens erkennbar, denen dann mit vertieften Fachkenntnissen gezielt nachgegangen werden kann.

Das Buch enthält nur die unbedingt notwendigen theoretischen Grundlagen und ebenso Auszüge/Hinweise auf nicht verzichtbare DIN-Normen. Umfangreiche wissenschaftliche Erläuterungen fehlen, da sie zum Verständnis des Inhaltes nicht benötigt werden und bei weitergehendem Interesse in der Fachliteratur nachzulesen sind. So kann der Umfang des Buches so gering wie möglich gehalten werden, damit es auch direkt vor Ort als baustellentaugliches Nachschlagewerk verwendbar ist.

Das Buch ist in gewisser Weise auch zeitlos, weil sich „neue“ Erkenntnisse nur in der labormäßigen Versuchstechnik niederschlagen, die in diesem Werk aber nicht behandelt wird. Es betrachtet ebenfalls nicht die chemischen Vorgänge im Boden – denn erst wenn die Bodenmechanik (die Bodenphysik) stimmt, „greift“ die Bodenchemie!

Die „Anleitung” soll all denen als Hilfe dienen, die den Boden als Baugrund und Baustoff sowie als belebten Vegetationsstandort ernst nehmen. Ansprechen möchten wir mit dem Buch nicht nur die interessierten Laien und Gartenbesitzer, sondern alle im Landschafts-, Garten-, Erd- und Tiefbau tätigen Fachleute vom Ingenieur (der verschiedensten Fachrichtungen) und Landschaftsarchitekten bis hin zu den Auszubildenden, deren aller Arbeit immer den Boden beeinflusst – auch wenn dies oft nicht berücksichtigt wird. Zudem kann das Buch, zumindest als Hilfsmittel, die Erinnerung an das im Alltag oft verschüttete Wissen auffrischen.

Osnabrück, im Januar 2020 — Olaf Hemker/Heiner Kutza

EINLEITUNG

Im Garten- und Landschaftsbau sowie bei weniger umfangreichen Erd- und Tiefbauarbeiten werden diese meist nicht nur vom Laien, sondern manchmal auch von Fachleuten der Planung und Ausführung als einfache Arbeiten betrachtet. Oft wird hier der Standpunkt eingenommen: „Diese Arbeiten sind so simpel, dass sie ohne großen Aufwand (und ohne größere Rücksicht auf die Bodenverhältnisse) ausgeführt werden können." Während und nach Abschluss der Arbeiten treten dann oft doch Unzulänglichkeiten und Mängel auf, und dadurch zeigt sich, dass diese Materie doch etwas mehr an Überlegungen erfordert hätte, als angenommen wurde.

Die Autoren verfolgen mit ihrem Buch das Ziel, dass es gar nicht erst zu Mängeln kommt. Und dieses Ziel soll möglichst schnell mit einfachen Mitteln bei gleichzeitig hoher Aussagequalität erreicht werden. Dazu ist es freilich nötig, sich bereits vor und während der Planung sowie während der Arbeitsausführung um den entscheidenden Baustoff dieser Arbeiten zu kümmern – den Boden.

Auch in diesem praxisbezogenen Buch muss eine Beschreibung und Definition von „theoretischen" Begriffen erfolgen, die in den folgenden Texten verwendet werden. Andernfalls könnten sich Missverständnisse ergeben.

Die Thematik dieses Buches hat zwei Betrachtungsweisen als Grundlage:

1. vor Baubeginn als Planungsgrundlage zur Beurteilung von Böden sowie zur Beurteilung von Böden auf Durchführbarkeit der Bauarbeiten kurz vor der Bauausführung.

2. nach Baubeginn und nach Abschluss der Bauarbeiten die Gründe der als Baumangel erkannten Folgen einer falschen oder mangelhaften Bodenbearbeitung festzustellen und darauf zu reagieren.

Die erste Betrachtungsweise – sich vor der Planung die Planungsgrundlagen zu beschaffen und dann vor den jeweiligen Bauabschnitten oder Arbeitsvorgängen die Leistungsfähigkeit des Bodens zu überprüfen – ist besonders wichtig. Bei dieser Vorgehensweise erscheint es sinnvoll, den Abschnitt A dieses Buches zu lesen, um auf den Boden ohne Zeitdruck eingehen zu können beziehungsweise um vor Ort anhand des Buches die geeigneten Feldversuche und Auswertungen durchführen zu können.

Die zweite Betrachtungsweise ergibt sich als Reaktion auf die selbst oder von anderen gemachten Fehler. Voraussetzung ist selbstverständlich immer, dass ein Fehler auch als solcher erkannt wird!

Die im Landschaftsbau und im Erdbau in der Regel diesbezüglich auftretenden vier wichtigsten Problembereiche oder Fragestellungen sind:

- Ist der Boden für die vorgesehene bautechnische Maßnahme (z. B. Erdplanum einer Wegefläche) brauchbar?
- Ist der Boden für die vorgesehene Vegetation geeignet (hinsichtlich Wasser- und Lufthaushalt, Durchwurzelbarkeit, Durchwurzelungstiefe, Umgebungsboden)?
- Haben Witterung und Bearbeitung des Bodens Einfluss auf seine Eigenschaften und gegebenenfalls auf welche?
- Haben die Veränderung der Oberflächenausbildung (z. B. Neigung, Bildung von Senken) und die Ausbildung einer künstlichen Schichtenfolge verschiedener Böden nachteilige Einflüsse auf beispielsweise den Wasserhaushalt einzelner Bereiche oder die Festigkeit des Bodens?

Das Buch bietet die Möglichkeit, mit einem vertretbaren und geringen Zeitaufwand eine eigene Beurteilung der Eignung des Bodens und des Bodenverhaltens durchzuführen, um so ausreichend zuverlässige Antworten auf die zuvor genannten Fragestellungen zu finden.

Auf diese Weise können sinnvolle Lösungen erarbeitet und Entscheidungen für weitere Arbeiten auch dann schon getroffen werden, wenn beispielsweise eine noch mit Wildwuchs bestandene oder schon abgeräumte Fläche eines Baugrundstückes (oder eine Bodenmiete) angesehen wird oder eine Zustimmung zu angeliefertem Füllboden oder künftigem Oberboden zu geben ist. Ferner kann so auch abgeschätzt werden, ob die Einschaltung eines Labors unbedingt notwendig ist. Das würde zusätzlich Zeit in Anspruch nehmen und Kosten verursachen. Die hier vorgestellten Untersuchungen der anstehenden Böden erfolgen mit einfachsten Verfahren, teilweise ganz ohne Zuhilfenahme von Geräten unmittelbar vor Ort und, sofern die Prüfungen selbst ausgeführt werden, sogar kostenfrei. Diese einfachen Methoden können im Grunde von jedem Interessierten durchgeführt werden. Es muss jedoch klar sein, dass dieses Buch kein Labor ersetzen soll, aber helfen kann, die Böden (auch bei größeren Bauvorhaben) vorab zu beurteilen.

Zuvor noch einige Erläuterungen zum Aufbau des Buches:

Abschnitt A gibt Hinweise zur Vielfalt der Bodeneigenschaften. Es werden hier Definitionen und Beschreibungen des Bodens und theoretische Hinweise gegeben. Mit deren Verständnis wird die Abfolge der wichtigsten Entscheidungen und Arbeitsschritte beginnend mit der Erkundung des Standortes (dem Bodenbereich, auf dem oder mit dem gebaut wird oder der bepflanzt werden soll) klar.

Abschnitt B enthält einfache Versuche zur Bestimmung der Bodeneigenschaften mit Hinweisen für ihre praktische Durchführung. Die Versuche dienen vorrangig der Ermittlung der wichtigsten und wirkungsvollsten Bodenkennwerte „Bodenart/Bodengruppe“ und „Bodenzustand“. Es werden die Gerätschaften und Hilfsmittel, also die „Ausrüstung" des eigenen kleinen „Labors", vorgestellt. Diese Untersuchungen bilden die Grundlage aller weiterführenden Überlegungen, insbesondere derer zur Umsetzung von Baumaßnahmen.

Im **Abschnitt C** werden Hilfen zur Auswertung der Versuchsergebnisse und zur Ableitung weiterer Bodenparameter gegeben, die für die Erarbeitung der Lösungsansätze der objektbezogenen Fragestellungen oder Probleme bedeutsam sind.

Im **Abschnitt D** wird anhand eines Anwendungsbeispiels die Arbeitsweise beziehungsweise die Herangehensweise mithilfe dieses Buches beschrieben.

Abschnitt E präsentiert 25 typische Fragestellungen (Fallbeispiele), die Leser zu ihren Böden haben könnten, und die dann anhand dieses Buches beantwortet werden.

Der Auslöser für die Beschäftigung mit dem Buch wird wohl in den meisten Fällen sein, dass etwas nicht zur Zufriedenheit ausgefallen ist (denn nur dann sind die Betroffenen in der Regel geneigt, überhaupt Fragen zu stellen!). Und so wird häufig gefragt:

„Warum ist ‚das' geschehen ...?
Wie hätte es vermieden werden können?“

Bei diesen Fragestellungen ist es unerheblich, ob die Frage von Laien (an „Fachleute"), von Lehrlingen (an Kolonnenführer/Meister) oder von Ingenieuren (an Sachverständige) gestellt wird. Unerheblich insofern, weil jeder Fragesteller die Frage offensichtlich nicht selbst beantworten kann und nun hofft, dass es die Angesprochenen mit ihrem Fachwissen tun können.

Bezeichnend ist, dass sich die meisten derartigen Fragen ergeben, weil einfach darauflos gearbeitet wurde („so haben wir immer gearbeitet – der Boden hält das schon aus"), aber nach der Fertigstellung Mängel festzustellen sind, die jetzt behoben werden müssen.

Wesentlich besser wäre es jedoch gewesen, vorher die Frage zu stellen:

„Was kann ich vom Boden verlangen ...?"

Um den Erstbenutzern des Buches die unter Umständen vorhandene Scheu vor dem recht umfangreichen Inhalt zu nehmen und sie zu Beginn nicht gleich alles zu lesen brauchen, möchten wir die Anwendung an zwei Beispielen zeigen: 1. an einem Mangel, der nach Baubeginn beziehungsweise Fertigstellung der Arbeit aufgetreten ist, und der Erläuterung der Ursachen beziehungsweise Hinweisen zur Behebung und 2. an einem Beispiel für die (ideale) Situation vor Baubeginn.

BEISPIEL 1:

Frage: Warum sackt das Pflaster meiner Garagenzufahrt ab?
Antwort: Ursächlich für den Schaden können sein:

a) Falsche Zusammensetzung der Tragschicht: Ist dies der Grund, muss entweder mit dem Mangel weiter gelebt werden oder die Tragschicht ist in der richtigen Zusammensetzung neu zu bauen.
b) Eine zu niedrige Dichte/Tragfähigkeit der Tragschicht bzw. des Baugrundes (durch mangelhafte Verdichtung beim Einbau): Tragschicht bzw. Baugrund sind nachzuverdichten.
c) Bei bindigem Baugrund: zu weicher Bodenzustand aufgrund von Vernässung (durch ungenügende oder fehlerhafte Planumsentwässerung). Das Planum (Oberfläche des Baugrundes) ist mit ausreichender Querneigung und Entwässerung neu zu erstellen. Bei zu hohen Folgekosten können/müssen sich die Betroffenen vielleicht sogar mit dem Mangel abfinden.

BEISPIEL 2:

- Frage: Wie sind die Bodenverhältnisse beschaffen? Wie muss unter den vorliegenden Bedingungen die Garagenzufahrt gebaut werden, damit keine Mängel auftreten?
- Antwort: Die Lösung liegt im Umkehrschluss der Antworten zu Beispiel 1 – nur müssen die Antworten rechtzeitig vorliegen!

FAZIT:

Einfache Lösungen wären wünschenswert, oft ist aber das Gegenteil der Fall, weil die wichtigen Fragen vorher nicht gestellt wurden. Daher ist vernetztes Denken und Kombinationsgabe für die Lösung von Problemen erforderlich – ein einziger gemachter Fehler zieht für gewöhnlich weitere Fehler nach sich! Die Fragestellung **vor** Beginn der Arbeiten nach den Ansprüchen an den Boden und seine Leistungsfähigkeit ist daher entscheidend!

ABSCHNITT A: DIE VIELFALT DER BODENEIGENSCHAFTEN

1 DEFINITIONEN

In diesem Kapitel werden wichtige Begriffe zum Thema Boden erläutert.

1.1 Definition „Boden“

Böden weisen keinen festen inneren, gebundenen Zusammenhalt wie beispielsweise Felsgesteine oder Beton auf. Dabei spielt es keine Rolle, ob die Böden (sogenannte Lockergesteine) durch natürliche Vorgänge oder durch menschliche Eingriffe entstanden sind und wie die jeweilige Zusammensetzung ist. Der so definierte Boden wird laienhaft oder mundartlich häufig auch Erde oder Erdreich genannt.

1.2 Der Boden – ein „Dreistoffgemisch“

Boden stellt ein Gemisch aus festen, unterschiedlich großen Körnern (dem „Kornhaufwerk“) und dazwischen befindlichen Hohlräumen (den Poren) dar, die ihrerseits (fast immer) Wasser und Luft enthalten.

Diese einfache Aufzählung täuscht jedoch leicht darüber hinweg, dass der Boden **drei physikalisch völlig verschiedene** und damit unterschiedlich reagierende beziehungsweise wirkende Bestandteile – die festen Körner, das (meist flüssige) Wasser und die Luft (= Gas) – enthält. Daher wird er richtig als Dreistoffgemisch bezeichnet.

Besonders deutlich zeigt sich die unterschiedliche Wirkung dieser drei „Baustoffe“ des Bodens bei feinkörnigen und bindigen Böden: Selbst wenn der Boden durch die Bearbeitung oder Benutzung seine endgültige Lagerung (Dichte) erhalten hat, ändern sich dennoch die Bodeneigenschaften durch die wetterbedingte Zu- und Abnahme der Luft- und Wassermengen in den Poren beträchtlich. So kann sich beispielsweise ein Lehmboden je nach Witterung von einem stabilen, praktisch „harten“ Zustand in eine leicht bearbeitbare, „krümelnde“ Struktur, eine knetbare Masse oder in einen flüssigen „Schlamm“ verwandeln.

Für eine schlüssige Beurteilung des Bodens müssen daher die Wechselwirkungen dieser drei unterschiedlichen Bestandteile und ihre gegenseitigen Auswirkungen genauer betrachtet werden.

FAZIT:

- Boden ist selbst nach seiner Verdichtung nicht unbedingt ein in den Eigenschaften unveränderlicher Baustoff!
- Zur Bodenbeurteilung ist neben seiner Zusammensetzung auch sein augenblicklicher Zustand zu betrachten.

1.3 Definitionen „Bodenbereiche“

Je nach Bauvorhaben und der Lage des Bodens sollten folgende Einteilungen und Bezeichnungen verwendet werden.

Oberboden (siehe auch Kap. 13.5)
Der Oberboden, im allgemeinen Sprachgebrauch fälschlich „Mutterboden“ genannt, bildet die oberste Bodenschicht (daher im Englischen die sinnvolle Bezeichnung „top-soil“), in der neben mineralischen und organischen Anteilen auch Bodenlebewesen der verschiedensten Art und Größe vorkommen. Diese Bodenschicht dient vegetationstechnischen Zwecken.

Im Normalfall beträgt ihre Dicke bis zu ca. 20 cm, bei Ackerböden kann es einiges mehr sein (bis über 40 cm). Diese relativ dünne Schicht ist der Lebensraum von Gräsern, Kräutern, ein- und zweijährigen Pflanzen, Stauden und wenigen flach wurzelnden Gehölzen (Sträuchern) und der „Produktionsbereich“ für unser Getreide und Gemüse. Gehölze (Bäume) wurzeln dagegen kaum in dieser dünnen Schicht des Oberbodens (nur in der Keimungsphase), sondern im vorwiegend mineralischen Untergrund. Gehölze brauchen damit Oberboden auch nicht in der Pflanzgrube!

Die Oberbodenschicht muss nicht zwingend ein „gewachsener“, das heißt natürlich entstandener Boden sein, der sich über viele Jahrzehnte vor Ort aus dem Unterboden entwickelt hat. Es kann auch ein „gewachsener“ Oberboden sein, der an ganz anderer Stelle entstanden ist und nach Antransport im Bauvorhaben verwendet wird. Ferner werden immer häufiger als Wachstumsschicht auch „künstliche“ Böden genutzt. Das können fabrikmäßig hergestellte Substrate (z. B. der große Plastiksack „Blumenerde“), mit dem Unterboden gemischte Oberböden oder sogar rein mineralische Unterböden sein.

HINWEIS

Bei künstlich angefüllten Böden, das heißt bei Böden, die sich nicht aus dem Unterboden entwickelt haben, und bei Substraten ist sinnvollerweise immer die Wechselwirkung mit dem Baugrund festzustellen (siehe Abschnitt C).

Unterboden
So wird die unter dem Oberboden vorhandene oder künstlich erstellte, weitgehend mineralische Lockergesteinsschicht bezeichnet. Bei einem natürlichen Schichtenaufbau hat sich aus diesem Boden der Oberboden entwickelt.

Zu beachten ist, dass schon in geringer Tiefe des Unterbodens Schichten angetroffen werden können, die ein ganz anderes Bodenverhalten und andere Eigenschaften als die oberflächennäheren Schichten aufweisen und die sich somit stark auf das jeweilige Bauvorhaben auswirken können.

Baugrund
Der Baugrund ist der unmittelbar unter einem technischen Bauwerk (z. B. Hochbau, Stützmauer oder Weg) liegende Boden, der sowohl natürlich vorhanden (Untergrund) als auch künstlich aufgefüllt (Unterbau) sein kann. Seine Oberfläche wird als Erdplanum oder einfach **Planum** bezeichnet.

HINWEIS

Alle im Erd-, Wege- und Landschaftsbau verwendeten **ungebundenen** Baustoffe (z. B. Sande, Kiese, Splitte, Schotter) sind entsprechend der Nutzung genau wie Oberböden, Unterböden und Baugrund zusätzlich in der Zusammenwirkung mit den angrenzenden Böden zu beurteilen.

2 DIE FESTEN BESTANDTEILE DES BODENS – DAS „KORNHAUFWERK“

Ausgang einer Bodenbeurteilung ist sinnvollerweise immer die Betrachtung des sogenannten Kornhaufwerks, das aus dem Gemisch von Körnern verschiedenster Abmessungen in unterschiedlichen Mengen besteht. Das Kornhaufwerk wird erstens durch die Eigenschaften der Einzelkörner und zweitens durch die Mengenanteile, in denen diese Körnungen vorkommen, charakterisiert.

2.1 Das Einzelkorn

„Nur“ fünf Eigenschaften der einzelnen Körner wirken sich auf das mechanische Bodenverhalten und die Bodeneigenschaften aus:
- Korngröße,
- Kornform,
- Kornoberfläche,
- Kornfestigkeit,
- die mineralischen und organischen Bestandteile.

2.1.1 Korngröße

Ein Boden wird nach seinen Korngrößen eingeteilt. Tabelle 2.1-1 zeigt die üblichen Korngrößenbereiche und bekannte Vergleichsgrößen.

Tab. 2.1-1: Korngruppen, Korngrößen und Vergleichsgrößen nach DIN EN ISO 14688-1

Korngruppe		Korngröße [mm]	Vergleichsgrößen
Bezeichnung	Kurzzeichen		
Grobkörnige Korngruppen („Siebkorn“) – nicht bindige Korngruppen			
Blöcke	Y	über 200	Kopfgröße
Steine	X	63 bis 200	größer als Hühnerei
Kies Grobkies Mittelkies Feinkies	G gG mG fG	2,0 bis 63 20 bis 63 6,0 bis 20 2,0 bis 6,0	Streichholzkopf bis Hühnerei Haselnuss bis Hühnerei Erbse bis Haselnuss Streichholzkopf bis Erbse
Sand Grobsand Mittelsand Feinsand	S gS mS fS	0,063 bis 2,0 0,63 bis 2,0 0,2 bis 0,63 0,063 bis 0,2	kleiner als Streichholzkopf Zucker bis Streichholzkopf Zucker, Grieß (sehr feines) Salz
Feinkörnige Korngruppen („Schlämmkorn“) – bindige Korngruppen			
Schluff Grobschluff Mittelschluff Feinschluff	U gU mU fU	0,002 bis 0,063 0,02 bis 0,063 0,006 bis 0,02 0,002 bis 0,006	Einzelkörner nicht mehr erkenn- und fühlbar
Ton	T	unter 0,002	

2.1.2 Kornform

Die Kornform hat Auswirkungen auf die Verschiebbarkeit der Bodenbestandteile gegeneinander in Böden.

Zu unterscheiden sind gedrungene und plattige Kornformen (siehe Abb. 2.1-1 ff.):

1. Die **gedrungene Kornform:** Sie umfasst kugelförmige und kantige Körnungen.
   - **Kugelförmige Körnungen:** Sie entstehen unter natürlichen Bedingungen (der sogenannten mechanischen Verwitterung) vor allem auf dem Transportweg durch das Wasser. Diese Körnungen sind gegen Belastung relativ unempfindlich, dafür aufgrund ihrer Form am leichtesten gegeneinander verschiebbar (Bezeichnung daher auch: „rollige Böden“). Sie bilden in der Regel die Hauptbestandteile von Natursanden und Naturkiesen.
   - **Kantige Körnungen:** Sie entstehen durch gegebenenfalls hohe Belastungen, sodass Körnungen, zum Teil mehrfach, zerbrechen. Korngemische, die zu einem großen Teil aus kantiger Körnung bestehen, können dann nur schwer gegeneinander verschoben werden. In der Bautechnik ist dieses Verhalten erwünscht, Tragschichten bestehen im Allgemeinen aus solchen Materialien.
2. Die **plattige Kornform:** Ihr sind sowohl durch mechanische Vorgänge gebildete plattige Körnungen als auch durch chemische Vorgänge entstehende dreidimensionale Bodenteile zuzurechnen.
   - **Grobe plattige Körnungen:** Sie entstehen durch natürliche Schleif- und Poliervorgänge, vor allem im Kieskornbereich oder durch mineralogische Eigenschaften. Ihre Dicke kann im Verhältnis zum Durchmesser (sehr) gering sein. Diese Körnungen reagieren auf Belastungen sehr leicht mit Bruch und führen so zu einer Änderung der Bodenzusammensetzung und Bodenstruktur.
   - **Nadel-, plättchen-, schuppen- oder flockenförmige Bodenteilchen:** Sie werden durch chemische Verwitterung der gröberen Bestandteile des Bodens gebildet (durch Aufschließen der Minerale). Sie stellen den Hauptbestandteil des Feinschluff- und vor allem des Tonbereichs des Bodens dar und weisen mit abnehmender Größe auch Quellwirkungen auf.

In den Abbildungen 2.1-1 und 2.1-2 ist zu sehen, dass der maßgebliche Korndurchmesser, der durch eine quadratische Öffnung passen muss, in beiden Fällen annähernd gleich groß ist (Grobkies). Der Unterschied liegt darin, dass beim Zerbrechen beider Körner aus dem plattigen Teil zwei Stücke Mittelkies und aus dem eher gedrungenen Teil zwei Stücke Grobkies werden können.

Abb. 2.1-1 Gedrungene und plattige Kornform: Auf den ersten Blick sehen die Bodenteile nicht gleich groß aus, aber bei genauerem Hinsehen ...

Abb. 2.1-2 Gedrungene und plattige Kornform: Auf den zweiten Blick sind die Körner annähernd gleich groß, bezogen auf den Durchmesser.

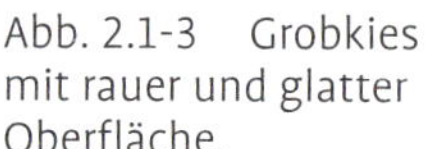
Abb. 2.1-3 Grobkies mit rauer und glatter Oberfläche.

2.1.3 Kornoberfläche

Sie wirkt sich stark auf die Reibung zwischen den Körnern aus und ist folgendermaßen zu differenzieren:

- ebenflächige oder gerundete Oberflächen: Mit zunehmender Ebenflächigkeit nimmt die Berührungsfläche zu Nachbarkörnern und damit die Reibung zu.
- raue/offenporige und glatte/polierte Oberflächen (siehe Abb. 2.1-3): Bei bruchrauen Körnern (z. B. Splitt und Schotter) liegen die höchsten Reibungswiderstände zwischen den Körnern vor. Die Rauigkeit kann durch offenporige Oberflächen wie beispielsweise bei gebrochener Lava oder Schlacke noch weiter zunehmen. Solche Böden sind bei passender Kornzusammensetzung häufig besonders gut tragfähig (Schottertragschichten im Wegebau). Mit zunehmender Glätte reduziert sich die Reibung zwischen den Bodenkörnern. Dies ist vor allem bei Körnungen aus gerundeten Hartgesteinen, besonders bei Quarzgestein, festzustellen. Die Verlagerungswilligkeit der Körner ist hier besonders groß.

2.1.4 Kornfestigkeit

Sie stellt einen weiteren Einflussfaktor für das Bodenverhalten dar:

- Eine geringe Härte des Materials führt schnell zu einer Verfeinerung des Bodens (z. B. weiches Kalkgestein).
- Sprödes Material kann gerade bei der Verdichtung splittern (z. B. Schlacken, Basalt, Lava).
- Weiche Anteile (organische Bestandteile) führen zu federndem bis matschigem Bodenverhalten.

2.1.5 Mineralische und organische Bestandteile

Zu unterscheiden sind hier

a) **rein mineralische Körner:** Ihre Wirkung kann aus den zuvor geschilderten Merkmalen abgeleitet werden.
b) **organische Bestandteile:** Ihre Wirkung hängt stark von der Art (Teilchengröße) und der Menge der organischen Bestandteile ab.
   - „Sichtbare“ Einzelbestandteile (Teilchengröße vergleichbar dem Sandbereich und gröber): Sie haben eine weitgehend geschlossene Zelloberfläche, speichern wenig

Wasser, haben relativ feste und federnde Eigenschaften (z. B. kleine Holzspäne, fester Rindenmulch), weiten die Poren des Bodens auf und haben in der Regel ein „langes" Leben. Bei höheren Anteilen geben sie dem gesamten Boden ein elastisches, federndes Verhalten.

- Praktisch nur als „schwarze Farbe" wahrnehmbare Bestandteile: Einzelne Bestandteile sind mit bloßem Auge nicht mehr zu erkennen. Sie besitzen weitgehend offene Zellstrukturen bis hin zu einem gallertartigen Zustand, können viel Wasser aufnehmen und sind zum Teil extrem quellfähig. Sie können die Poren eines Bodens stark verbauen und seine Wasser- und Luftdurchlässigkeit je nach Bodenzusammensetzung auch bei schon geringen Mengen sehr deutlich einschränken.

2.2 Die Kornverteilung und die Stufung des Bodens

Außer den Eigenschaften des Einzelkorns wirkt sich die Menge, mit der die einzelnen Korngrößen im Boden vorkommen, die sogenannte Kornverteilung des Bodens, auf die wichtigen bodenmechanischen Eigenschaften „Festigkeit" und „Durchlässigkeit" aus. Diese Kornverteilung wird üblicherweise als sogenannte Kornverteilungskurve oder Körnungskurve dargestellt (siehe Abb. 2.2-1).

Mit Stufung wird die Neigung und Art des Verlaufs der Körnungskurve beschrieben. Drei Grundformen der Stufung mit deutlich unterschiedlicher Wirkung auf die Bodeneigenschaften heben sich voneinander ab.

Allgemeine Beschreibung

Auf der horizontalen Achse sind die Korndurchmesser im logarithmischen Maßstab (!) aufgeführt, auf der vertikalen Achse die Prozentzahlen der Massenanteile.

Die Ungleichförmigkeitszahl (C_u-Wert) wird aus den zu den Ordinaten 10 und 60 % gehörenden Korndurchmessern berechnet: $C_u = d_{60}/d_{10}$.

- Werte < 6 charakterisieren einen eng gestuften (gleichförmigen) Boden.
- Sind die Werte > 6, so ist zusätzlich die Krümmungszahl (C_c-Wert) zu ermitteln. Hierzu wird noch der Korndurchmesser der 30-%-Ordinate benötigt:
  $C_c = {d_{30}}^2/(d_{60} \times d_{10})$:
  - Werte zwischen 1 und 3: Der Boden ist weit gestuft (ungleichförmig).
  - Werte < 1 oder > 3: Der Boden ist intermittierend gestuft (sprunghaft). Berechnungsbeispiel siehe Kapitel 19.1.2.

Eng gestufte (gleichförmige) Böden

Der Boden besteht aus Körnungen, die sich in ihrer Größe nicht stark unterscheiden, und damit aus einer in sich eng begrenzten Korngruppe. Die gegenseitige Abstützung verringert sich, die Poren können weniger verfüllt werden und weisen überwiegend gleiche Größen auf. Derartige Böden werden als „gleichförmig" bezeichnet. Die entstehende Porengröße nimmt mit der Korngröße ab.

Weit gestufte (ungleichförmige) Böden

Der Boden besteht aus sehr unterschiedlich großen Einzelkörnern, die jedoch eine stetige Folge der Größen zeigen. Daher können sich die Körner gegenseitig auch gut abstützen und sorgen für eine gute Füllung der Hohlräume (Poren). Derartige Böden werden auch als „ungleichförmig" bezeichnet. Bei weit gestuften Sand-Kies-Gemischen entstehen bereits relativ kleine Poren.

Intermittierend gestufte (sprunghafte) Böden

Der Boden besitzt zwar sehr unterschiedlich große Körner, zwischen einzelnen Korngruppen gibt es jedoch keine stetige Abfolge der Korngrößen. Bestimmte Korngruppen sind nur schwach vertreten – oder fehlen ganz – und die gegenseitige Abstützung verschlechtert sich. Die Füllung der Poren ist nicht mehr so intensiv. Es besteht die Gefahr der Entmischung bei Bearbeitung und Transport.

FAZIT:

Je sprunghafter ein nicht bindiger Boden gestuft ist, desto schlechter sind seine Tragfähigkeit und seine innere Festigkeit, desto leichter ist jedoch die Durchwurzelung.

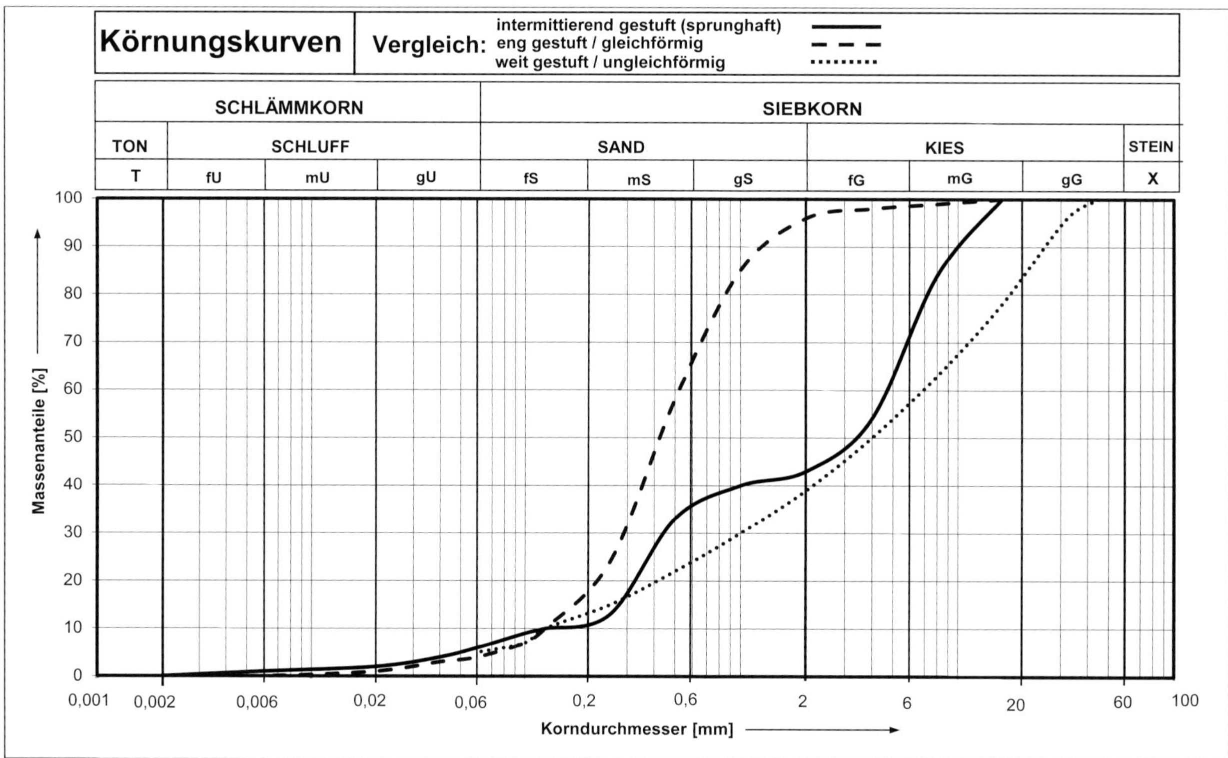

Abb. 2.2-1 Körnungskurven mit unterschiedlichen Stufungen (Gleichförmigkeit).

Beispielböden

Es folgen drei Beispiele für Böden mit unterschiedlichen Stufungen (Gleichförmigkeiten). Die Böden werden fotografisch als Schüttkegel und in Korngruppen sowie grafisch mit Ausnahme des eng gestuften Bodens als Körnungslinie dargestellt.

Abb. 2.2-2 Eng gestufter Boden als Schüttkegel.

Abb. 2.2-3 Aufteilung des eng gestuften Bodens in die einzelnen Bodenarten (nur Fein- und Mittelkies).

Abb. 2.2-4 Weit gestufter Boden als Schüttkegel.

Abb. 2.2-5 Aufteilung des weit gestuften Bodens in die Bodenhauptarten Schluff + Ton (< 1 %), Sand und Kies.

Abb. 2.2-6 Intermittierend gestufter Boden als Schüttkegel.

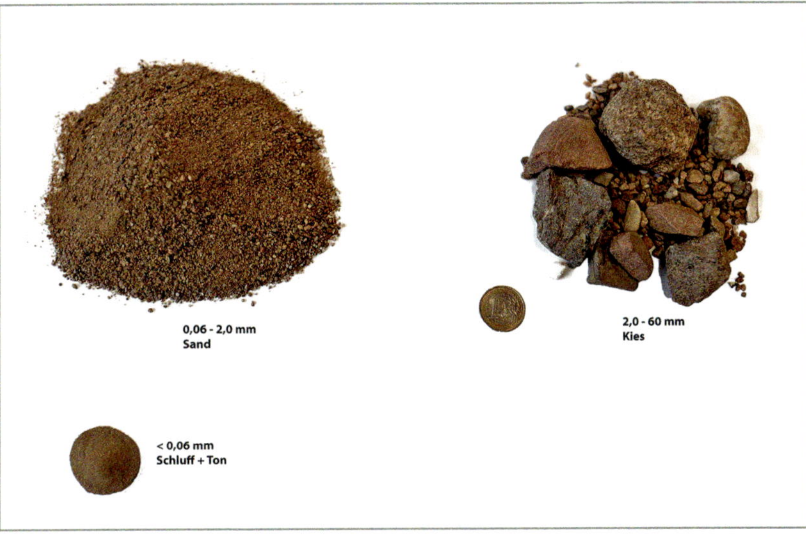

Abb. 2.2-7 Aufteilung des intermittierend gestuften Bodens in die Bodenhauptarten Schluff + Ton, Sand und Kies.

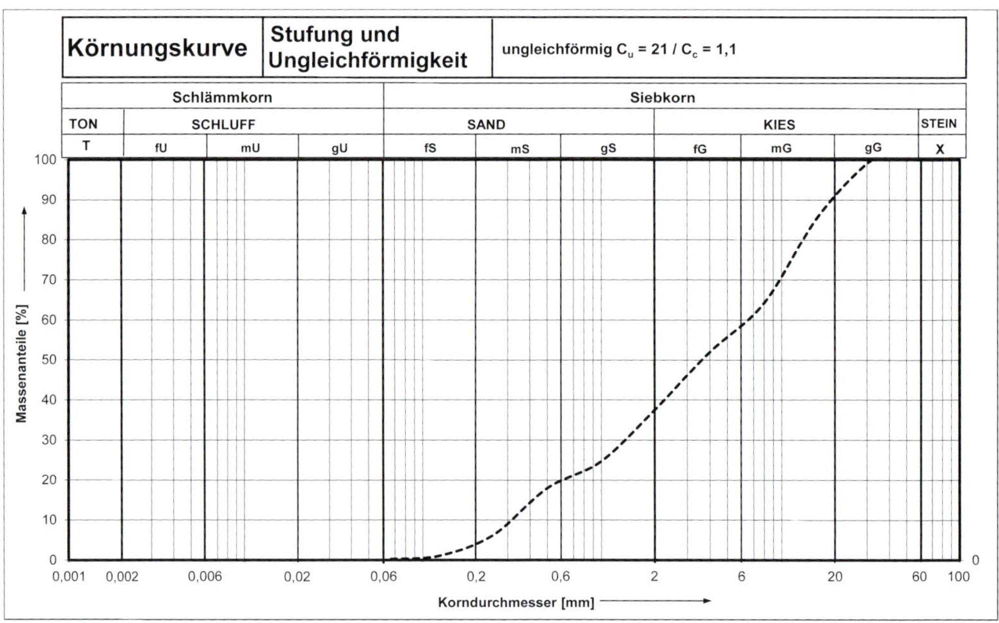

Abb. 2.2-8 Darstellung des weit gestuften Bodens als Körnungskurve.

0,6 - 2,0 mm
Grobsand

2 - 6 mm
Feinkies

0,2 - 0,6 mm
Mittelsand

6 - 20 mm
Mittelkies

0,063 - 0,2 mm
Feinsand

20 - 60 mm
Grobkies

< 0,06 mm
Schluff + Ton

Abb. 2.2-9 Aufteilung des weit gestuften Bodens in die einzelnen Bodenarten (jeweils fein, mittel und grob).

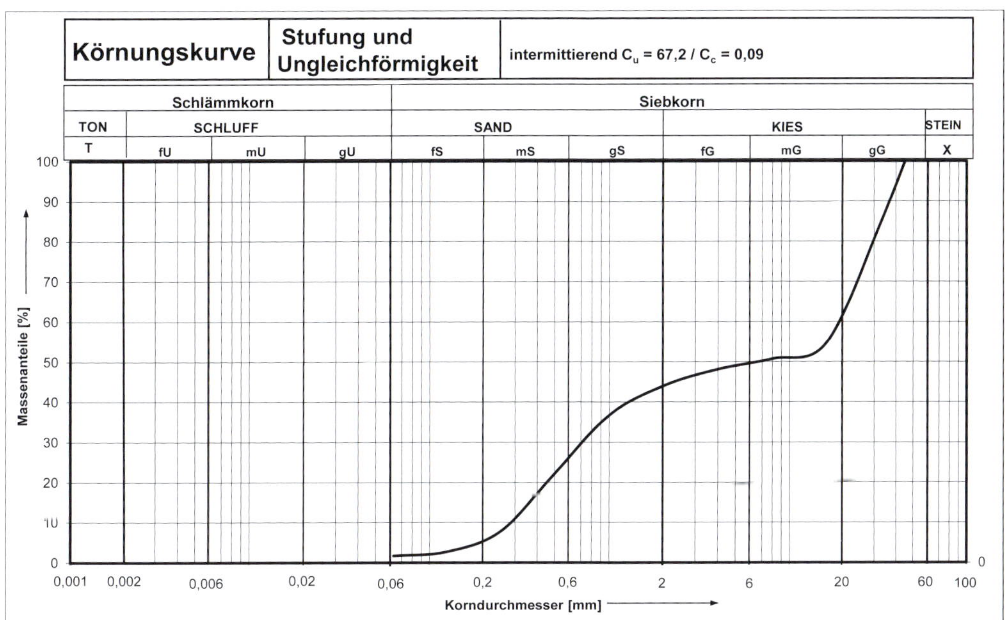

Abb. 2.2-10 Darstellung des intermittierend gestuften Bodens als Körnungskurve.

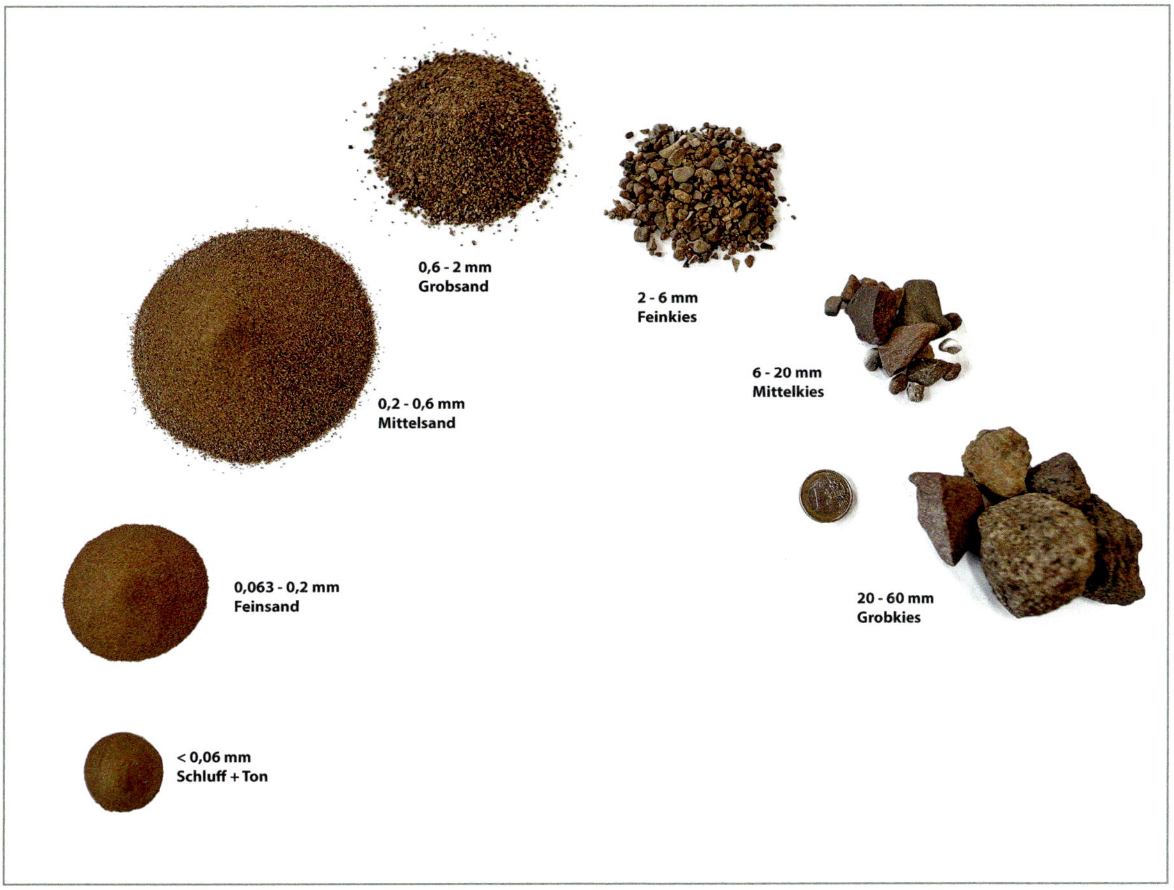

0,6 - 2 mm
Grobsand

2 - 6 mm
Feinkies

6 - 20 mm
Mittelkies

0,2 - 0,6 mm
Mittelsand

20 - 60 mm
Grobkies

0,063 - 0,2 mm
Feinsand

< 0,06 mm
Schluff + Ton

Abb. 2.2-11 Aufteilung des intermittierend gestuften Bodens in die einzelnen Bodenarten (jeweils fein, mittel und grob). Offensichtlich sind Fein- und Mittelkies nur wenig vertreten!

Vergleich der Körnungskurven der Beispielböden

Die drei Beispielböden sind in diesem Kornverteilungsdiagramm gemeinsam dargestellt. Der eng gestufte Boden ist eindeutig zu erkennen. Der Kurvenverlauf des intermittierenden Bodens zeigt dem geübten Auge schon, dass er nicht stetig ist. Das ist aber nicht immer so deutlich (durch den logarithmischen Kurvenverlauf bedingt), deshalb sollen auch immer die Berechnungen von Ungleichförmigkeitszahl und Krümmungszahl vorgenommen werden.

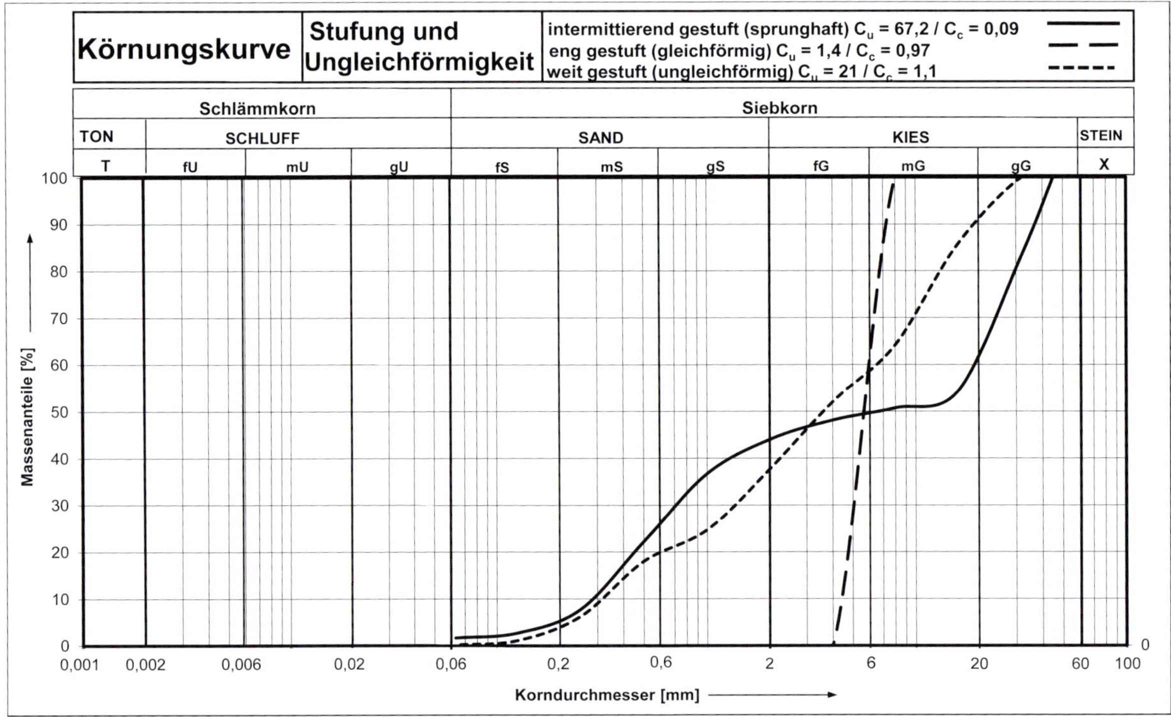

Abb. 2.2-12 Darstellung der Körnungskurven der Beispielböden.

3 HOHLRÄUME IM BODEN – DIE POREN DES BODENS

Zwischen den verschieden großen Einzelkörnern eines Bodens befinden sich unterschiedlich große Hohlräume – die Poren, in denen sich Luft und Wasser mit veränderlichen Anteilen befinden.

3.1 Porengröße und Porenmenge

Die Porengröße und die Menge der Poren (der sogenannte Porenanteil) sind außer von der Porenzusammensetzung (je nach Korngrößen und Stufung) von der Belastung oder der Intensität der Verdichtung abhängig. Lockere – damit instabilere – Böden enthalten wesentlich mehr und größere Poren als dicht gelagerte Böden.

Tab. 3.1-1: Porengröße und Wasserbewegung (aus SCHEFFER / SCHACHTSCHABEL 2018)

Bezeichnung der Pore	Durchmesser der Pore [mm]	Wasserbewegung
weite Grobpore	über 5/100	leicht bzw. schnell (pflanzenverfügbar)
enge Grobpore	1/100 bis 5/100	langsam (pflanzenverfügbar)
Mittelpore	2/10 000 bis 1/100	Haftwasser (pflanzenverfügbar)
Feinpore	unter 2/10 000	Haftwasser (**nicht** pflanzenverfügbar)

Der Porenanteil (n) stellt das Verhältnis des gesamten Volumens aller Poren eines Bodens zum Volumen des gesamten Bodengefüges dar. Bei einem Porenanteil von beispielsweise n = 0,33 (entspricht 33 %) weist 1 m^3 (1000 Liter) Boden ein gesamtes Porenvolumen von 0,33 × 1000 = 330 l auf. Der vorliegende Boden(haufen) besteht in diesem Fall praktisch zu einem Drittel aus Luft und Wasser!

In Tabelle 3.1-2 sind für einige Böden beispielhaft die zu erwartenden Porenanteile sowie die jeweilige Verteilung der Porengrößen bei einem dicht gelagerten Bodenzustand angegeben.

Tab. 3.1-2: Beispiele für den Porenanteil und die Porenverteilung entsprechend der Bodenart (aus SCHEFFER / SCHACHTSCHABEL 2018)

Bodenart	Porenanteil n	Grobporenanteil n_{GP}	Mittelporenanteil n_{MP}	Feinporenanteil n_{FP}
Sand	0,35 bis 0,45	0,20 bis 0,40	0,02 bis 0,12	0,02 bis 0,08
Schluff	0,37 bis 0,53	0,05 bis 0,25	0,08 bis 0,22	0,10 bis 0,20
Ton	0,45 bis 0,61	0,03 bis 0,13	0,05 bis 0,15	0,25 bis 0,45
Hochmoor	ca. 0,90	ca. 0,25	ca. 0,5	ca. 0,15

HINWEISE

Der Porenanteil ist umso größer, je feinkörniger der Boden ist (ein Ton kann bis über die Hälfte aus Hohlräumen bestehen!).

- Sande und gröbere Böden sind durch einen hohen Grobporenanteil geprägt.
- Mit abnehmender Korngröße des Bodens bzw. mit zunehmender Ungleichförmigkeitszahl steigt der Feinporenanteil rapide.
- Natürlich entstandene und in ihrer Struktur ungestörte organische Böden weisen (in der Regel) einen hohen Mittelporenanteil auf.

3.2 Die Wirkungen der Poren

Die Poren wirken sich je nach ihrer Größe auf die Art der Wasserbewegung im Boden, die Durchlüftung des Bodens und die Verfügbarkeit des Wassers für Pflanzen aus. Die Zusammenhänge werden in Tabelle 3.2-1 dargestellt. Die angegebene „Saugspannung“ der Pore zeigt, mit welcher Kraft in ihr befindliches Wasser festgehalten wird. Sind die Poren nicht vollständig mit Wasser gefüllt, so bewirkt diese Saugspannung mit steigender Größe eine Zunahme der Festigkeit des Bodens.

Tab. 3.2-1: Wirkung von Porengröße und Wasserbewegung

Bezeichnung der Pore	Wirkung der Porengröße auf die Wasserbewegung und den Luftaustausch im Boden	Saugspannung der Pore [mWS]
weite Grobpore	Das Wasser kann durch die Poren versickern. Pflanzen können das Wasser aufnehmen. Der Luftaustausch erfolgt schnell.	
enge Grobpore	Wie vor, nur insgesamt langsamerer Vorgang.	0,6 bis 3,0
Mittelpore	(Sicker-)Wasser wird gegen die Schwerkraft in den Poren festgehalten – es wird zum „Haftwasser". Pflanzen können es aufgrund ihrer Saugkraft teilweise noch aufnehmen. Die vollständige Entfernung ist jedoch nur durch Verdunstung/Austrocknung möglich. Ein Luftaustausch findet entsprechend langsam statt.	3,0 bis 15,0
Feinpore	Das Haftwasser ist in den Poren so fest gebunden, dass es von der Pflanze durch ihre Saugkraft nicht mehr aufgenommen werden kann. Es wird daher als „Totwasser" bezeichnet. Seine Entfernung ist nur durch Verdunstung/Austrocknung möglich. Luftaustausch kann bei Bodentiefen unterhalb von ca. 0,4 m kaum erfolgen.	über 15,0

HINWEISE zur Beurteilung der Veränderung der Bodenfeuchtigkeit:

- Um aus einer Pore Wasser zu entfernen, muss die Saugspannung (Saugkraft) der Pore durch einen Luft(über)druck oder Unterdruck von mehr als gleicher Größe überwunden werden.
- Der durchschnittliche Luftdruck, ca. 10 m Wassersäule (WS), ermöglicht daher nur Sickerwasserbewegungen in den Grobporen und „gröberen" Mittelporen.
- Aus den „feineren" Mittelporen und den Feinporen kann Wasser nur durch Verdunstung entfernt werden.
- Die angegebene Porensaugspannung entspricht knapp dem maximalen kapillaren Aufstieg des Wassers im Boden.

HINWEISE zur Beurteilung der Porengröße aus bau- und vegetationstechnischer Sicht:

- In Böden mit feineren Poren (in der Regel bindigen Böden oder stark bindigen Mischböden) treten automatisch (zeitweise) Vernässungen oder eine nur sehr langsame Verringerung der Bodenfeuchtigkeit auf.
- Die Festigkeit des Bodens erhöht sich mit der Reduzierung der Feuchtigkeit nur sehr langsam und unter Umständen entstehen lange andauernde Setzungen von Bauwerken. Dies kann bautechnisch gesehen zu weiteren Problemen führen.
- Die Saugkraft von Pflanzen ist physikalisch bedingt auf 10 mWS begrenzt. Bereits in „feineren" Mittelporen und den Feinporen steht der Vegetation Bodenwasser nur durch den Umweg über die Verdunstung zur Verfügung, das heißt, in überwiegend feinporigen Böden ist die Durchwurzelungstiefe auf den Verdunstungshorizont von ca. 30 bis 40 cm Tiefe begrenzt.
- Für Pflanzen und Bodenlebewesen sind die Grob- und Mittelporen für den Luft(sauerstoff)-Transport und „verfügbares" Wasser lebensnotwendig. Das „Totwasser" ist aufgrund der hohen Adhäsionskräfte für Pflanzen nicht verfügbar und führt mit der Sauerstoffarmut zu Fäulnisprozessen und zur Entwicklung von lebensfeindlichen Gasen.

4 DAS WASSER UND DIE LUFT IM BODEN

Die „Heimat“ des Wassers und der Luft im Boden sind seine Poren. Im Normalfall werden beide Medien mit unterschiedlichen Anteilen in den Poren vorkommen. Dennoch kann es zwei Sonderfälle geben: den völlig ausgetrockneten Boden, in dem die Poren nur Luft enthalten, und den Fall, dass die Poren völlig mit Wasser gefüllt („wassergesättigt“), also luftfrei sind.

Die größten Schwankungen der Menge des Wassers beziehungsweise der Bodenluft im „Dreistoffgemisch“ Boden treten durch Witterungseinflüsse im Bodenbereich bis ca. 1,5 m Tiefe auf. In diesem Bereich sind damit auch ihre stärksten Auswirkungen auf die Bodeneigenschaften zu erwarten.

Das Wasser tritt hier in drei verschiedenen Zustandsformen in Erscheinung:

- als Flüssigkeit,
- in fester Form (In Frostperioden als Eis) und
- als Gas (durch Verdunstung entstandener Wasserdampf, der damit den Übergang zur Bodenluft verkörpert).

Jede dieser Zustandsformen hat zusammen mit der Bodenluft andere Auswirkungen auf die Bodenstruktur und muss entsprechend der jeweiligen Situation berücksichtigt werden.

4.1 Die „Arten“ des Wassers

Abgesehen von der Zustandsform ist das Bodenwasser nach Lage und Entstehung bestimmten Wasserarten zuzuordnen.

4.1.1 Das Wasser an und zwischen den Körnern

Das Wasser an und zwischen den Körnern setzt sich grundsätzlich aus folgenden Anteilen zusammen:

- Haftwasser auf der Oberfläche der Körner,
- Porenwinkelwasser an den Berührungspunkten der Körner und
- Porenwasser, das die Poren je nach Größe mehr oder weniger füllt.

Ob alle diese Anteile im Boden vorkommen, hängt von der Bodenzusammensetzung beziehungsweise den Porengrößen und der im Boden befindlichen gesamten Wassermenge ab. Mit Zunahme der Wassermenge bildet sich zuerst Haftwasser, dann das Porenwinkelwasser und zuletzt können sich die Poren füllen. Das Haft- und Porenwinkelwasser kann die Festigkeit des Bodens beträchtlich beeinflussen.

In grobkörnigen Böden, wie z. B. Kies, kommt außer dem Haftwasser auf seiner Kornoberfläche nur (relativ wenig) Porenwinkelwasser vor, da sich in den großen Poren kein Wasser halten kann – es versickert. Deshalb enthalten feinkörnige Böden, das heißt Böden mit größerem Mittel- und Feinporenanteil, sehr viel mehr Wasser als grobkörnige Böden.

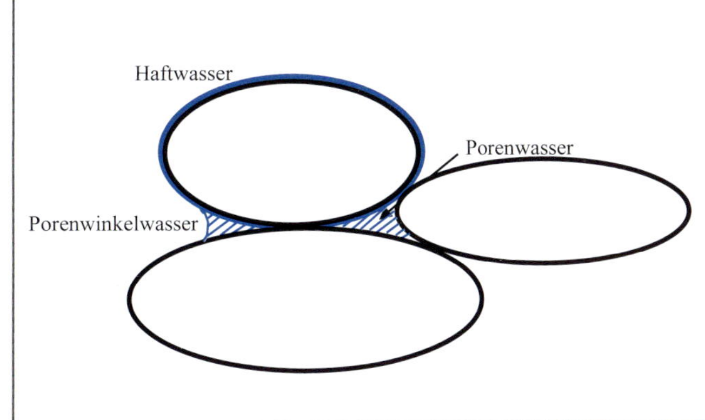

Abb. 4.1-1 Vereinfachte Darstellung der Wasserarten.

HINWEIS

Mit abnehmender Korngröße und/oder zunehmender Ungleichförmigkeitszahl kann der Wassergehalt zunehmen.

4.1.2 Sickerwasser

Mit Sickerwasser ist das im Boden frei bewegliche, die Grobporen durchströmende Wasser gemeint. Diese abwärts gerichtete Wasserbewegung erfolgt durch die Schwerkraft. Je nach Fließgeschwindigkeit ist das Sickerwasser durchaus in der Lage, feinere Bodenanteile mit sich zu führen und damit die Bodenzusammensetzung zu ändern. Der Boden kann durch Sickerwasserbewegung „ausmagern", andererseits kann es dann bei Verringerung der Wasserbewegung zu Ablagerungen der mitgeführten Bodenanteile und somit zu partiellen Verstopfungen kommen.

Nur durch das Sickerwasser – den unter Umständen geringsten Anteil des Bodenwassers – kann das Grundwasser ergänzt werden!

4.1.3 Grund- oder Schichtwasser

Grund- oder Schichtwasser ist Sickerwasser, das sich auf einer wasserundurchlässigen Schicht gestaut hat. In diesem Bereich sind alle Poren mit Wasser gefüllt. Der Boden ist „wassergesättigt" und somit praktisch luftfrei. Oberflächennahe Grundwasserstände sind besonders stark der Witterung, aber auch den jahreszeitlichen Schwankungen unterworfen. Die Höchststände liegen in unseren Breitengraden meistens zwischen der 4. und 15. Kalenderwoche (Februar bis April), die Tiefststände zwischen der 30. und 40. Kalenderwoche (August bis Oktober).

In welcher Tiefe Grundwasser anzutreffen und wie ergiebig gegebenenfalls seine Gewinnung ist, hängt von dem jeweiligen Schichtenaufbau und der Schichtneigung des Bodens ab. Je nach Schichtung können auch mehrere, voneinander getrennte Grundwasserhorizonte untereinander vorkommen.

HINWEIS

Auf den Grundwasserstand ist auf jeden Fall bei Baumaßnahmen zu achten, bei denen größere Abtragstiefen diese Horizonte anschneiden, sodass sie unter Umständen „leerlaufen" können. Dies hat besonders negative Auswirkungen bei Tragschichten und Gründungskörpern von Bauwerken, aber auch auf benachbarte tiefwurzelnde Pflanzenbestände.

4.1.4 Kapillarwasser

Das Kapillarwasser entsteht, wenn der Boden aus einem freien Grund- oder Schichtwasserspiegel entsprechend seiner Porengröße Wasser hochsaugt. Je größer die Saugspannung ist beziehungsweise je kleiner die Poren des Bodens sind, desto höher steigt das Kapillarwasser.

Oberflächennahe Grundwasserstände können damit – auch ohne Regen (!) – zu einer deutlichen Nässebildung der obersten Bodenschichten führen, ein Vorgang, der sowohl bei bautechnischen als auch bei vegetationstechnischen Maßnahmen beachtet werden sollte!

HINWEIS

Um die Höhe des kapillaren Aufstiegs abschätzen zu können, ist die Kenntnis des Grundwasserstandes und auch seiner jahreszeitlichen Schwankungen unerlässlich.

4.2 Die Bodenluft

Die Bodenluft – richtiger der gasförmige Bestandteil des Bodens – ist bautechnisch maßgeblich an der Festigkeit und gegebenenfalls der Durchlässigkeit des Bodens über die Auspressung von Porenluft bei Verdichtungsarbeiten beteiligt. Darüber hinaus ist sie auch für Begrünungsmaßnahmen von größter Bedeutung. Sie ist ein lebenswichtiges Element für die Bodenlebewesen und Pflanzen und sollte in ausreichender Menge vorhanden sein. Zudem muss ein schneller Luftaustausch möglich sein. Gerade diesem „flüchtigen" Baustoff des Bodens sollte besonders aus vegetationstechnischer Sicht etwas mehr Aufmerksamkeit geschenkt werden.

Es ergeben sich drei Möglichkeiten für das Vorhandensein der Bodenluft:

1. Die Bodenluft kann direkt mit der Außenatmosphäre in Verbindung stehen. Dazu müssen folgende Bedingungen erfüllt sein:
   - Die obersten Bodenschichten müssen möglichst viele Grobporen, Klüfte, Risse oder Hohlräume aufweisen. Nur in ihnen liegt eine Luftatmosphäre vor, die weitgehend der Außenluft mit dem typischen Sauerstoffgehalt entspricht und nur in ihnen findet eine schnelle und ausreichend tiefreichende Erneuerung der Luft statt.
   - Das vorhandene Haft- und Porenwinkelwasser kann verdunsten und vermischt sich als Wasserdampf mit der Luft.
   - Im Bereich der Verdunstungsschicht (maximal den obersten 50 cm des Bodens) kann die Luftzufuhr auch noch durch Verdunstung des (die feineren Poren füllenden) Wassers erfolgen. Es entsteht in diesem Bereich zeitweise eine praktisch wasserdampfgesättigte Gasatmosphäre.
2. Die Bodenluft ist im Porenwasser eingeschlossen:
   - Im Zentrum kleiner Poren (feiner Mittelporen und Feinporen) bilden sich durch physikalische Vorgänge an der Trennfläche von Wasser und Luft kugelförmige „Miniluftblasen". Diese Luftbläschen sind fest im Boden eingelagert und können nicht (wie z. B. Kohlensäurebläschen im Sprudel) zur Bodenoberfläche aufsteigen.
3. Durch chemische Prozesse bildet sich im Boden Gas:
   - Dieser Vorgang wird am häufigsten durch Faulprozesse ausgelöst, bei denen in sehr feuchten bis nassen Böden, unter Luftabschluss oder bei zu langsamer Erneuerung der Bodenluft, organische Substanz umgebildet wird. Dabei entstehen für Bodenlebewesen und auch für Pflanzen giftige Säuren (z. B. Schwefelwasserstoff) und Gase wie Methan (brennbar). Diese schädlichen Säuren und Gase machen sich häufig durch unangenehme Gerüche bemerkbar.

4.3 Wirkungen der Luft und des Wassers im Boden

Luft und Wasser sind die Faktoren, die das Bodenverhalten wesentlich beeinflussen. Ihr ständig wechselndes Zusammenspiel (mehr Wasser im Boden bedeutet auch weniger Luft – und umgekehrt) sorgt für immerwährend veränderliche Verhältnisse. Deren Auswirkungen sind besonders in bindigen Böden stark ausgeprägt und daher dringend zu beachten!

4.3.1 Wechselwirkungen zwischen Luft und Wasser

In feineren Poren eingeschlossene Luftporen wirken bei kurzzeitiger Belastung wie Stoßdämpfer. Der Boden bekommt eine Federwirkung. Dies zeigt sich beispielsweise darin, dass sich feuchte tonreiche Böden durch Baugeräte nur schwer verdichten lassen oder sich der Boden nach der Überfahrt mit einem Fahrzeug hinter den Rädern wieder anhebt.

Bei anhaltender Belastung, z. B. durch Gebäude oder Aufschüttungen, werden die Luft und das Wasser zum Teil aus den feineren Poren herausgepresst und es kommt zu nur allmählich abklingenden Setzungen.

Wenn sich (auch in den nicht völlig mit Wasser gesättigten feineren Poren des Bodens) Wasser und Luft berühren, kann das Wasser Zugkräfte aufnehmen. Die Folge ist: Das Wasser „zieht" Bodenteile zusammen und verklebt sie praktisch. Dieser Effekt wird als Haftzugfestigkeit oder Kohäsion bezeichnet. Er ist auf die bindigen Bodenteile beschränkt, wirkt sich aber noch bis in den Sand aus. Mit feuchtem Sand lassen sich „Sandburgen“ oder „Sandkuchen“ bauen, die bei Trocknung wieder zerfallen.

In der Verdunstungsschicht des Bodens führt der Austrocknungsprozess zu einer Verfestigung feinkörniger Böden. Die Intensität dieser Verfestigung nimmt mit immer kleineren Bodenteilen und abnehmender Wassermenge stark zu. Es ist somit viel leichter, einen trockenen Klumpen mageren Lehms zu zerteilen, als einen trockenen Tonklumpen zu zerschlagen. Beim Austrocknen findet nicht nur eine Verfestigung statt, sondern gleichzeitig erfolgt auch ein Schrumpfen des Bodens, häufig von Rissbildungen begleitet.

Im Boden vorhandener Wasserdampf kann gegebenenfalls von den Bodenlebewesen und Pflanzen (über die Wurzelhaut) aufgenommen werden. Er hat keine weiteren Auswirkungen auf das mechanische Bodenverhalten.

Erfolgt in den Poren der Verdunstungsschicht (maximal in den obersten 50 cm des Bodens) keine neue Wasserzufuhr durch Sickerwasser oder kapillaren Aufstieg, so wird der gebildete Wasserdampf zur Außenseite abgeleitet oder von den Pflanzenwurzeln aufgenommen und diese Poren fallen trocken. Die Erneuerung der in ihnen enthaltenen Luft erfolgt nur sehr langsam. Dabei können Verfestigungen und Schrumpfungen bei bindigen Böden auftreten.

HINWEISE

An der Trennfläche zwischen Wasser und Luft bildet sich auf dem Wasser eine hauchdünne Schicht aus, die wie eine Gummihaut Zugkräfte aufnehmen und sich bei Belastung verbiegen kann. Diese Erscheinung ist zu beobachten, wenn Insekten über das Wasser laufen oder wenn eine (sehr) dünne Stahlnadel auf das Wasser gelegt wird.
Die bei Fäulnis unter Luftabschluss und hohem Wassergehalt entstehenden (schädlichen) Gase haben die gleiche Wirkung wie „normale“ Bodenluft. In Grobporen hat die Luft keine Wirkungen auf die Bodeneigenschaften.

4.3.2 Wirkungen des Wassers

Die Wirkungen des Wassers können sehr vielfältig sein und sind unter anderem von der Bodenstruktur, der Wassermenge und der Hangneigung abhängig.

Änderung des Bodenzustandes

Der Bodenzustand (die Konsistenz) ändert sich bei feinkörnigen Böden mit dem Wassergehalt. Mit Zunahme des Wassergehalts durchlaufen diese Böden den festen (harten), den halbfesten (krümelnden) und den plastischen (knetbaren) Zustand, bis sie in den flüssigen (instabilen) Zustand kommen. Grobkörnige (grobporige) Böden zeigen diese Eigenschaften nicht.

- Bei Böden mit hohem Anteil an (vor allem groben) Schluffen geschieht dieser Wechsel des Zustandes sehr schnell und schon bei geringer Erhöhung des Wassergehalts.
- Tonreiche Böden reagieren hier wesentlich langsamer.

Verlagerung von Boden

Sofern Wasser eine ausreichende Fließgeschwindigkeit hat und in ausreichender Menge vorhanden ist, stellt es ein hervorragendes „Transportmittel“ dar. Wasser kann aber auch eine zerstörerische Wirkung ausüben, die bei der Planung beziehungsweise Realisierung insbesondere kleinerer Baumaßnahmen beachtet werden sollte. Das Wasser kann sowohl eine Verlagerung von Boden auf der Oberfläche als auch im Boden verursachen.

Verlagerung von Bodenbestandteilen im Boden selbst (Suffosion)

Hierbei werden vom Wasser lediglich kleine Bodenbestandteile durch die Poren „gespült“, was der Gesamtstruktur des Bodens kaum anzumerken ist. Dieser Vorgang wird mit Suffosion bezeichnet.

Betroffen von der Suffosion sind vor allem eng gestufte Sandböden sowie intermittierend gestufte Sand-Kies-Gemische mit jeweils geringen bindigen (schluffigen) Bestandteilen oder feinteiliger organischer Substanz. Diese Böden enthalten Korngruppen, die eine nur geringe Haftzugfestigkeit zum gröberen Korn und eine Durchlässigkeit aufweisen, die für die erforderliche Geschwindigkeit des Wassers sorgt.

Zu trennen sind die innere und die äußere Suffosion, weil sie verschiedene Ursachen haben.

- Die sogenannte innere Suffosion wird durch das abwärts fließende Sickerwasser ausgelöst. Dabei werden aus den obersten Bodenschichten Feinteile gelöst und in die Tiefe transportiert. Da sich der Fließvorgang mit der Fließstrecke allmählich verlangsamt, kommt es in der Regel in einer Tiefe von ca. 0,4 bis 0,6 m zur Anlagerung der Feinteile. Dort bildet sich im Laufe der Zeit eine Ansammlung feiner Bodenteile mit der Folge einer deutlichen Abnahme der Durchlässigkeit. Dieser Bodenhorizont ist dann Ursache für die Bildung von Staunässe oder einer Verockerung bis hin zur Bildung sehr fester Bodenschichten (Ortstein).
- Die sogenannte äußere Suffosion wird durch aufwärts gerichtete Wasserbewegung verursacht. Sie kann beispielsweise beim Austrocknen von Pfützen, vor allem aber durch das Befahren einer nassen, annähernd wassergesättigten Bodenschicht mit Fahrzeugen mit Bereifung auftreten (besonders „negativ" wirksam sind Niederdruckreifen mit geringer Profilierung). Durch den Druck, die Walk- und Saugwirkung beim Abheben des Reifens wird das Bodenwasser mit „hoher" Geschwindigkeit aus dem Boden gesogen und nimmt dabei die verlagerbaren Bodenteile mit. Diese werden auf der Oberfläche abgelagert und bilden dort eine unter Umständen mehrere Millimeter dicke, fast wasserundurchlässige Schicht. Diese Schicht ist vor Aufbringen einer weiteren Schicht aufzureißen oder zu entfernen, andernfalls würde sie dort wie eine Folie wirken und einen Vernässungshorizont bilden.

HINWEISE

- Die Suffosion führt zu Änderungen in der Bodenzusammensetzung und dem Schichtenaufbau des Bodens. Sie hat vor allem vegetationstechnische Konsequenzen, da sie die Durchwurzelbarkeit des Bodens einschränkt.

Abb. 4.3-1 Suffosionsauswirkungen bei einem schluffigen Sand (SU) durch Bearbeitung, z. B. beim Befahren. Die Feinteilchen im Boden sind infolge der Sogwirkung an die Oberfläche „gewandert". Durch Austrocknung haben sich Schrumpfrisse gebildet.

Abb. 4.3-2 Aus der Oberfläche entnommene Bodenscherbe. Die dünne, ca. 1 mm starke Schicht der nach oben angereicherten Feinanteile des Bodens ist deutlich zu erkennen. Sie kann zu einer zum Teil stark verringerten Wasserdurchlässigkeit führen.

- Die innere Suffosion ist bodentypisch und kann nur durch Reduzierung des Sickerwassers gedämpft werden. Sie kann auch bei weit gestuften Böden, stark bindigen Mischböden und bindigen Böden auftreten, wenn das Bodengemisch im künstlich gelockerten Zustand vorliegt (wie bei vegetationstechnischen Arbeiten üblich).
- Die stärkste Auswirkung der äußeren Suffosion kann ausgeschaltet werden, wenn das Befahren des nassen Bodens verhindert wird; siehe Abb. 4.3-1 und 4.3-2. (Anmerkung: Das sollte auch beim Einsatz von Aufsitzrasenmähern mehr beachtet werden.)

Bodenverlagerung durch Oberflächenerosion

Sie zeigt sich in Form kleinerer Erosionsrinnen bis hin zu landschaftszerstörenden großflächigen Erosionen. Dabei wird in der Regel der gesamte Bodenaufbau zerstört. Für diese Oberflächenerosionen sind alle geneigten Bodenflächen anfällig, besonders wenn sie aus Böden mit geringem inneren Zusammenhalt (wie eng gestufte Sande) oder geringer Haftfestigkeit (z. B. grobe Schluffe) bestehen.

Sofern Böschungen nicht ausreichend flach ausgebildet werden können (z. B. bei einzuhaltenden Grundstücksgrenzen), sind besondere Schutzmaßnahmen ratsam: Das wäre beispielsweise weitgehendes Fernhalten von Oberflächenwasser vom Kopf der Böschung und/oder eine gezielte Wasserableitung an dafür hergestellten Entwässerungsrinnen. Auch eine dichte, gut verwurzelte Vegetation kann schützend wirken. Diese sollte umgehend nach Beendigung der Profilierungsarbeiten aufgebracht werden (eventuell Erosionsschutzmatten, Anspritzbegrünung). Gegebenenfalls sind anstelle von Böschungen Stützbauwerke (z. B. Winkelstützmauer) zu errichten.

HINWEIS

Durch übermäßiges Oberflächenwasser, z. B. durch lange anhaltende Regenfälle, kann es selbst bei flachem Gefälle und bei Böden, von denen man es nicht erwartet hätte, zu großen Erosionsschäden kommen.

Abb. 4.3-3 Oberflächenerosion an einer Böschung: Das erodierte Bodenmaterial sammelt sich im Graben und blockiert dessen Funktion.

Bodenverlagerung durch Kontakterosion
Die Kontakterosion kommt zustande, wenn die Körnungen der einen Bodenschicht großenteils in die Poren der anderen Schicht passen und verlagert werden, weil beide Böden eine sehr unterschiedliche Zusammensetzung aufweisen.

BEISPIEL 1:

Ein feinkörniger Boden ist einer grobporigen Schicht aufgelagert (z. B. ein Oberboden auf einer Sickerschicht oder kiesigem Untergrund). Durch Sickerwasser und zusätzliche Belastung im nassen Zustand kann die Oberschicht in die Unterlage hineinsickern oder eingepresst werden.
Anmerkung: Dieser Vorgang ist vor allem beim Andecken von Oberböden, die nicht aus dem Unterboden entstanden sind (angeliefertes Fremdmaterial), zu beobachten!

BEISPIEL 2:

Ein grobporiger Boden liegt auf einem feinkörnigen Boden (z. B. eine ungebundene Tragschicht eines Weges auf lehmigem Baugrund). Hier kommt es zu folgenden Vorgängen: Durch die wasserdurchlässige obere Bodenschicht gelangt Sickerwasser auf das Erdplanum und kann es aufweichen. In diese weiche Schicht wird nun die Deckschicht bei Belastung eingepresst und verliert so ihre tragende Wirkung. Besonders heftig könnte das zum Zeitpunkt des Frostaufgangs geschehen.

HINWEIS

Die Faustregel zur Vermeidung der Kontakterosion besagt, dass die sogenannten mittleren Korndurchmesser (d_{50}) beider Böden höchstens im Verhältnis 1 : 20 stehen dürfen.

5 DIE BODENSTRUKTUR

Die Bodenstruktur ist ein in der Regel äußerlich sichtbares Merkmal des Bodens. Sie ist aus den Wirkungen der Einzelkörner, aus der Zusammensetzung des gesamten Kornhaufwerks, der Bodenfeuchtigkeit sowie der jeweiligen Belastung und Witterung entstanden. Sie ist jedoch **keine** feststehende Größe, sondern verändert sich ständig mit wechselnder Beanspruchung, erneuter und unterschiedlicher Bearbeitung und auch durch die Witterung.

Daher sind nicht nur bei bautechnisch genutzten Böden, sondern selbst bei einer begrünten Bodenfläche zumindest die natürlichen Veränderungen von Wasser und Luft im Boden einzukalkulieren, weil der Bodenzustand durchaus zwischen Wassersättigung und völlig ausgetrocknetem Zustand schwanken kann und entsprechende Auswirkungen auf die Bodeneigenschaften und damit die Pflanzen zu erwarten sind.

Die Wirkungen der Bodenstruktur sind auf zweierlei Weise erkennbar:

- Sie zeigen sich als **Widerstand**, den der Boden beispielsweise dem Abtrag mit Maschinen oder dem Umgraben entgegensetzt beziehungsweise der sich durch seine Tragfähigkeit und Standfestigkeit zu erkennen gibt (durch geringe oder starke Fahrspuren, gute Haltbarkeit auf einer Böschung). Dieser Widerstand entsteht an den Berührungsstellen der einzelnen Bodenkörner und wirkt einer Verschiebung des Kornhaufwerks entgegen. Wird der Boden nun stärker beansprucht, als es dem im Moment vorhandenen bodeneigenen Widerstand entspricht, ergeben sich Veränderungen der Struktur, die in Form von Setzungen und ungewollter Zunahme der Dichte oder Rutschungen kritisch sein können.
- Sie zeigen sich aber auch in der Geschwindigkeit, mit der der Boden Wasser (Regen) auf-

nimmt oder abgeben kann. Diese **Wasserdurchlässigkeit** beziehungsweise das Wasserbindevermögen entsteht durch die Hohlräume zwischen den Bodenkörnern, den Poren.

5.1 Der Bodenwiderstand – die Festigkeit des Bodens

Der Bodenwiderstand hängt grundsätzlich von der Anzahl der Berührungspunkte der Bodenkörner pro Volumeneinheit des Bodens ab. Diese wiederum ist abhängig von der Zusammensetzung des Kornhaufwerks und von der Dichte des Bodens. Ihre Zahl nimmt mit immer höherer Verdichtung des Bodens, der wichtigsten Maßnahme bei bautechnischen Anforderungen beziehungsweise der ungünstigsten Handlung bei vegetationstechnischen Maßnahmen, zu. Ein lockerer Boden hat dagegen wenig Festigkeit oder Tragfähigkeit, kann dafür aber leicht von Pflanzen durchwurzelt werden!

Abb. 5.1-1 Nur ein Mal wurde mit dem Bagger eine Rasenfläche befahren, auf der Kleinwagen keine Spuren hinterlassen würden! Das Leistungsvermögen dieser Grasfläche in Bezug auf den Bodenwiderstand wurde damit weit überschritten.

5.1.1 Einfluss von Korngröße und Stufung

Auch mit Abnahme der Korngröße nimmt die Zahl der Berührungspunkte zu. Diese Aussage gilt aber nur beim Vergleich der Böden mit identischer Stufung. Ein Mittelkies beispielsweise verlagert sich wesentlich leichter als ein Sand. Ferner steigt der Bodenwiderstand an, wenn die Ungleichförmigkeitszahl zunimmt. Ein stetig aufgebauter Boden erfährt damit eine größere Verschachtelung (Verzahnung). Dabei verteilen die größeren Bodenbestandteile die auf sie wirkenden Kräfte (Lasten) auf eine Vielzahl benachbarter kleiner Bestandteile – die Last breitet sich sehr flach im Boden aus und verteilt sich damit auf eine große Fläche. In der Praxis wird dieser Umstand zum Beispiel im Wegebau so genutzt, dass möglichst weit gestufte Tragschichtgemische verwendet werden.

5.1.2 Widerstandsgrößen Reibung und Haftzugfestigkeit (Kohäsion)

Reibung (bzw. Reibungswinkel) und Kohäsion sind für die Standsicherheit von Böschungen maßgebend. Der Reibungswinkel ist der Winkel, unter dem ein grobkörniges Material belastet werden kann, ohne zu versagen und damit abzurutschen.

Trockener, reiner Sand besteht aus nahezu gleich großen, abgerundeten Sandkörnern. Ein Sandhügel hält nur aufgrund der Reibung zwischen den Körnern. Sobald die Seiten des Hügels einen kritischen Winkel übersteigen, beginnt der Sand zu rutschen. Steiler als 40° kann kein Sandhaufen werden. Der Schüttwinkel eines Schüttkegels ist von folgenden Eigenschaften abhängig:

- **Rauheit:** Je rauer die Oberfläche, desto größer ist der Winkel.
- **Verschiedene Körnungen:** Je größer die Ungleichförmigkeitszahl, umso größer ist der Winkel.
- **Verdichtung:** Je höher die Verdichtung wird, umso größer ist der Winkel.
- **Feuchtigkeit:** Je feuchter (bis zu einem bestimmten Punkt), desto größer ist die Zunahme der Kohäsion zwischen den Körnern und so können steilere Schüttwinkel erzielt werden (fast senkrechte Böschungswände).*

* Aber Achtung:
Die Kohäsion bei rolligen Böden kann schnell verschwinden. So wird aus einer steil geformten Sandburg bei Austrocknung durch Sonneneinstrahlung wieder ein Schüttkegel. Es wird dann von „scheinbarer Kohäsion“ gesprochen. Dieses Phänomen kann auch schon bei relativ flachen Baugruben gefährlich werden (zu beachten im Hinblick auf spielende Kinder)!

Die durch Kohäsion entstehenden und zusammenhaltenden Kräfte in bindigen Böden, also in Böden mit überwiegend kleinen und kleinsten Körnungen, sorgen für den inneren Zusammenhalt der Einzelkörner untereinander. Im Gegensatz zu den rolligen (nicht bindigen) Böden haften hier die Einzelteilchen aneinander und bilden eine zusammenhängende formbare Masse (nur im feuchten Zustand). Sie sind außerdem wesentlich kleiner als die Einzelteile der nicht bindigen Böden, also < 0,06 mm. Für den Zusammenhalt ist vor allem der Gehalt an Feinstbestandteilen (< 0,002 mm) von Bedeutung, im Weiteren aber auch der Gehalt an Anteilen bis 0,06 mm.

Die Tonteilchen weisen nicht mehr, wie die Einzelteilchen der nicht bindigen Böden, eine mehr oder weniger gedrungene Kornform auf, sondern besitzen eine flache, gestreckte und/oder schuppenförmige Gestalt mit sehr ungleichmäßigem Seitenverhältnis. Auch kommt es zur Ausbildung von sehr hohlraumreichen Waben- und Flockenstrukturen. Ihre gegenseitige Haftung ist durch ihr Wasserbindevermögen bedingt, das auf elektrostatischen Vorgängen beruht und mit abnehmender Korngröße zunimmt und außerdem noch abhängt von der chemischen Zusammensetzung sowie dem mineralogischen Aufbau der Tonteilchen.

Jedes Tonteilchen ist dadurch mit einer „gebundenen“ Hülle von „verdichtetem“ Wasser umgeben, die eine vielfach größere Dicke besitzen kann als das Teilchen selbst.

HINWEISE

- Bindige Böden bestehen aus einer Mischung von Ton- und Schluffteilen und häufig auch aus Mischungen mit nicht bindigen Bestandteilen bis hin zum Kies.
- Jeder bindige Boden reagiert anders.
- Auch feine organische Anteile (< 0,06 mm) haben bindige Auswirkungen.

Abb. 5.1-2 Sand mit hohem Wassergehalt. Die Fußspuren lassen sich hier im Gegensatz zu bindigen Böden einfach beseitigen (scheinbare Kohäsion).

Abb. 5.1-3 Leicht plastischer Ton (TL) im plastischen Zustand. In den Fußspuren (= Bearbeitungsspuren) sind Verschlämmungen zu sehen. Die Fußspuren lassen sich aufgrund der Wirkungen der Kohäsion nur im halbfesten/festen Zustand mit Kraftaufwand beseitigen.

5.2 Wasserdurchlässigkeit und Kapillarität (Saugkraft des Bodens)

Wasserdurchlässigkeit und Kapillarität hängen immer zusammen: Je weniger wasserdurchlässig ein Boden ist, desto höher ist in der Regel seine Kapillarität. Deren Auswirkungen können sowohl in der Bautechnik wie auch in der Vegetationstechnik wichtig sein.

5.2.1 Größe der Sickerwasserströmung – Wasserdurchlässigkeit

Bei einem Regen ist sehr schön zu beobachten, wie schnell oder langsam das Wasser von der Oberfläche „verschwindet". Leider entspricht diese Geschwindigkeit nicht der Wasserdurchlässigkeit des Bodens, sondern kennzeichnet nur die Schnelligkeit, mit der der Boden das Wasser aufnehmen kann.

Erst die in der Regel nicht direkt beobachtbare Geschwindigkeit, mit der die Weiterleitung des Wassers durch die Schwerkraft in tiefere Schichten erfolgt, stellt die Wasserdurchlässigkeit dar. (Wasserbewegungen können auf dichteren Bodenschichten auch horizontal erfolgen, wenn ein entsprechender Druck vorliegt, z. B. bei geneigten Schichten, unter Versickereinrichtungen etc.)

Die Wasserdurchlässigkeit wird als Geschwindigkeit des Wassers im Boden gekennzeichnet. Sie ist abhängig von der Kornzusammensetzung und der Verdichtung des Bodens, also der Größe der Einzelporen. Der Kennwert für diese Geschwindigkeit ist der sogenannte Durchlässigkeitsbeiwert k_f, der mit der Dimension m/s (Meter pro Sekunde) angegeben wird.

Die nachfolgenden Abbildungen zeigen Schrumpfvorgänge infolge der Austrocknung und Einwirkungen des Oberflächenwassers (als Regentropfen). Als Beispiel sind hier zwei ausgetrocknete bindige Böden aufgeführt. Links ein Oberboden als leicht plastischer Schluff (UL nach DIN 18196), der nur wenig bindige Anteile (16 % Schluff, 1 % Ton) aufweist, aber aufgrund seiner hohen organischen Anteile (8 %!) bindige Wirkung zeigt, rechts ein Baugrund als ausgeprägt plastischer Ton (TA) mit hohen bindigen Anteilen (67 % Schluff, 26 % Ton).

Die Beziehung zur Auswirkung einer nach oben gerichteten Suffosion (Saugwirkung durch Fahrzeuge) wird hier auch offensichtlich (Abb. 4.3-1, 4.3-2 und 5.2-1 ff.). Bei ausgetrockneten Oberflächen kann das Wasser so umgehend abfließen und nicht oder nur unzureichend in den Boden gelangen. Je stärker die Neigung des Geländes, umso mehr verstärkt sich dieser Effekt.

Die nachfolgende Tabelle enthält durchschnittliche Wasserdurchlässigkeitsbeiwerte für einige Böden, die entweder durch Bauarbeiten, die Nutzung oder schlicht durch ihr Eigengewicht und Einflüsse der Witterung eine Verdichtung erhalten haben.

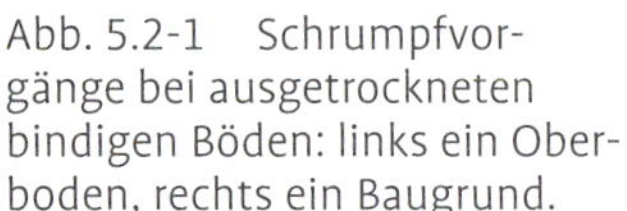

Abb. 5.2-1 Schrumpfvorgänge bei ausgetrockneten bindigen Böden: links ein Oberboden, rechts ein Baugrund.

Abb. 5.2-2 Zeitgleich aufgebrachte Wassertropfen. Auf dem Oberboden ist der Tropfen schon nach ca. 5 Sekunden fast verschwunden.

Abb. 5.2-3 Während links der Tropfen schon zur Gänze im Boden aufgenommen wurde, ist rechts der Tropfen nicht kleiner geworden (er war erst nach ca. 70 Sekunden eingezogen).

Tab. 5.2-1: Anhaltswerte für die Wasserdurchlässigkeit mineralischer Böden (aus Bölling 1971)

Bodenart	Bodenart (beschreibend)	Durchlässigkeitsbeiwert k_f	Vergleichswert
Geröll		10^{-1} bis 5 m/s	360 bis 18000 m/h
Kiese	grober Kies mittlerer Kies feiner Kies	10^{-2} bis 2 m/s 10^{-3} bis 1 m/s 10^{-4} bis 10^{-2} m/s	36 bis 7000 m/h 4 bis 4000 m/h 0,4 bis 36 m/h
Sande	grober Sand mittlerer Sand feiner Sand	10^{-5} bis 10^{-2} m/s 10^{-6} bis 10^{-3} m/s 10^{-6} bis 10^{-3} m/s	40 bis 3600 mm/h 4 bis 400 mm/h 4 bis 400 mm/h
bindige Körnungen	Schluff Löss Lehm Ton	10^{-9} bis 10^{-5} m/s 10^{-10} bis 10^{-5} m/s 10^{-10} bis 10^{-6} m/s 10^{-10} bis 10^{-8} m/s	0,1 bis 960 mm/d 0,01 bis 960 mm/d 0,01 bis 960 mm/d 3 bis 300 mm/a
extrem bindig	Bentonit	$< 10^{-12}$ m/s	< 1 mm/30a!

Tab. 5.2-2: Bezeichnung der Durchlässigkeit nach der bisherigen DIN 18130-1 (neu: DIN EN ISO 17892-11)

Durchlässigkeitsbeiwert k [m/s]	Durchlässigkeitsbereich nach DIN 18130-1
über 10^{-2}	sehr stark durchlässig
10^{-2} bis 10^{-4}	stark durchlässig
10^{-4} bis 10^{-6}	durchlässig
10^{-6} bis 10^{-8}	schwach durchlässig
unter 10^{-8}	sehr schwach durchlässig

HINWEISE (vereinfachte Aussage):

- Bei Durchlässigkeitsbeiwerten $> 10^{-6}$ m/s ist die Versickerung schneller als die Verdunstung. Böden in Versickerungsanlagen müssen mindestens diesen Wert aufweisen.
- Bei Durchlässigkeitsbeiwerten $< 10^{-7}$ m/s ist dagegen die Verdunstung schneller als die Versickerung. Für Abdichtungszwecke werden Durchlässigkeitsbeiwerte $< 10^{-9}$ m/s gefordert.
- Ein k_f-Wert von $9{,}99 \times 10^{-7}$ m/s entspricht fast einem k_f-Wert von $1{,}01 \times 10^{-6}$ m/s!

5.2.2 Ermittlung der Wasserdurchlässigkeit

Die Wasserdurchlässigkeit wird festgestellt, um die Schnelligkeit einer Versickerung zu ermitteln. Sie wird unter anderem benötigt, um herauszufinden, ob Wasser schnell genug versickern kann (z. B. Bespielbarkeit von Rasenflächen) oder ob mit bindigem Boden gegen Wasser abgedichtet werden kann (z. B. Teichabdichtung, Deponieabdichtung).

Die Wasserdurchlässigkeit eines Bodens lässt sich zum einen aus grafischen Darstellungen der Körnungslinien und zum anderen rechnerisch mithilfe von Formeln ermitteln. In beiden Fällen gelten die dann ermittelten Werte **nur** für **verdichtete Böden**, sie stellen demnach eine sehr geringe Wasserdurchlässigkeit eines Bodens dar. Bedacht werden muss auch, dass die Werte nur für überwiegend Rundkorn enthaltende Böden gelten und organische Anteile nicht berücksichtigt werden. Gleichwohl bieten diese Werte einen guten Anhalt (und gegebenenfalls Vergleich zu anderen Böden).

Ermittlung aus grafischen Darstellungen der Körnungslinien

Der Wasserdurchlässigkeitsbeiwert k_f in [m/s] wird mit nachfolgender Abbildung ermittelt, indem einfach die Körnungskurve des vorhandenen Bodens in die nachfolgende Abbildung eingezeichnet wird, der Körnungsbereich (1 bis 12) zugeordnet und abschließend, im oberen Bereich der Abbildung, der Wasserdurchlässigkeitsbeiwert abgelesen wird. Es ist aber ausschließlich der Abschnitt der Körnungslinie maßgebend, der bei 10 % Massenanteilen verläuft (Zahlenbeispiele in Kap. 19.3)!

Die Werte der Abbildungen gelten für wassergesättigte Böden.

Abb. 5.2-4 Durchlässigkeitsbeiwerte k_f nach RAS-Ew 2005.

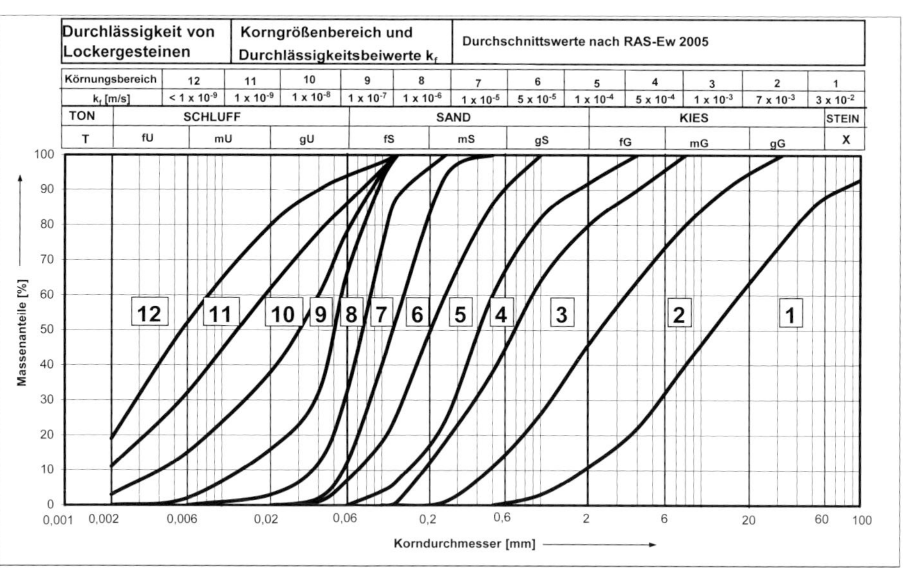

Ermittlung mit Formeln

Die ursprüngliche (nicht dimensionstreue) Berechnungsformel **von** Hazen, k [m/s] = 0,0116 × (d_{10} [mm])^2, ist nur auf eng gestufte Sande bezogen. Die hier vorgestellten modifizierten Gleichungen **nach** Hazen (nach Prof. Dr. H.-E. Beier, HS Osnabrück 1980; darüber hinaus gibt es noch mehr Formeln, z. B. BAW (2013)) haben sich als praktikabel und einfach herausgestellt. Benötigt werden der d_{10}-Wert und gegebenenfalls der C_u-Wert. Im sogenannten ungesättigten Zustand sind in den Poren noch Lufteinschlüsse vorhanden, die als Hindernis für die Sickerbewegung wirken. Der Faktor 0,5 (bis 1,0) berücksichtigt die Größe der Sättigung des durchflossenen Bodens. Der Faktor 1 gibt die Wasserdurchlässigkeit im vollständig gesättigten Zustand des Bodens an. Da die Böden unter natürlichen Bedingungen selbst in nassem Zustand noch Luft enthalten können, wird für technische Wertungen der Faktor 0,5 empfohlen.

Die nicht dimensionstreuen Gleichungen für die Berechnungen nach HAZEN lauten (k_f in [m/s], d_{10} in [mm]):

- für **eng** gestufte Böden mit einem C_u-Wert < 6: $k_f = 0{,}5 \times d_{10}^2/100$,
- für **weit** oder **intermittierend gestufte** Böden mit einem C_u-Wert ≥ 6: $k_f = 0{,}5 \times d_{10}^2/(100 \times C_u)$.

Zahlenbeispiele dazu siehe in Kapitel 19.3.

5.3 Größen des kapillaren Aufstiegs und der Wasserbindekraft

Kapillarität ist die Eigenschaft des Bodens, Wasser gegen die Schwerkraft oder horizontal gegen den Strömungswiderstand des Bodens anzusaugen (aktive Kapillarität) beziehungsweise festzuhalten (passive Kapillarität). Sie ist von der Porengröße des Bodens und der Sättigung der Poren mit Wasser abhängig und steigt mit der Abnahme der Porengröße. Die Porengröße nimmt mit der Verringerung der Korndurchmesser und/oder mit Zunahme der Ungleichförmigkeitszahl des Bodens (C_u-Wert) und der Intensität der Bodenverdichtung ab. Böden mit hoher Kapillarität weisen daher nur eine geringe Durchlässigkeit auf.

Die Kapillarität ergibt sich aus der Größe der Einzelporen, die durch die Korngrößen, die Ungleichförmigkeitszahl und die Dichte (Verdichtungsgrad) des Bodens bestimmt werden.

Je kleiner die Körner sind, desto kleiner sind auch die Poren und umso größer ist dagegen die Kapillarität. Die aktive Kapillarität H_{ka} kennzeichnet die Strecke, über die ein Boden Wasser aus einem freien Wasserspiegel gegen die Schwerkraft nach oben ansaugt. Die passive Kapillarität H_{kp} bezeichnet den Druck, der am Boden aufgebracht werden müsste, um in den Poren festgehaltenes Wasser zu entfernen.

Für die Vegetationstechnik ist letztere von besonderer Bedeutung, denn sie regelt die Verfügbarkeit von Wasser beziehungsweise die potenzielle Vegetation, die sich dort ansiedeln kann oder könnte.

BEISPIEL:

Grobkörniger Boden – geringe Kapillarität, das heißt, Wasser kann sich nur kurz halten. Es sind nur Pflanzen möglich, die Wasser schnell aufnehmen und auch speichern können – das wären zum Beispiel Mauerpfeffer (*Sedum*) sowie Dach- und Hauswurzarten (*Sempervivum*).

HINWEIS

Bei oberflächennahen Grundwasserständen ist der kapillare Aufstieg, zum Beispiel bei der Befestigung von Verkehrsflächen, der Gründung von Bauwerken und bei besonderen Vegetationsformen, unbedingt zu beachten.

Aktive kapillare Steighöhe (aktive Kapillarität)

Der Wert H_{ka} bezeichnet die Strecke, über die der Boden Wasser aus einem freien Wasserspiegel (z. B. Grundwasser) gegen die Schwerkraft nach oben ansaugt. Die Saugkraft muss dabei den Strömungswiderstand in den Poren und an den Bodenkörnern überwinden. Die Geschwindigkeit des kapillaren Aufstiegs ist von der Korngröße d_{10} abhängig (Abb. 5.3-1).

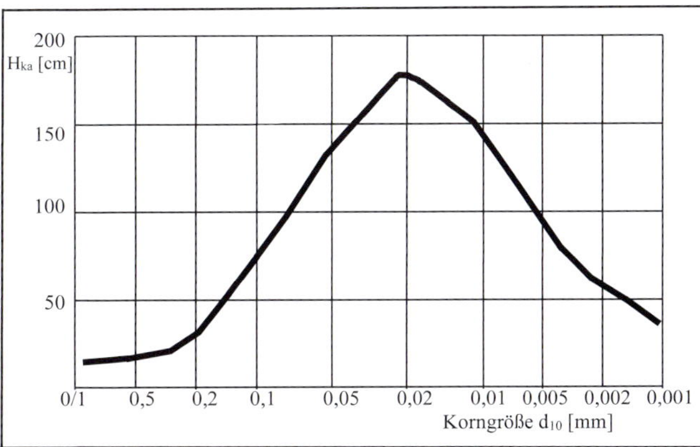

Abb. 5.3-1 Aktiver kapillarer Wasseraufstieg (Steighöhe H_{ka}) in 24 Stunden in Abhängigkeit von der maßgebenden Korngröße d_{10} (nach KÉZDI 1976).

Der Bodenbereich, in dem das kapillar aufgestiegene Wasser alle Poren des Bodens füllt, wird als geschlossener Kapillarwasserbereich bezeichnet. Der darüberliegende Bereich enthält noch lufthaltige Poren und wird offener Kapillarwasserbereich genannt.

HINWEISE

Der schnellste kapillare Anstieg ist nur im Bereich des Mittel- und Feinschluffs möglich. Zur Beurteilung des Frosteinflusses zum Beispiel unter Verkehrsflächen muss außer der Bodenzusammensetzung die aktive kapillare Steighöhe berücksichtigt werden. Reicht der kapillare Aufstieg bis in die Zone der Frosteindringung, so steigt die Gefährdung des Bauwerks durch den Bodenfrost stark an. In der Vegetationstechnik ist das Gegenteil erwünscht, die Feuchtigkeit muss nach oben steigen. Hier sollen sich die Pflanzen, gegebenenfalls auch aus tieferen Bodenschichten, mit Wasser versorgen können.

Passive kapillare Steighöhe (passive Kapillarität)

Der Wert H_{kp} stellt den (Luft-)Druck dar, der auf den Boden aufgebracht werden müsste, um das durch die aktive Kapillarität angesaugte Wasser wieder aus den Poren zu entfernen (Tab. 5.3-1). Die passive Kapillarität muss damit deutlich größer sein als die aktive Kapillarität, da sich in ihrem Fall der Strömungswiderstand in den Poren beziehungsweise an der Kornoberfläche als zusätzliche „Haltekraft“ auf das Wasser auswirkt.

Tab. 5.3-1: Die passive kapillare Steighöhe H_{kp} in Abhängigkeit von der Bodenart bzw. der maßgebenden Korngröße (aus Bölling 1971)

Bodenart	Korngröße [mm]	H_{kp} [m]
Sand	2,0 bis 0,6 0,6 bis 0,2 0,2 bis 0,06	0,03 bis 0,1 0,1 bis 0,3 0,3 bis 1,0
Schluff	0,06 bis 0,02 0,02 bis 0,006 0,006 bis 0,002	1 bis 3 3 bis 10 10 bis 30
Ton	unter 0,002	30 bis 300

HINWEIS

Da Pflanzen das von ihnen benötigte Wasser gegen die Druckhöhe der passiven Kapillarität ansaugen müssen, steht ihnen folglich nur das Wasser zur Verfügung, das in Poren mit weniger als 10 m passiver Steighöhe, den Mittel- und Grobporen, enthalten ist. Diese Poren werden überwiegend von Bodenteilen gebildet, die mindestens aus Mittelschluff oder gröberen Körnungen bestehen müssen. Feinere Korngruppen bilden überwiegend Feinporen mit Saugspannungen von deutlich über 10 m!

5.4 Besondere Betrachtungen für gemischtkörnige Böden

Die Beurteilung muss sich grundsätzlich nach der Art und Menge der bindigen Bestandteile an der gesamten Bodenzusammensetzung (Gesamtmischung) richten. Hier sind die entsprechenden Hinweise zu den nicht bindigen beziehungsweise bindigen Böden heranzuziehen.

Die nachfolgenden Abbildungen zeigen die Wirkungen eines zunehmenden bindigen Bodenanteils auf das Verhalten und die Durchlässigkeit der gemischtkörnigen Böden. Der Pfeil gibt den Weg des Wassers an.

Die nachfolgenden tabellarischen Hinweise zu den Auswirkungen der Korngruppen unter 0,063 mm Korngröße („Feinkornanteil“) gelten für bearbeitete und dadurch weitgehend homogenisierte beziehungsweise in ihrer Struktur zerstörte und in der Regel verdichtete Böden.

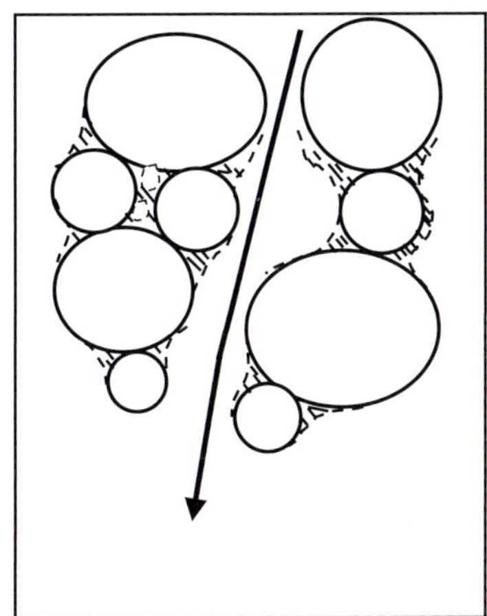

Abb. 5.4-1 Mischungsart A:
Wirkung der bindigen Bestandteile: VERBINDEN (Haftwirkung). Es sind (noch) „große" Hohlräume (Poren) im Boden. Nur an den Berührungspunkten können die bindigen Bodenteilchen wirken.

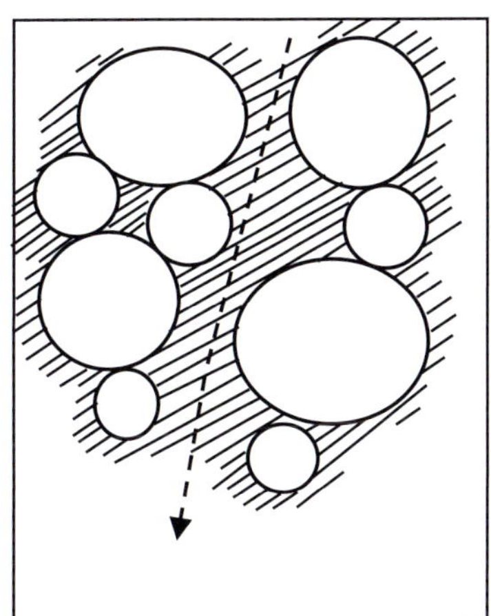

Abb. 5.4-2 Mischungsart B:
Wirkung der bindigen Bestandteile: FÜLLEN. Alle Poren sind ausgefüllt, die groben Bodenbestandteile (das „Gerüstkorn") berühren sich aber noch.

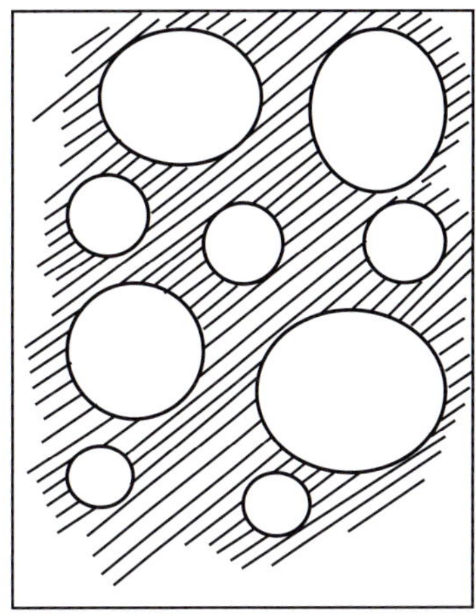

Abb. 5.4-3 Mischungsart C:
Wirkung der bindigen Bestandteile: VERDRÄNGEN. Das Gerüstkorn hat keinen Kontakt zueinander. Die groben Bodenbestandteile „schwimmen" im bindigen Boden. Das Bodenverhalten wird nun von den bindigen Bodenteilchen beeinflusst!

Tab. 5.4-1: Auswirkungen von Massenanteilen < 0,063 mm (Feinkornanteil)

Massenanteil der Korngrößen unter 0,063 mm	Hinweise zu den Auswirkungen
unter 3 %	Einflüsse der Kohäsion sind kaum feststellbar bzw. normalerweise zu vernachlässigen. Die mögliche Feinkornverlagerung (Suffosion) sollte dennoch überprüft werden.
10 bis 15 %	Selbst bei weit gestuften Böden füllen die Feinkornanteile in der Regel noch nicht alle Poren des groben Bodengerüstes aus. Die Kohäsion hat dennoch einen bereits wahrnehmbaren Einfluss auf die Scherfestigkeit, das heißt die Bearbeitbarkeit und das Verdichtungsverhalten werden vom Wassergehalt bereits deutlich beeinflusst. Die Durchlässigkeit und Kapillarität werden auch durch die relativ geringe Menge der bindigen Bestandteile schon deutlich beeinflusst. Die mögliche Feinkornverlagerung (Suffosion) sollte auf jeden Fall überprüft werden.
20 bis 25 %	Auch bei eng gestuften, homogenisierten Böden kann erwartet werden, dass die Feinkornanteile alle Poren des groben Gerüstes füllen. Bei weit gestuften Böden kann durch den Feinkornanteil bereits eine Verdrängung der groben Bestandteile erfolgen (sie berühren sich kaum noch). Durchlässigkeit und Kapillarität des Mischbodens hängen vorwiegend nur von der Art bzw. Zusammensetzung des Feinkornanteils ab. Die Scherfestigkeit wird sehr stark von der Konsistenz des Feinkornanteils geprägt. Dies zeigt sich in der Bearbeitbarkeit, besonders aber in der Tragfähigkeit und der Standfestigkeit. Die Feinkornverlagerung (Suffosion) tritt dagegen aufgrund der geringen Durchlässigkeit kaum auf.
über 25 bis 30 %	Auch bei eng gestuften Böden sind alle groben, „stützenden" Bodenbestandteile durch bindige Massen getrennt. Der Mischboden verhält sich daher wie ein bindiger Boden und bezieht seine Scherfestigkeit nur aus der (noch) vorhandenen Kohäsion. Damit hängen Durchlässigkeit und Kapillarität des Mischbodens nur von der Art bzw. Zusammensetzung des Feinkornanteils ab. Tragfähigkeit, Standfestigkeit, Bearbeitbarkeit und das Verdichtungsverhalten resultieren damit ausschließlich aus den Eigenschaften bzw. dem Zustand der bindigen Bestandteile. Eine Feinkornverlagerung (Suffosion) ist aufgrund der geringen Durchlässigkeit ausgeschlossen.

6 DIE ORGANISCHEN BESTANDTEILE DES BODENS

Die organischen Anteile sind für Oberböden maßgeblich. Ihr Anteil im Boden ist stets im Zusammenhang mit dem Wasser- und Lufthaushalt zu sehen.

6.1 Allgemeine Aussagen

Organische Anteile, deren Größe, Art und Form durch biologische, chemische und mechanische Vorgänge entstanden sind, stellen Reste von tierischen oder pflanzlichen Lebewesen dar. Unter Sauerstoffzufuhr findet deren Abbau bis zur Mineralisierung in Kohlenstoffform statt. Unter Sauerstoffabschluss tritt dagegen Fäulnis mit starker Zersetzung und Gasbildung auf.

Der Massenanteil der organischen Substanz liegt beispielsweise bei Garten- und Ackerböden im Allgemeinen bei ca. 2 bis 5 %, wobei der volumenmäßige Anteil am Boden hier jedoch zwischen 5 und 20 % betragen kann. Trotz der in der Regel geringen Menge ist die organische Substanz für die Eigenschaften von Oberböden und Pflanzsubstraten von entscheidender Bedeutung. Sie sollte daher wie auch die anderen Bodenparameter möglichst einfach festgestellt werden können. Dabei kommt es nicht nur auf die Menge, sondern vor allem auf die Art, das heißt die „Teilchengröße" und den Zersetzungsgrad der organischen Substanz an. Die physikalischen Eigenschaften beziehungsweise bodenmechanischen Auswirkungen können sehr unterschiedlich sein.

6.2 Gruppierung der organischen Bestandteile und ihre Eigenschaften

Stark vereinfacht können die organischen Bestandteile aufgrund ihrer bodenphysikalischen Auswirkungen in zwei Gruppen aufgeteilt werden:

- „grobe" Bestandteile mit Abmessungen von > 0,06 mm (vergleichbar mit Sand und gröber) und
- „feine" Bestandteile mit Abmessungen von < 0,06 mm (vergleichbar mit Schluff und Ton).

HINWEIS

Alle Hinweise auf Durchlässigkeit und Kapillarität setzen einen dicht gelagerten, belasteten oder verdichteten Boden voraus. In künstlich gelockertem Zustand sind selbstverständlich andere Maßstäbe gültig. Aber auch hierbei muss beachtet werden, dass sich die vorhandene Bodenstruktur ändern kann.

Die wesentlichen Merkmale sind in nachstehender Tabelle zusammengestellt.

Tab. 6.2-1: Organische Substanz und ihre bodenmechanischen Wirkungen

Teilchengröße	Eigenschaften
d_{org} **> 0,063 mm**	Diese Teilchen bestehen aus Zellverbänden mit weitgehend geschlossener Zelloberfläche. Sie sind in der Regel stark ligninhaltig und unterliegen damit einem nur langsamen Abbau durch Bodenlebewesen etc. Sie weisen aufgrund ihrer Zellstruktur federnde Wirkung auf und können sich mit anderen kleinen Bodenteilchen verhaken. Treten sie in größerer Menge auf, so bilden sie relativ zugfeste filz- bis vliesartige Verbände. Liegen sie in nicht zu großer Menge (siehe unten) vor, dann verschwindet ihr Einfluss auf das Festigkeitsverhalten des Mineralgemischs. Höhere Anteile ergeben eine lockere, relativ lufthaltige Bodenstruktur. Dabei reduziert sich jedoch ihre mechanische Belastbarkeit. Als grobe Bodenteile haben sie nur geringe Einflüsse auf die Durchlässigkeit und Kapillarität der mineralischen Bodenbestandteile.
	Hinweise für einen Anteil von nur 2 bis 3 % Bei nicht bindigen und weit gestuften Böden (etwa ab $C_u > 6$) wird die Durchlässigkeit um höchstens eine halbe Zehnerpotenz reduziert (dies ist unter Umständen bis auf ca. 5×10^{-7} m/s möglich). Bei nicht bindigen, aber eng gestuften Böden ($C_u < 6$) hat dieser Anteil auf die Durchlässigkeit kaum Auswirkungen. Die Festigkeitseigenschaften des mineralischen Anteils werden kaum verändert. Höhere organische Anteile bewirken einen starken Federeffekt. Hier ist dann zu klären, ob er erwünscht ist oder vermieden werden soll. Die Durchlässigkeit wird jedoch in der Regel durch höhere Anteile nicht stärker verringert, sondern unter Umständen sogar deutlich erhöht. Dabei ist zu beobachten, ob die Steigerung der Durchlässigkeit über längere Zeiträume bestehen bleiben kann oder sich z. B. durch die Nutzung schnell eine Entwicklung in Richtung feiner organischer Bestandteile einstellen wird.
d_{org} **< 0,063 mm**	Diese Teilchen bestehen aus oberflächig zerstörten, offenen Zellstrukturen, die sich durch mechanische Reibung und Fäulnis gebildet haben. Als Endprodukt bilden sie eine gallertartige Masse. Sie können in Relation zu ihrer Masse im Korn (!) sehr viel Wasser aufnehmen. Diese hohe Wasserspeicherfähigkeit zeigt sich auch in einer starken Volumenzunahme. Die feinen organischen Bestandteile besitzen ein ausgeprägtes Quellverhalten. Die Wasserspeicherung macht zudem ihr extremes Wasserbindevermögen (weit über 10 m Wassersäule) sichtbar. Das in ihnen enthaltene Wasser ist für die Vegetation nicht direkt verfügbar, sondern aufgrund dieser hohen Saugspannung nur über den Umweg der Verdunstung. Sie bewirken entsprechend ihrem Vorkommen eine lang andauernde Vernässung. Das Quellen der Bestandteile geht aus demselben Grund erst zurück, wenn der gesamte Boden stark ausgetrocknet ist. Das Quellen der organischen Teilchen reduziert zudem den Anteil des Mineralgemisches an Mittel- und Grobporen und hat somit starke Einflüsse auf Durchlässigkeit und Kapillarität.
	Hinweise für einen Anteil von nur 1 bis 2 % Bei nicht bindigen und weit gestuften Böden (auf jeden Fall ab $C_u > 6$) reduziert bereits diese geringe Menge die Durchlässigkeit extrem stark (unter Umständen bis auf ca. 10^{-9} bis 10^{-10} m/s!). Auch bei nicht bindigen Böden und eng gestuften Böden wie Grobsanden ($C_u < 6$) wird die Durchlässigkeit stark reduziert (Werte bis auf ca. 10^{-5} bis 10^{-7} m/s sind möglich). Die Festigkeitseigenschaften des mineralischen Teils werden bei diesen Anteilen kaum verändert. Bei Mischböden mit nur etwa 10 % bindigen Bestandteilen kann die Durchlässigkeit trotz der geringen Menge bis auf etwa 10^{-9} m/s verringert werden. (Höhere Anteile haben auch bei gröberen Böden fast gleiche Wirkungen auf die Durchlässigkeit.) Die Festigkeitseigenschaften wandeln sich bei höheren Anteilen zu denen schwammig weicher Böden, die praktisch keine Belastung aufnehmen können, ohne sich zu verformen.

6.3 Ergänzende Hinweise zu organischen Bodenhilfsstoffen

Diese Materialien, im Wesentlichen Torf, Komposte und Klärschlämme, werden sowohl für die „Verbesserung" von Oberböden wie vor allem zur Herstellung künstlicher Pflanzensubstrate verwendet.

Verwendung von Torf

Torf ist immer noch das am häufigsten verwendete „Verbesserungsmaterial" für Böden. Bedacht werden sollte, dass der Verwendungszweck in der Speicherung von Wasser sowie dessen späterer Abgabe an die Pflanze und der Durchlüftung des Bodens liegt und keinesfalls in der Düngefunktion. Da Wasser in bindigen Böden schon sehr gut gespeichert wird und Torf in diese Böden nur sehr schwer oder gar nicht eingemischt werden kann, ist nur eine Verbesserung sandiger Böden sinnvoll.

Grundsätzlich sollten nur grobe, faserige Torfe verwendet werden, denn nur sie erfüllen die gewünschten Funktionen. Zersetztes Material in der Größe von Schluff und Ton (weniger als ca. 0,06 mm) quillt dagegen bei Wasseraufnahme und vergrößert damit sein Volumen mehrfach. Die Folge ist eine starke Abnahme der Wasserdurchlässigkeit und der im Boden vorhandenen Luftporen, die bei entsprechend hohen organischen Anteilen fast völlig verschwinden können. In einem Boden ohne Luft, richtiger ohne Sauerstoff, kann bis auf wenige Ausnahmen kein Bodenleben stattfinden und keine Vegetation gedeihen. Zudem sind derartige Böden durch eine Bearbeitung im feuchten bis nassen Zustand enorm strukturgefährdet.

Bei einer nachfolgenden Austrocknung durch Verdunstung schrumpfen die organischen Feinteile und „kleben" die größeren mineralischen Bodenteile zusammen. In der Folge können eine starke Verfestigung und schwere Durchwurzelbarkeit des Bodens sowie die Bildung viel gröberer, extrem wasserdurchlässiger Strukturen auftreten. Durch den Schrumpfvorgang werden die feinen organischen Teilchen meistens auch noch wasserabweisend (hydrophob) und können kaum bis kein Wasser mehr aufnehmen. Entweder versickern Niederschläge dann fast nutzlos (für die Pflanze) oder sie fließen bei schon wenig Gefälle oberflächig ab.

Hinweise für die Verwendung anderer Bodenhilfsstoffe wie Komposte, Klärschlämme etc.

Erwünscht sind möglichst grobfaserige organische Strukturen mit ihren positiven Eigenschaften der Wasserspeicherung, anschließender Wasserabgabe an die Vegetation und Schaffung durchlüfteter Poren.

Für alle hergestellten, verbesserten Böden gilt grundsätzlich, dass die zersetzten, feinen organischen Teilchen (Größenordnung des Ton- und Schluffbereichs) unter anderem durch ihr Quellverhalten negative Eigenschaften für den Boden aufweisen können. Klärschlamm besteht häufig aus diesen Teilchen!

Für Komposte und Klärschlämme gibt es umfangreiche Vorschriften zum Inhalt, Umgang, ihre Verwendung etc. Diese darzustellen würde den Rahmen dieses Buch weit überschreiten.

7 ÜBERSICHT ÜBER DIE BODENBENENNUNG

Durch Benennung werden Böden nach verschiedenen Kriterien klassifiziert und erhalten damit (zumindest unter Fachleuten) nicht misszuverstehende, allgemeinverständliche Namen. Anhand nachfolgender Feldversuche (Abschnitt B) lässt sich die Bodenbenennung in der Regel ausreichend gut vornehmen (Anwendung mit Beispielen in Abschnitt C, Kap. 19.2). Allerdings müssen für exakte Benennungen unbedingt Laborversuche herangezogen werden.

7.1 Die Hauptarten des Bodens

Es werden nicht bindige (grobkörnige), bindige (feinkörnige), gemischtkörnige Böden und Böden mit organischen Bestandteilen unterschieden.

Zur Abgrenzung wird die Korngröße 0,063 mm verwendet. Böden, deren Körnungen gröber sind, werden als nicht bindig (bzw. grobkörnig) bezeichnet, Böden mit kleineren Körnungen als bindig (bzw. feinkörnig). Gemischtkörnige Böden enthalten Anteile beider Korngrößen.

HINWEIS

Diese (gewollt) grobe Unterteilung darf nicht darüber hinwegtäuschen, dass ein Boden bereits mit „bindigen" Eigenschaften reagiert, wenn er nur zu etwa 20 % aus Bodenteilen unter 0,06 mm Korngröße besteht (siehe Tab. 5.4-1). Diese Anteile reichen schon aus, um die Hohlräume zwischen den gröberen Bestandteilen auszufüllen. Bei noch höheren Anteilen werden die groben Bodenteile sogar durch die bindigen Körnungen getrennt und das bedeutet, dass das Bodenverhalten nun völlig vom Schluff beziehungsweise Ton geprägt wird (siehe Kap. 5.4)!

7.2 Die Benennungsmöglichkeiten nach ausgewählten DIN-Normen

Je nach Aufgabenstellung werden bestimmte DIN-Normen zur Eingliederung, Beschreibung beziehungsweise Benennung der Böden benutzt. Im Rahmen dieses Buches erfolgt eine Beschränkung auf zwei – die zu diesem Zweck wichtigsten und auch unumgänglichen – Normen.

HINWEIS

Es erscheint sehr zweckmäßig, stets beide Normen anzuwenden. So sind die Zusammensetzung und das voraussichtliche Verhalten des Bodens bekannt.

Tab. 7.2-1: Benennung von Böden nach ausgewählten DIN-Normen

DIN-Norm	Beschreibung und Benennung des Bodens	Anwendungsbereich der Norm	Bemerkungen und besondere Empfehlungen zur Anwendung
DIN EN ISO 14688-1 / DIN 4023	Maßstab: Häufigkeit bestimmter Korngruppen – Benennung als **„Bodenart"**	Anwendung in der Regel bei Bodenerkundung, gegebenenfalls auch bei Planung, Ausschreibung und Ausführung.	Völlig wertfreie, neutrale Beschreibung des Bodens in aufzählender Weise. Zum „Einstieg" in die Bodenbeurteilung gut anwendbar, erfordert jedoch zusätzlich die Bewertung des Ergebnisses.
DIN 18196	Maßstab: wirksamste Bodeneigenschaft – Benennung als **„Bodengruppe"** (Böden mit annähernd gleichen Eigenschaften unter bautechnischen Gesichtspunkten)	Allgemein und unter bautechnisch konstruktiven Gesichtspunkten. Wichtig sowohl für Planer wie für Ausschreibende. Direkter Hinweis auf die Eignung des Bodens. Gut interpretierbare Aussage in Leistungsverzeichnissen etc.	Bewertende Beschreibung des Bodens. Wegen unmittelbarer Koppelung an das bodenmechanische Verhalten für alle Beurteilungen sehr gut geeignet (auch für die Auswirkung von Bodenbearbeitung, Witterung und vegetationstechnischer Nutzung). Nach Erwerb des Gesamtverständnisses sinnvollste Norm!

7.3 Die wichtigsten Bodengruppen nach DIN 18196

„Nicht bindige" Böden sind dadurch gekennzeichnet, dass sie keinen Zusammenhalt der Körner untereinander aufweisen und deshalb in ihre Einzelteile zerfallen. Natürlich entstandene Mineralgemische setzen sich vorwiegend aus Sanden und Kiesen zusammen, eventuell enthalten sie Steine und Blöcke. Nach DIN 18196 dürfen nicht bindige Böden (grobkörnige Böden) bis zu 5 % bindige Bestandteile (Korngrößen unter 0,063 mm) enthalten.

Bei bindigen Anteilen bis zu 40 % werden sie nach DIN 18196 als „gemischtkörnige" Böden bezeichnet. Dabei ist zu bedenken, dass bereits ein Massenanteil von ca. 15 % schon einen deutlichen Einfluss auf das Bodenverhalten haben kann – und der Boden bereits eindeutige Merkmale bindiger („feinkörniger") Böden aufweisen könnte.

Die auf Seite 130 (unter Abschnitt C, Punkt 19.2.3: Beschreibung von Böden nach DIN 18196 dargestellte Tabelle enthält die wesentlichen Bodengruppen mit Korndurchmessern, Kurzzeichen und Erkennungsmerkmalen. Anhand eines Beispiels mit zwei unterschiedlichen Böden wird die Anwendung dieser Tabelle dort erläutert.

8 VERDICHTUNGSVERHALTEN VON BÖDEN

Das Verdichtungsverhalten der Böden hängt wesentlich von ihrem Wassergehalt ab. Für die genaue Ermittlung wird im Labor der sogenannte Proctorversuch (DIN 18127) durchgeführt.

Ziele des Versuchs:

- Ermittlung der erreichbaren Verdichtung des Bodens (in [t/m^3]) bei gleichbleibender Verdichtungsarbeit und veränderlichem Wassergehalt.
- Die größtmögliche Dichte (Proctordichte) dient als Bewertungsmaßstab für die im Baufeld tatsächlich erreichte Dichte („Verdichtungsgrad", siehe auch Abschnitt B, Kap. 16.1).

Versuchsablauf:

- Ermittlung des Wertepaares Wassergehalt und Dichte des Bodens bei schrittweiser Erhöhung des Wassergehalts und gleichbleibender, schlagend wirkender Verdichtungsarbeit.

Versuchsergebnis:

- Dargestellt als sogenannte „Proctorkurve" im Diagramm mit den Achsen Wassergehalt und Trockendichte.
- Scheitelwert entspricht der maximalen Trockendichte = Proctordichte (ρ_{Pr}) und dem dazugehörenden Wassergehalt = optimaler Wassergehalt (w_{Pr}).

Hilfswerte:

- Zur Beurteilung der Ergebnisse muss die Proctorkurve stets mit der „Sättigungslinie $S_r = 1$" ergänzt werden! Sie kennzeichnet die Trockendichte und den zugehörenden Wassergehalt des Bodens unter der Annahme völliger Wassersättigung aller Poren (luftfreier Boden), Versuchswerte rechts dieser Linie sind nicht möglich!
- Aus der Lage der Proctorkurve zu abgestuften Sättigungslinien (z. B. 0,5 bis 1,0) kann grafisch sofort der restliche Luftgehalt eines verdichteten Bodens abgelesen werden.

Kurvenverlauf:

Zur Beurteilung des Verdichtungsverhaltens ist nicht allein das Wertepaar Proctordichte – optimaler Wassergehalt geeignet, sondern der gesamte (bodentypische) Kurvenverlauf:

- flacher Kurvenverlauf bei gleichförmigen nicht bindigen und bei bindigen Böden,
- steiler Kurvenverlauf bei ungleichförmigen nicht bindigen Böden und Mischböden,
- hohe Trockendichte bei ungleichförmigen, gut schachtelbaren Böden bei gleichzeitig niedrigem optimalem Wassergehalt.

Die beiden wichtigsten Aspekte eines Proctorversuchs sind zum einen die Kenntnis, bei welchem Wassergehalt die beste Verdichtung erzielt werden kann, und zum zweiten die Ermittlung des Verdichtungsgrades D_{Pr} für die im Baufeld tatsächlich erreichte Dichte. Die dafür benötigte Formel ist $D_{Pr} = (\rho_d / \rho_{Pr}) \times 100$.

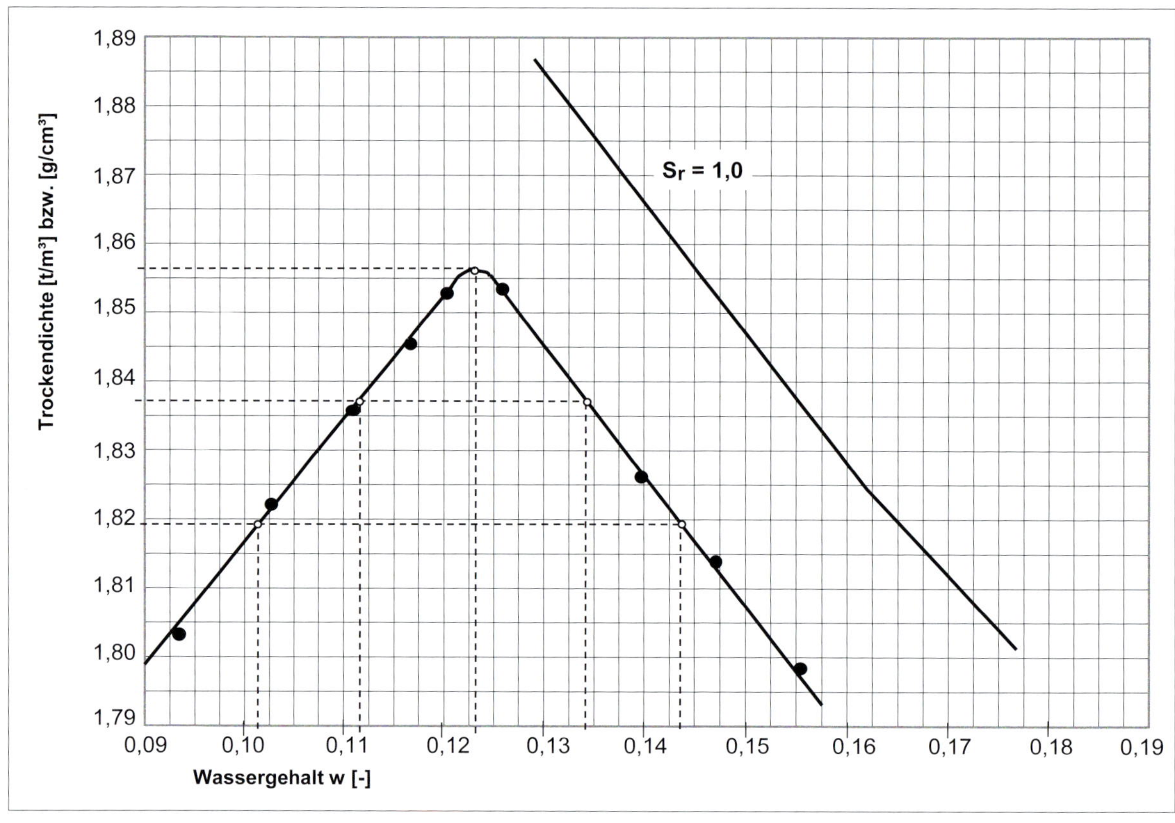

Darstellung der Proctorkurve mit Grenzwerten

100 % der Proctordichte ρ_{Pr} = 1,856 t/m³	optimaler Wassergehalt w_{Pr} = 12,3 %
99 % der Proctordichte ρ_{Pr} = 1,837 t/m³	min. / max. Wassergehalt w = 11,2 - 13,4 %
98 % der Proctordichte ρ_{Pr} = 1,819 t/m³	min. / max. Wassergehalt w = 10,2 - 14,3 %

Abb. 8-1 Beispiel eines Proctorversuchs mit Proctordichte und dazugehörigem optimalen Wassergehalt, einschließlich Sättigungslinie. Zusätzlich sind beispielhaft für 99 und 98 % der Proctordichte die Trockendichten berechnet (Proctordichte × 0,99 bzw. × 0,98) und die dazugehörigen Wassergehalte abgelesen. Innerhalb dieser Spannbreite der Wassergehalte sollte der auf der Baustelle unmittelbar vor der Verdichtung vorhandene Wassergehalt liegen, damit eine Verdichtungsanforderung (Verdichtungsgrad) von 99 oder 98 % erreicht werden kann.

HINWEISE

Außer vom Wassergehalt ist der Verdichtungserfolg noch von der Schichtstärke, dem Verdichtungsgerät und der Anzahl der Überfahrten abhängig.

Verdichtungsgrade bewegen sich im Bereich von ca. 80 bis 100 %. Locker aufgebrachte Böden verdichten sich durch ihr Eigengewicht und äußere Auflasten (Niederschläge etc.) auf Werte um 80 %. Bautechnisch gesehen sollten die Werte daher zwischen 95 bis 100 % liegen. Vegetationstechnisch sind Ergebnisse unter 95 % erstrebenswert.

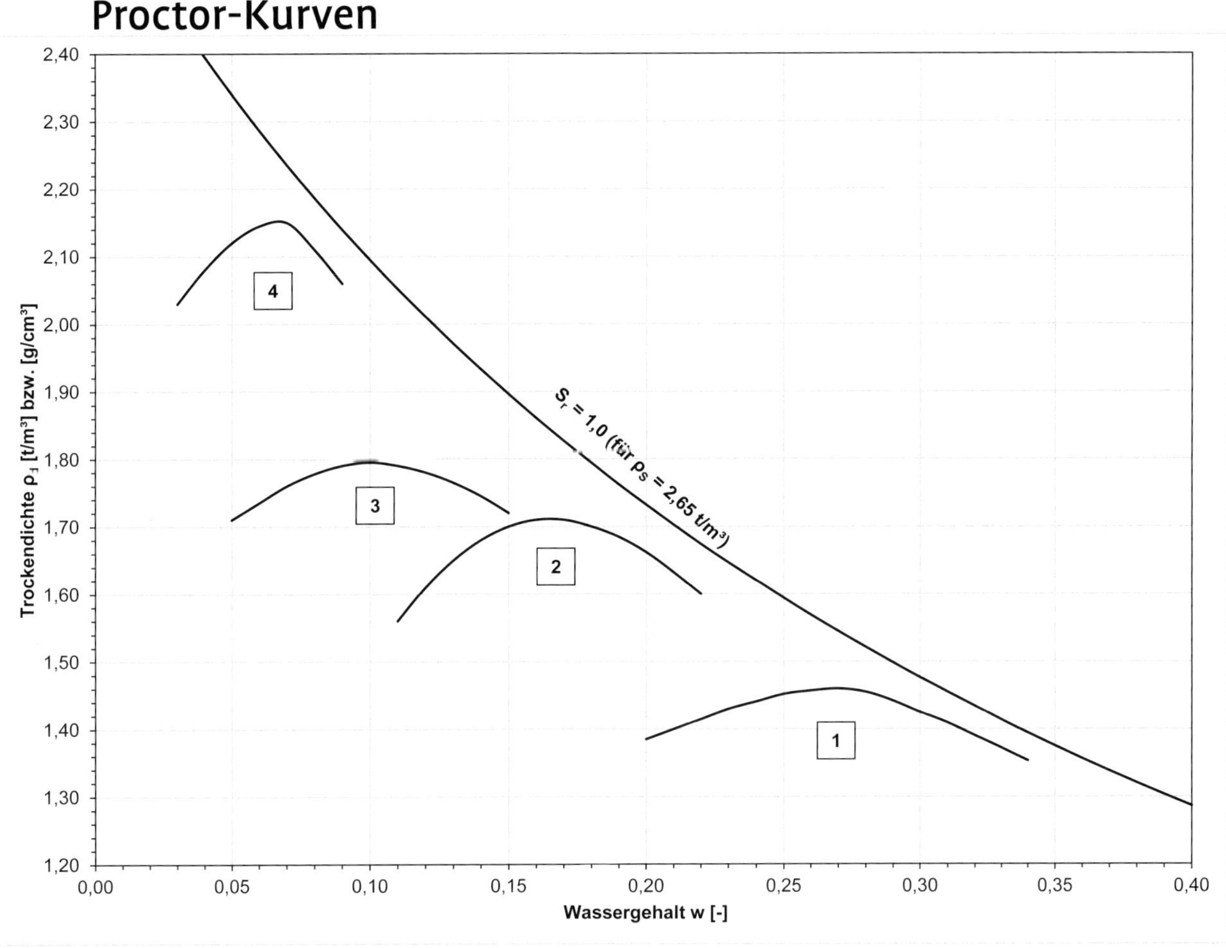

Proctorkurven für verschiedene Bodengruppen

1 ausgeprägt bindige Böden
2 gemischtkörnige Böden (mit Sand)
3 grobkörnige Böden (Sande)
4 grobkörnige Böden (Kiese) / gemischtkörnige Böden (mit Kies)

Abb. 8-2 Vergleiche von Proctorkurven zu verschiedenen Böden.

9 TRAGFÄHIGKEIT UND VERFORMUNG VON BÖDEN

Tragfähigkeit und Verformung werden von andauernden und/oder wechselnden Belastungen und von den Bodenverhältnissen beeinflusst.

9.1 Definition der Tragfähigkeit

Unter der Tragfähigkeit eines Bodens wird seine Aufnahmefähigkeit für Lasten aus Bauwerk oder Verkehr verstanden. Für die Tragfähigkeit gibt es folgende Grenzen:

- Die Tragfähigkeit gilt als überschritten, wenn eine zu große objektbezogene Verformung des Bodens (Setzungen, Unebenheiten) oder sogar eine unzulässige objektbezogene Verformung des Bodens eintritt, die sich in der Regel in Form von Bauwerksschäden wie Rissen, unzulässigen Neigungen oder Unebenheiten zeigt.
- Ihre absolute Grenze hat die Tragfähigkeit erreicht, wenn ein Grund- oder Geländebruch auftritt, also die Scherfestigkeit des Bodens überschritten ist.

Da die Tragfähigkeit von Böden auch durch vorweggenommene Verdichtungen nicht beliebig zu vergrößern ist oder wie beispielsweise bei Stahlbauteilen ein größerer Querschnitt für die Lastaufnahme gewählt werden kann, muss sich konsequenterweise die Belastung des Bodens nach seinem Leistungsvermögen richten! Kann die Belastung nicht entsprechend verringert werden, dann muss die mangelnde Tragfähigkeit des Bodens durch Maßnahmen am Bauwerk oder durch Verbesserungen des Bodens ausgeglichen werden.

9.2 Definition der Verformung

Die Verformung des Bodens, z. B. unter einem über ihn rollenden Rad eines Fahrzeuges, ist direkt unter dem Rad am größten. Außer der Größe der Gesamtverformung sind prinzipiell drei weitere Verformungsintensitäten beziehungsweise Verformungsarten zu unterscheiden:

- die **plastische** Verformung: Der Boden gibt beim Befahren stark nach und es verbleibt auch nach der Entlastung eine tiefe Fahrspur.
- die **elastische** Verformung: Der Boden gibt beim Befahren deutlich nach, dennoch verbleibt nach der Entlastung eine nur geringe Fahrspur. Der Boden ist teilweise zurückgefedert.
- keine Verformung: Der Boden gibt beim Befahren kaum feststellbar nach. Es zeigt sich somit nach der Entlastung auch keine Fahrspur. Der Boden zeigt ein starres Verhalten.

Gesamtverformung
Definition
Die Gesamtverformung stellt das maximale Nachgeben des Bodens während des Belastungsvorgangs unmittelbar unter der Höchstlast dar (Summe aus plastischer und elastischer Verformung).

Generell steigt die Gesamtverformung mit zunehmendem Wassergehalt beziehungsweise abnehmender Dichte des Bodens.

Verformungsart „plastisch"
Definition
Die plastische Verformung ist der nach der Entlastung verbleibende Anteil der Gesamtverformung.

Gründe für die plastische Verformung

a) Verdichtung des Gesamtgefüges durch Ineinanderschieben des Kornhaufwerks.
b) Verdrängung des Bodens unter der Last aufgrund geringer Kohäsion (weicher bindiger Boden) oder geringer innerer Reibung (eng gestufter nicht bindiger Boden) mit seitlichem Ausweichen.

Hinweise zur maßgebenden Bodenart, zu Bodenzustand und Größe der Verformung

a) Zu einer großen plastischen Verformung kommt es in folgenden Fällen:
   - bei bindigen Böden im weichen, breiigen oder flüssigen Zustand (siehe Kap. 14),
   - bei nicht bindigen Böden mit einem Verdichtungsgrad $D_{Pr} < 0{,}85$.
b) Zu einer geringen plastischen Verformung kommt es in folgenden Fällen:
   - bei bindigen Böden im halbfesten oder steifen Zustand (siehe Kap. 14),
   - bei nicht bindigen Böden mit einem Verdichtungsgrad $D_{Pr} < 0{,}95$.

Verformungsart „elastisch“

Definition

Die elastische Verformung ist der nach der Entlastung rückgebildete Anteil der Gesamtverformung.

Gründe für die elastische Verformung

a) Komprimieren der Poren mit langsamem Entweichen der eingeschlossenen Luft.
b) Komprimieren des Bodengefüges überwiegend durch Verdrehen beziehungsweise Verschieben einzelner Bodenkörner.
c) Komprimieren von elastisch federnden Bodenbestandteilen (z. B. Torffasern, Kunststoffteilen etc.).

Hinweise zur maßgebenden Bodenart, zu Bodenzustand und Größe der Verformung

a) Weich federnder Boden führt zu einer großen elastischen Verformung. Dies ist beispielsweise bei trockenem Torf gegeben.
b) Hart federnder Boden führt dagegen nur zu kleinen elastischen Verformungen. Diese Verformungen entstehen in folgenden Fällen:
   - bei bindigen Böden im mindestens halbfesten Zustand,
   - bei nicht bindigen Böden mit einem Verdichtungsgrad $D_{Pr} > 0{,}98$.

Verformungsart „starr“

Definition

Auch unter Höchstlast ist keine Verformung feststellbar.

Gründe für das starre Verformungverhalten

a) Unnachgiebigkeit einzelner Bodenbestandteile, da die Belastung für deren Verformung beziehungsweise Zerstörung nicht ausreicht.
b) Blockartig gebundener (ausgetrockneter) bindiger Boden.

Hinweise zur maßgebenden Bodenart, zu Bodenzustand und Größe der Verformung

Ein starres Verhalten ist in folgenden Fällen zu erwarten:

- bei bindigen Böden mit der Konsistenz fest oder hart,
- bei nicht bindigen Böden mit einem Verdichtungsgrad $D_{Pr} > 1{,}03$,
- bei mit Zement oder mit hochhydraulischem Kalk verfestigten Böden.

HINWEIS

Bei größerer Verdichtungsleistung (leistungsfähigere Arbeitsgeräte) und dünneren Schichten sind Verdichtungsgrade von über 100 % zu erreichen (D_{Pr} bis maximal 1,05).

9.3 Reaktionen des Bodens auf Belastungen

Unter Belastungszunahme zeigen Böden bestimmte typische Verformungsbilder, die von der Art der Belastung und den Bodeneigenschaften abhängen.

9.3.1 Dauernde Auflasten (statische Belastung)

Eine ständige Belastung des Bodens wie zum Beispiel durch Gebäude bewirkt eine nicht rückführbare Komprimierung des Bodens unterhalb der Belastungsstelle, die Setzung. Sie erreicht ihren Endwert, wenn keine Verschiebung von Bodenbestandteilen in Poren beziehungsweise keine Komprimierung von Poren mehr möglich ist. Dieses hängt sowohl vom inneren Widerstand des Bodens (seiner Scherfestigkeit) wie vom geometrischen Aufbau der Kornzusammensetzung ab.

Die Größe der Setzungen unter Bauwerken, Erdaufschüttungen etc. ist abhängig von der Lastgröße, der Belastungsdauer und der Scherfestigkeit des Bodens. Die Endgröße (Tiefe) der Setzung ist bei nicht bindigen Böden meist schon unmittelbar nach Abschluss der Baumaßnahme erreicht; bindige Böden weisen in der Regel eine wesentlich längere Setzungsdauer auf (z. B. Holstentor in Lübeck).

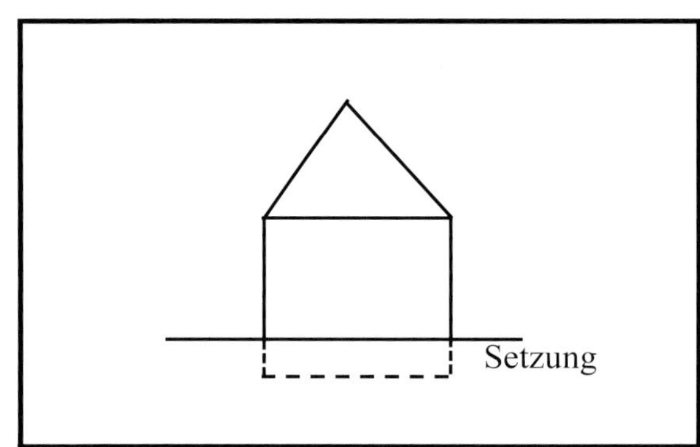

Abb. 9.3-1 Setzung von Hochbauten:
Hochbauten besitzen eine relativ „starre“ Gründung, die üblicherweise so ausgelegt wird, dass sich im gesamten Bauwerksbereich möglichst kleine, in jedem Fall jedoch gleich große Setzungen ergeben. Auf diese Weise werden zusätzliche Beanspruchungen des eigentlichen Bauwerks vermieden.

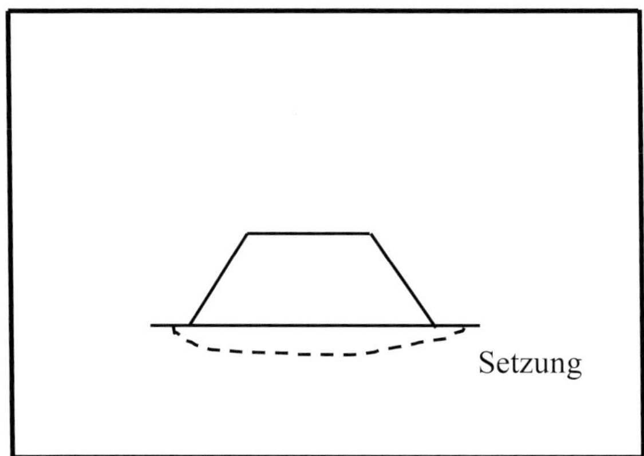

Abb. 9.3-2 Setzung von Erdbauwerken:
Erdbauwerke besitzen immer eine weiche, „nicht starre“ Gründung. Demzufolge ist die Setzung unter der Bauwerksmitte grundsätzlich größer als in den (leichteren) Randbereichen. Unter Erdbauwerken tritt damit eine Setzungsmulde auf, deren Ausbildung unter Umständen durch entsprechend überhöhte Schüttungen des Bauwerks auszugleichen ist.

9.3.2 Wechsellasten (dynamische Belastung)

Die Belastung durch Fahrverkehr oder auch durch Menschen oder Tiere (mit entsprechend geringerer Auswirkung) **„wandert“** über den Boden. Aber auch die Unwucht von Antriebs- oder Fertigungsmaschinen bewirkt einen in kurzen Zeitabständen wiederholten Wechsel zwischen Be- und Entlastung des Bodens. In diesen Fällen wird von „Wanderlasten“, „dynamischer“ Belastung oder „Wechsellasten“ gesprochen.

Durch diese Lastart wird ein fortlaufendes Komprimieren und Rückfedern des Bodens erzeugt. Das bei diesen Wechsellasten auftretende gesamte Verformungsverhalten ist für die Abschätzung der Nutzungseigenschaften und der Belastbarkeit des Bodens wichtig.

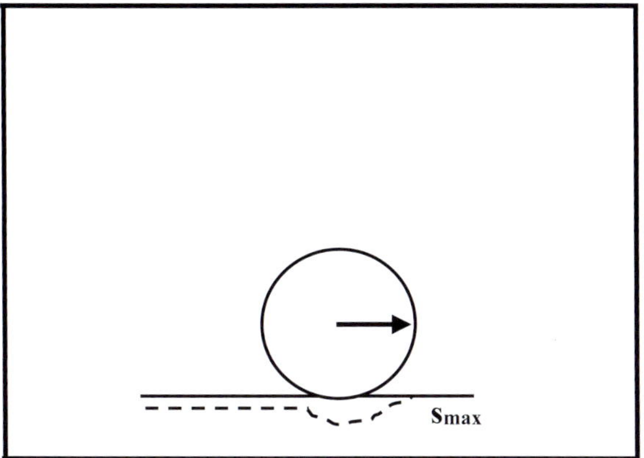

Abb. 9.3-3 Verformung des Bodens unter Fahrzeugen: Unter einem Fahrzeug tritt bei der Überfahrt die Gesamtverformung s_{max} auf (Komprimierung). Ist das Rad weitergerollt, dann federt der Boden entsprechend seinen Widerstandseigenschaften um ein bestimmtes Maß zurück. Es verbleibt eine gegenüber der Gesamtverformung weniger tiefe Fahrspur.

9.4 Zusammenfassung und Konsequenz der Aussagen

Beim Baustoff „Boden“ („Lockergestein“) treten gleichzeitig alle drei Verformungsarten mit zwar unterschiedlicher Wirkungsintensität, aber mit jeweils **bodentypischer** Mischung auf.

Das Verformungsverhalten eines Bodens ist wie seine Kornverteilung und seine plastischen Eigenschaften ein spezielles typisches Bodenmerkmal.

Damit ist nicht nur die Abstimmung der absoluten Tragfähigkeit, sondern auch des Verformungsverhaltens auf die Nutzungsanforderungen des jeweiligen Objektes erforderlich!

10 FROSTEMPFINDLICHKEIT VON BÖDEN

Die Frostempfindlichkeit von Böden (des Baugrunds oder Unterbaus) nimmt grundsätzlich zu, wenn Grundwasser während der Frostperiode dauernd oder auch nur zeitweise höher als 2 m unter Planum anstehen kann und Wasser von benachbarten Bereichen seitlich (z. B. von Nebenstreifen, Mittelstreifen) oder durch den Oberbau dem frostempfindlichen Boden zusickern kann.

Problematisch können auch als frostsicher bezeichnete Böden sein, sofern sie einen höheren Anteil an Feinsanden aufweisen oder aus weit gestuften Sanden bestehen. Bei derartigen Böden würde der aktive Kapillarwasseraufstieg bis an oder sogar in die Gefrierzone reichen.

Noch wesentlich kritischer ist die Situation bei Böden mit höheren Anteilen von Schluffen oder Ton (unter Umständen hier Ausbildung von Eislinsen).

Damit erweisen sich der Grundwasserstand und die kapillare Steighöhe des Baugrundes beziehungsweise Unterbaus als weitere wichtige Kriterien für die Beurteilung des Frostverhaltens eines Bodens.

Die Böden werden in drei Frostempfindlichkeitsklassen eingeteilt.

Tab. 10-1: Einteilung der Böden in die Frostempfindlichkeitsklassen nach ZTV E-StB 17

Frostempfind-lichkeitsklasse	Klassenbezeichnung	Bodengruppe nach DIN 18196
F1	nicht frostempfindlich	GW, GI, GE SW, SI, SE
F2	gering bis mittel frostempfindlich	a) ST, GT, SU, GU b) TA, OT, OH, OK
F3	sehr frostempfindlich	TL, TM, UL, UM, UA, OU ST*, GT*, SU*, GU*

Ergänzende Anmerkungen zu Böden der Frostempfindlichkeitsklasse F2:
Für die in Tabelle 10-1 unter a) aufgeführten Böden ist gegebenenfalls eine Zuordnung in die Frostempfindlichkeitsklasse F1 entsprechend der Abbildung 10-1 möglich.

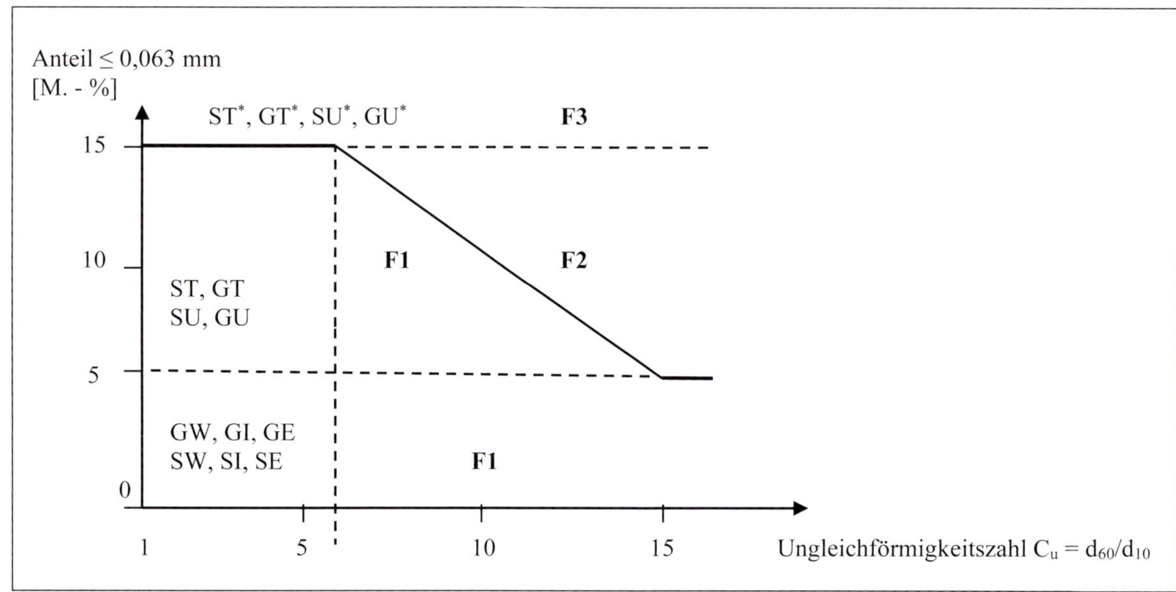

Abb. 10-1 Frostempfindlichkeitsklassen bei gemischtkörnigen Böden nach ZTV E-StB 17.

ABSCHNITT B: EINFACHE VERSUCHE ZUR BESTIMMUNG DER BODENEIGENSCHAFTEN

Kern dieses Buches sind die Erläuterungen der nachfolgenden einfachen Versuche, die es ermöglichen, Böden im Hinblick auf ihre Zusammensetzung und ihre wesentlichen Eigenschaften zu erkennen, zu benennen und zu beurteilen.

Diese einfachen Versuche sind so angelegt, dass sie jede Person an beliebigen Orten, in kurzer Zeit und mit nur wenigen Hilfsmitteln ausführen kann.

11 VORÜBERLEGUNGEN ZUR DURCHFÜHRUNG DER EINFACHEN VERSUCHE

Zunächst sollten die nachfolgenden Fragen weitgehend geklärt sein, um die vorgestellten einfachen Feldversuche möglichst zielgerichtet durchzuführen zu können.

11.1 Frage nach der Aufgabe des Bodens im Bauvorhaben

Hier findet die entscheidende „Weichenstellung", vor allem in Bezug auf die zu untersuchenden Bodeneigenschaften, die jeweils zu wählenden Untersuchungsverfahren und im Hinblick auf die Beurteilung der Untersuchungsergebnisse (d. h. der festgestellten Bodeneigenschaften) statt.

Zuerst muss entschieden oder festgelegt werden, ob der Boden vorrangig für ein **bautechnisches** Vorhaben (z. B. Bau einer Verkehrsfläche) oder eine **vegetationstechnische** Maßnahme (z. B. Anlage einer Rasenfläche oder eine Gehölzpflanzung) verwendet werden soll. Die Bodeneigenschaften sind im Gegensatz zur häufig vertretenen Meinung in beiden Fällen sehr unterschiedlich zu bewerten! Die abschließende Beurteilung muss dann zeigen, wie weit der Boden die jeweiligen Forderungen erfüllt – beziehungsweise, ob er sie überhaupt erfüllen kann.

GRUNDSÄTZLICHE FRAGE:
Liegt eine bautechnische oder eine vegetationstechnische Verwendung des Bodens vor?

ANMERKUNG
Im Übergangsbereich zwischen beiden Verwendungszwecken sind in der Regel Kompromisse hinsichtlich der vegetationstechnischen Wünsche zugunsten der bautechnischen Anforderungen nötig.

Bautechnische Anwendung des Bodens
Die bautechnische Eignung des Bodens hängt primär von seiner Fähigkeit ab, Lasten zu tragen. Die dazu erforderliche Tragfähigkeit wird durch eine möglichst dichte (und witterungsunempfindliche) Bodenstruktur geliefert. Dieses ist mit den geeigneten Maschinen

zum richtigen (optimalen) Zeitpunkt zu erzielen, wenn die Leistungsfähigkeit des Bodens nicht schon gegeben ist.

Die erforderliche/vorhandene Festigkeit des Bodens soll damit unzuträgliche Setzungen bei der Nutzung oder Verschiebungen des Bodens auf Böschungen (Standsicherheit) unterbinden.

FRAGE:
Sind die Tragfähigkeit hinsichtlich der geplanten Belastung und die Standfestigkeit bei den geplanten Geländeneigungen ausreichend?

Vegetationstechnische Anwendung des Bodens
Die Eignung des Bodens ist hier vor allem von der Durchwurzelbarkeit, der Durchwurzelungstiefe und dem Wasser-Luft-Haushalt des Bodens geprägt. Gute Voraussetzungen für die Vegetation liefert eine entsprechend lockere Bodenstruktur, die jedoch nicht nur anfangs, sondern für die Dauer der jeweiligen vegetationstechnischen Nutzung unverändert und somit möglichst lange erhalten bleiben soll.

GRUNDAUSSAGE:
Bei den im Rahmen dieses Buches vorgenommenen Bodenbeurteilungen ist das Nährstoffangebot des Bodens praktisch zweitrangig, denn wenn die bodenmechanischen Voraussetzungen nicht erfüllt sind, kann auch eine Verbesserung des Nährstoffangebots die Probleme in der Regel nicht lösen! (Besondere Fragen und Feststellungen zur Bodenchemie werden daher in diesem Buch auch nicht behandelt.)

FRAGE:
Findet die Pflanze sowohl ein ausreichendes, abgestimmtes Angebot an schnell erneuerbarer Bodenluft und Wasser als auch auch den notwendigen mechanischen Halt?

11.2 Bodenverändernde Einflüsse aus Vorbelastungen und Witterung

Nach der Frage der „Hauptaufgabe" des Bodens ist zu klären, ob sich seine Eigenschaften durch vorherige Bodenbearbeitungen und/oder Witterungseinflüsse nachteilig verändert haben oder noch verändern werden.

Einfluss der vorherigen Bearbeitung
Jeder Eingriff in den Boden und damit jede Art der Bearbeitung (ebenso wie die spätere Nutzung) verändert häufig die bis dahin vorhandene Struktur und damit seine Eigenschaften sehr nachhaltig. Die Intensität der Veränderung wird von vielen, zum Teil wiederum voneinander abhängenden Faktoren beeinflusst. Besonders wichtig sind beispielsweise der Zustand des Bodens unmittelbar zum Zeitpunkt des Eingriffs in Bezug auf Feuchtigkeit und Dichte sowie die Methode der Bearbeitung (Eigengewicht der Maschine). Diese Veränderungen sind in der Regel nur schwer rückführbar.

FRAGEN:
Kann zum vorgesehenen Zeitpunkt und/oder mit dem vorgesehenen Gerät überhaupt die bautechnisch erforderliche Festigkeit erzielt werden? Können nachteilige Auswirkungen auf die spätere Vegetation zum Beispiel durch die Veränderung des Zeitpunkts der Bearbeitung oder der Arbeitsmethode vermieden werden?

Abb. 11.2-1 Abgeschobener und direkt daneben auf Miete gesetzter Oberboden.

Abb. 11.2-2 Folgen der „Bodenbearbeitung“ mit „nur“ einem Kleinbagger.

Abb. 11.2-3 An dieser Stelle soll der zukünftige Garten entstehen! Vielfache und unterschiedliche Bodenbelastungen durch Bodenmieten, Geräte, Baustoffe und Fahrbewegungen haben stattgefunden.

Abb. 11.2-4 Der letzte Regen war vor 6 Tagen: Das Wasser ist immer noch nicht versickert! Die Oberbodenmieten liegen auf dem vernässten Bereich, der Wasseraufstieg ist gut sichtbar.

Einfluss der Witterung

Die Witterung hat immer einen (erheblichen) Einfluss auf die Bodeneigenschaften. Dabei spielen neben der „Bodenqualität” – beschrieben durch die Zusammensetzung des Stoffgemisches Boden, seine Dichte und Struktur – besonders der Niederschlag, der Wechsel von Frost- und Auftauvorgängen sowie die Verlagerung des Bodens durch Wasser (z. B. Erosionsvorgänge) eine Rolle.

FRAGE:

Sind aufgrund der vorherrschenden Witterung (gerade **jetzt** sollen die Bodenarbeiten stattfinden!) **nachteilige** Auswirkungen zu erwarten?

Abb. 11.2-5 Einfluss eines länger andauernden Regens – wie sieht es aus mit der Bearbeitbarkeit? Dieser Boden wird nach Austrocknung sehr hart!

11.3 Übersicht zu den einfachen Versuchen

Die aufgeworfenen Fragen finden ihre Antworten grundsätzlich in dem **mechanischen Verhalten** des Bodens, das heißt in der Größe seines Widerstands gegen die von außen aufgebrachten Beanspruchungen (Bearbeitung, Nutzung, Auflast, Witterungseinflüsse) und/oder in seiner Wasserdurchlässigkeit.

FAZIT:

Die zu ermittelnden Parameter müssen also die Größe des jeweiligen Bodenwiderstands und der Wasserdurchlässigkeit aufzeigen. Die wichtigsten Kennwerte für den Bodenwiderstand sind dabei die Bodenzusammensetzung (und die daraus abzuleitende Bodenbenennung) sowie der Bodenzustand (Wassergehalt, Dichte und Tragfähigkeit).

Die nachfolgende Übersicht zeigt die Untersuchungsziele, den Untersuchungsweg mit den einfachen Versuchen und die damit zu erzielenden Hinweise zu den Untersuchungsergebnissen. Diese einfachen Versuche stellen den Kern des Buches dar (Kap. 13 bis 18). Sie ermöglichen, die verschiedenen Böden zu erkennen und ihre Eigenschaften zu beurteilen. Zur Durchführung der Versuche sind nur sehr einfache, in den meisten Fällen bereits vorhandene Hilfsmittel erforderlich. Ferner ist in der Regel kein größerer zeitlicher Aufwand notwendig.

Nach dieser Übersicht wird mit dem unbekannten Boden und der ersten Entscheidung begonnen: nicht bindiger oder bindiger Boden (Kap. 13.2). Bei den nicht bindigen Böden geht es relativ schnell über die Feldversuche zu den entsprechenden Bodengruppen (Kap. 13.3). Bei den bindigen Böden dagegen werden die Bodengruppen zuerst über die einfachen Feldversuche (Kap. 13.4) **und** dann über die vermutete Konsistenz (Kap. 14) ermittelt. Parallel dazu müssen Oberböden auf organische Anteile untersucht werden (Kap. 13.5).

Werden die mit den zugehörigen, nachfolgend vorgestellten Untersuchungsverfahren ermittelten Daten und die daraus entwickelten Kennwerte bei der Realisierung des Objektes beachtet, so wird auf diese Weise eine möglichst gute Verwirklichung des Vorhabens gesichert.

Die oben genannten Parameter sind fallweise durch weitere Kennwerte zu ergänzen. Weitere Laborversuche sind eigentlich nur dann vorzunehmen, wenn sich Wissbegierige bei sehr hochwertigen oder komplizierten Baumaßnahmen ganz sicher sein wollen oder es (im Streitfall) genau wissen müssen.

Mit diesen Untersuchungen muss dann in der Regel ein Ingenieur-, Planungs- oder Sachverständigenbüro mit entsprechender Laboreinrichtung beauftragt werden, da Betroffene selbst kaum über die entsprechenden Geräte und die in diesen Fällen erforderliche theoretische und praktische Erfahrung verfügen. Der mit derartigen Aufträgen entstehende (durchaus hohe) Kosten- und Zeitfaktor sollte rechtzeitig beachtet werden. Die Laborversuche werden daher hier nicht behandelt.

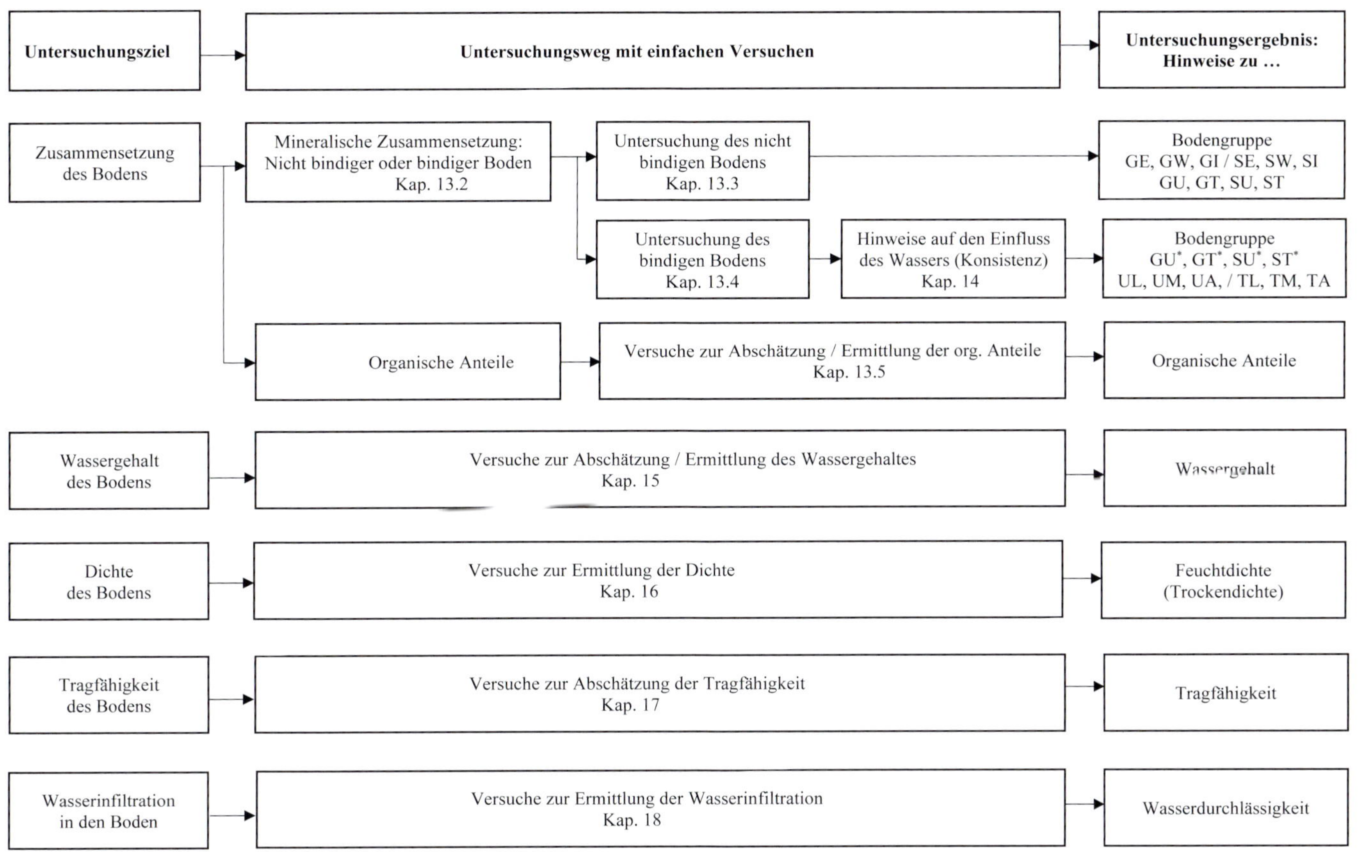

Abb. 11.3-1 Übersicht zu den einfachen Versuchen.

12 VOR DEN VERSUCHEN

Vor der Erkundung und Untersuchung des Bodens beziehungsweise des Baugrundes am jeweiligen Standort ist festzulegen, bis zu welcher Tiefe Kennwerte über den Boden gewonnen werden müssen. Dabei hängt die Erkundungstiefe oder die Tiefe, aus der eine Bodenprobe zu entnehmen ist, von der „Reichweite" des späteren Bauwerks ab, beispielsweise vom Einfluss der späteren Nutzung (Abtragstiefe oder Aufschüttungshöhe von Erdbauwerken) oder auch von der Art der Begrünung.

Alle bei einer Bodenerkundung oder Probenahme ablaufenden Arbeiten und festgestellten Bodeneigenschaften sollten sofort in einem „Protokoll" schriftlich festgehalten und gegebenenfalls auch durch Fotos dokumentiert werden. Auf diese Weise sind auch bei späteren Unklarheiten noch wichtige Rückschlüsse möglich.

12.1 Erkundung des Standortes

Die Erkundung eines Standortes sollte stets mit einer Begehung anfangen, bei der schon Überlegungen zur Probenahme und zu den vorzunehmenden Untersuchungen anzustellen sind.

12.1.1 Oberflächennahe Erkundung

Hierunter ist ein Bereich bis zu etwa 0,4 m Tiefe (in etwa spatentief) zu verstehen. Die Anwendung einer oberflächennahen Erkundung ist in folgenden Fällen ausreichend:

- für die spätere Anlage einfacher und gering belasteter „Gartenwege“,
- bei extensiver vegetationstechnischer Nutzung und Verwendung von Gräsern, Stauden und flachwurzelnden Kleingehölzen.

HINWEIS

Wird bei der oberflächennahen Erkundung ein an die Deckschicht anschließender, augenscheinlich völlig anderer Bodenbereich angeschnitten, sollte er auf jeden Fall in die Erkundung und spätere Beurteilung mit einbezogen werden.

Die einfachste Möglichkeit der Erkundung ist ein „mutiger“ Griff mit den Händen in den Boden. Dabei wird so viel Boden entnommen, wie für die weitere Beurteilung benötigt wird. Gegebenenfalls muss vorher nur der oberflächige Bewuchs oder eine dünne Bodenauflage, wie eine Streuschicht, entfernt werden. Sinnvoll ist jedoch die Ausdehnung auf etwa Spatentiefe. Diese Erkundung erstreckt sich damit in der Regel nur auf den Oberboden („Mutterboden“), sofern er nicht durch bereits vorher abgelaufene Baumaßnahmen (Erschließungsarbeiten) abgetragen wurde. Die oberflächennahen Böden enthalten im Regelfall organische Bestandteile.

Auf spezielle Werkzeuge kann hier normalerweise verzichtet werden (außer auf Spaten, Schaufel und ein kleines Transportgerät, gegebenenfalls Plastikbeutel für entnommene Proben).

12.1.2 Erkundung in größeren Tiefen

Tiefere Erkundungen sind in folgenden Fällen sinnvoll beziehungsweise notwendig:

- Bei stärker belasteten Verkehrsflächen (z. B. Garagenzufahrt oder Stellfläche für Pkw) ist eine Erkundungstiefe von wenigstens 0,5 m **unter** dem geplanten **Erdplanum** anzustreben.
- Für eine Pflanzung von Gehölzen sollte der Boden wenigstens bis zu einer Tiefe von ca. 0,2 m Meter unter der Pflanzgrube, das heißt in der Regel bis ca. 1 m **unter** dem **künftigen Gelände** bekannt sein.

HINWEIS

In beiden Fällen muss beachtet werden, dass sich in späteren Abtragsbereichen gegenüber dem vorhandenen, noch nicht veränderten Geländeniveau selbst für die beschriebenen Situationen weitaus größere Erkundungstiefen ergeben können.

Noch größere Erkundungstiefen sind eigentlich nur in speziellen bautechnischen Fällen oder bei größeren Abtragsprofilen erforderlich. Im letzteren Fall sollten **vor** der Arbeitsdurchführung die später freizulegenden oberflächennahen Bodenschichten bekannt sein und bei einer weiteren Verwendung des entnommenen Bodens im Grundstücksbereich dessen Eigenschaften.

Diese angedeutete Erkundungstiefe wird sich im Normalfall auf bis zu etwa 6 m erstrecken.

12.1.2.1 Erkundungsmöglichkeit „Schürfgrube“

Zur Anlage einer Schürfgrube sind außer Spaten (und Schaufel) und eventuell einer Kreuzhacke – zur Lockerung des Bodens – keine weiteren Werkzeuge nötig.

Besonders sinnvoll ist die Schürfgrube, wenn eine möglichst genaue Beurteilung des **unveränderten** Bodens oder eine **direkte Einsicht** in den Bodenaufbau gewünscht ist und

Abb. 12.1-1 Mit einem Kleinbagger erstellte, nicht zu begehende Schürfgrube (> 1,25 m!) mit deutlich erkennbarer Schichtung.

Abb. 12.1-2 Gleiches Baufeld, ca. 50 m entfernt. Wasserzutritt bei etwa 1,5 m Tiefe, der Oberboden reicht bis in ca. 0,5 m Tiefe.

die Erkundung nur wenig unter eine Deckschicht (z. B. den anstehenden Oberboden) reichen muss. Eine Tiefe von insgesamt 0,50 bis 0,75 m wird dabei kaum überschritten und ein Betreten dieses Schurfs wird nicht unbedingt notwendig sein. Damit kann die Fläche des Schurfs relativ klein gehalten werden.

Bei der Entnahme des Bodens ist eine mit der Tiefe fortschreitende Beschreibung der angetroffenen Bodenverhältnisse und gegebenenfalls schichtweisen Probenahme durchzuführen.

HINWEIS

Der Abtrag des Bodens sollte lagenweise erfolgen. Die einzelnen Lagen ergeben sich, wenn sich entweder optisch (z. B. Färbung), hinsichtlich der Festigkeit oder der Bodenfeuchte Unterschiede zeigen. Angetroffene starke Vernässungsbereiche oder freie Wasserspiegel (Grundwasser) sind in jedem Fall zu vermerken.
Grundsätzlich sind die Sicherheitsvorschriften bei Erkundungstiefen ab 1,25 m einzuhalten (z. B. nach DIN 4124)!

12.1.2.2 Erkundungsmöglichkeit „Bohrstock“

Der Bohrstock (auch Pürckhauerstab genannt) ist eine Eisenstange von 1 m Länge und 30 mm Durchmesser mit einer eingefrästen Längsnut. Er wird mit einem schweren Hammer in den Boden getrieben. Gegebenenfalls kann der Bohrstock mit einer Verlängerungsstange (ohne Längsnut) versehen werden, um auf 2 m Erkundungstiefe zu kommen.

Dieses einfache und auch von einem Laien gut nutzbare Erkundungsgerät kann praktisch für eine Vielzahl einfacher bautechnischer und alle vegetationstechnischen Erkundungsfälle eingesetzt werden – es gehört aber sicher nicht zu einer laienüblichen Ausstattung.

Ist der Bohrstock eingetrieben und die gewünschte Tiefe erreicht, wird er mit dem Griff zwei- bis dreimal **in gleicher Richtung** gedreht und danach wieder aus dem Boden gezogen. Die in der Nut enthaltene Bodensäule sollte erst optisch auf die Schichtung des Bodens und

Abb. 12.1-3 Eintreiben des Pürckhauerstabes mittels eines Hammers. An dieser Stelle kann er auf volle Tiefe eingetrieben und (in einem Schwung) auch herausgezogen werden, das ist nicht immer so! Das zeigt hier einen sehr lockeren Boden bzw. einen Boden mit geringem Verdichtungsgrad an.

Abb. 12.1-4 Hier geht das Eintreiben nicht so einfach, nach etwa einem halben Meter nur noch in 20-cm-Schritten mit anschließendem Drehen. Gewusst wie: Durch Einsatz des ganzen Körpers beim Drehen bekommt der Anwender ein größeres „Drehmoment". Ohne diesen „Trick" hätte der Bohrstock sonst freigegraben werden müssen!

die Wasserverhältnisse (z. B. örtliche Vernässung) untersucht werden, bevor der Boden lagen- und abschnittsweise zur weiteren Untersuchung entnommen wird. Der Aufwand, mit dem ein Bohrstock in den Boden getrieben werden muss, lässt zusätzlich grobe Schlüsse auf die Festigkeit des durchrammten Bodens zu (Bodenwiderstand).

Abb. 12.1-7 Vergleich von Rammsonde, Schlitzsonde und Pürckhauerstab. Von links nach rechts: Ramm-/Schlitzsonde: 10 kg Fallgewicht (Rammbär), Amboss, Führungsstange, Stange mit Rammsondenspitze, Verlängerungsstangen, Schlitzsonde; Pürckhauerstab: Schlaghammer, Bohrstock mit Dreh- und Ziehgriff, Spatellöffel (oder Esslöffel).

Abb. 12.1-5 Nach dem mehrmaligen (!) Drehen beginnt das Herausziehen durch Vorbeugen über den Bohrstock und drehende (!) Ziehbewegungen. Bitte keinen falschen Ehrgeiz, sonst geht es auf den Rücken!

Abb. 12.1-6 Das Ergebnis zeigt einen bis in fast 70 cm Tiefe (!) organischen Boden, der in den obersten 15 cm locker ist. Nach einer Übergangszone erscheint erst nach ca. 90 cm der anorganische Bereich. Der Boden ist auf ganzer Länge gleichmäßig feucht.

PRAKTISCHER HINWEIS

Ist ein großer Kraftaufwand beim Eintreiben erforderlich, so wird der Bohrstock gegebenenfalls nur jeweils in 20-cm-Schritten bis zur gewünschten Gesamttiefe eingetrieben, dann jeweils gedreht und danach zusätzlich maximal 1 cm herausgezogen. Andernfalls lässt sich der Bohrstock weder drehen noch herausziehen. Es bleibt dann nur noch das sehr mühsame Ausgraben!

12.1.2.3 Erkundungsmöglichkeit „Ramm- und Schlitzsondierung"

Die „leichte Rammsonde" (auch Künzelstab genannt) gehört eindeutig zur „optimalen" Ausstattung und ist in der Regel größeren Laboren, Ingenieur- und Planungsbüros vorbehalten. Da ihre Anwendung und die Ableitung von Aussagen zum Boden jedoch verhältnismäßig einfach sind, soll diese Erkundungsart im Rahmen dieses Buches doch vorgestellt werden.

Wesentliches Ziel dieser Bodenerkundung ist die Feststellung der Festigkeit des Bodens, die sich als Widerstand gegen das Einrammen der Sonde zeigt.

Der Anwendungsbereich der leichten Rammsonde ist auf leichte, möglichst steinfreie Böden und eine Tiefe von maximal 6 m begrenzt. Um die jeweilige Tiefe zu erreichen, werden einzelne Stahlstangen von 22 mm Durchmesser und jeweils einem Meter Länge miteinander fest verschraubt. Diese Stangen werden mit einer kegelförmig verdickten Spitze versehen und mit einem Fallgewicht von 10 kg und festgelegter Fallhöhe (50 cm) schrittweise in den Boden getrieben. Dazu gehört selbstverständlich auch eine Ziehvorrichtung, um das Gestänge danach aus dem Boden zu bekommen.

Der Widerstand des Bodens wird mit der für die Durchrammung einer jeweils 10 cm dicken Bodenschicht benötigten Schlagzahl angegeben. Um diese Schichten genau erkennen zu können, sind die Stangen mit Markierungen in 10-cm-Abständen versehen.

Die ermittelten Schlagzahlen pro 10 cm Eindringen werden in einem sogenannten Rammdiagramm aufgetragen. Die so entstandene Widerstandslinie zeigt, **ob**, in welcher **Tiefe** und mit welcher **Mächtigkeit** besonders feste Bodenschichten (gegebenenfalls Verdichtungshorizonte mit entsprechend hohen Schlagzahlen) beziehungsweise weiche oder lockere Boden-

Abb. 12.1-8 Aufgebaute Ramm-/Schlitzsondierung. Das Fallgewicht wird einen halben Meter bis zum Griff angehoben und danach fallen gelassen.

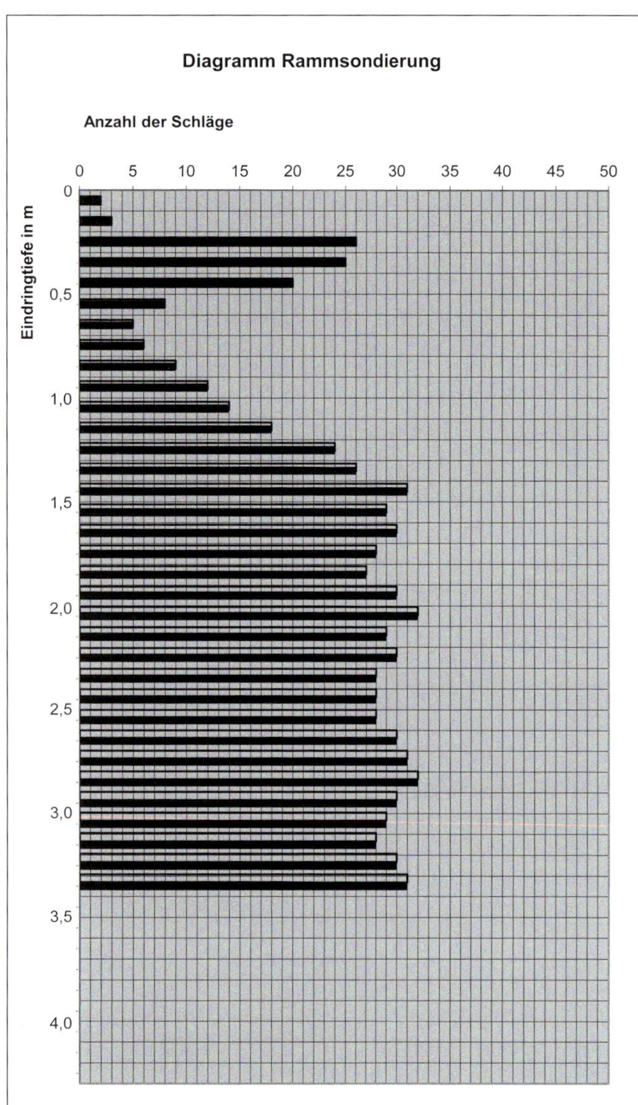

Abb. 12.1-9 Beispiel einer Rammsondierung: Diese Sondierung reicht bis in 3,4 m Tiefe. Die ersten beiden Dezimeter zeigen nur geringe Schlagzahlen auf, dann steigen sie aber sprunghaft an, um anschließend stark zu fallen. Dann steigen sie kontinuierlich an und bleiben in etwa gleich hoch.

schichten (mit entsprechend niedrigen Schlagzahlen) vorhanden sind. Aus der Widerstandslinie ist jedoch kein Rückschluss auf die vorhandene Bodenart möglich.

Vorsicht: Eine fundierte Interpretation der Widerstandslinie ist nur möglich, wenn zusätzlich die Bodenarten bekannt sind (Beispiel: in einem faserigen Torf ergeben sich hohe Schlagzahlen, die Festigkeit ist jedoch gering).

Aus Abbildung 12.1-9 wäre zu folgern, dass hier wahrscheinlich gestörte Bodenverhältnisse vorliegen. Die ersten beiden Dezimeter sind locker. Der starke Anstieg der Schlagzahlen deutet auf eine verdichtete Schicht hin (Fahrspur?). Dass die Schlagzahlen anschließend auch relativ stark zurückgehen, dann langsam wieder zunehmen und nun annähernd gleichbleiben, deutet auf einen aufgefüllten Boden bis ca. 70/80 cm Tiefe hin. Darunter könnte sich der „gewachsene" Boden befinden. An dieser Stelle ist für den konkreten Nachweis die Bestimmung der Bodenarten mit der Schlitzsondierung erforderlich.

Wird zusätzlich dicht neben der Rammsondierung eine Nutstange (auch Meter für Meter) in den Boden getrieben, kann mit ihr als sogenannte **Schlitzsonde** ein Schichtenprofil des Bodens und eine grobe Beschreibung der jeweiligen Bodenarten gewonnen werden. So ist die Feststellung möglich, ob beispielsweise eine geringe Schlagzahl auf einen lockeren Sandboden oder eine feuchte, weiche Lehmschicht zurückzuführen ist.

Wird der Boden statt erdfeucht unvermittelt nass, so können Aussagen in Richtung Grund- beziehungsweise Schichtwasser vorgenommen werden.

HINWEIS

Nur aus der **Kombination** von Ramm- und Schlitzsondierung ergeben sich gute Bewertungsmöglichkeiten der Ergebnisse und damit in der Regel zuverlässige Hinweise auf besonders tragfähige Bodenschichten (bautechnisch wichtig!) beziehungsweise Horizonte mit schlechter Durchwurzelbarkeit (vegetationstechnisch wichtig!).

Aus der Widerstandslinie lassen sich keine Angaben zur absoluten Dichte des Bodens (und damit zum Grad der Verdichtung) ableiten. Liegt jedoch ein gleicher Boden vor (z. B. Auffüllung), so können Unterschiede in der Verdichtung im Baufeld ermittelt werden.

Aus mehreren, netzartig angelegten Ramm- und ergänzenden Schlitzsondierungen können wertvolle Hinweise auf **flächenhaft** vorliegende Bodeneigenschaften gewonnen werden (z. B. begrenzte Durchwurzelungstiefe, Wassersperrhorizonte, Neigung wasserundurchlässiger Schichten, Gleichmäßigkeit verdichteter Bodenschichten). Diese grundsätzlich relativ bewertbaren Ergebnisse sind häufig wesentlich aussagekräftiger als genaue Einzelpunktuntersuchungen. Sie sind darüber hinaus in der Regel kostengünstiger und vor allem schneller durchzuführen und bieten sich damit für alle Baubereiche an, zumindest für größere Tiefen und nicht nur bei einfacheren Baumaßnahmen.

HINWEISE

Ramm- und Schlitzsondierungen werden sowohl als Einzelpunktuntersuchung als auch zur flächendeckenden Bodenerkundung verwendet.
Zu dritt lässt sich eine Ramm-/Schlitzsondierung am besten durchführen: Eine Person hält das Gestänge fest, eine zweite schreibt auf, eine dritte „arbeitet". Wenn diese drei Personen auch noch unterschiedlich groß sind (1,6 bis 2 m), kann jeder seine beste Arbeitsposition einnehmen. Geht es nicht tiefer oder federt es, so wird das Gerät (gegebenenfalls mehrfach) um einige Dezimeter versetzt, weil man auf Steine getroffen ist (vergrabener Schutt, steiniger Bodenhorizont?).

ANMERKUNGEN:

Die Ramm-/Schlitzsondierung ist ein verhältnismäßig teures Verfahren (in der Anschaffung), welches über das Anliegen dieses Buches deshalb weit hinausgeht. Sie ist hier trotzdem aufgeführt, um aufzuzeigen, wie im Feldversuch auch die unteren Bodenschichten erschlossen werden können. Die Rammsondierung bringt konkrete, messbare Ergebnisse zum Eindringverhalten, während beim Eintreiben der Schlitzsonde und des Pürckhauerstabes „nur" das Gefühl beziehungsweise die Anstrengung beschrieben werden kann.

Aber Achtung: Jeder schlägt beim Eintreiben anders zu und hat auch mehr oder weniger Mühe, das Gestänge wieder herauszuziehen! Ein Vorteil des Pürckhauerstabes ist, dass die Erkundung durch eine Person durchgeführt werden kann.

12.2 Probenahme und Probemenge

Bei der Anwendung der einfachen Versuche (Kap. 13 bis 16) werden die Proben in der Regel mit einer Schaufel, einem Spaten oder mit der bloßen Hand entnommen (alles gestörte Proben).

Es wird nur so viel Boden benötigt, dass damit die jeweilige einfache Untersuchung durchgeführt werden kann. Eventuell ist es jedoch sinnvoll, Material für zusätzliche Bodenuntersuchungen mitzunehmen, um es sich nicht nur vor Ort, sondern auch zu Hause in Ruhe anschauen zu können.

Liegen jedoch kritische Verhältnisse vor, sodass zur genauen Klärung bestimmter bodenmechanischer Kenndaten ein Fachlabor eingeschaltet werden muss, dann sind bei der Probenahme verschiedene DIN-Normen beziehungsweise Merkblätter zu beachten. Die nachfolgende Tabelle soll lediglich eine Vorstellung vermitteln, welche Mindestprobemengen für einzelne exakte Laboruntersuchungen einem Labor zur Verfügung gestellt werden müssten. Diese sind unbedingt einzuhalten, auch wenn dann der Versand sehr kostspielig werden kann – mit nur einer Tüte voll Boden ist es nicht getan!

Tab. 12.2-1: Mindestprobemengen für einzelne Laboruntersuchungen

Bodenart	Korngröße	Minimale Probemenge	Untersuchungsverfahren
Ermittlung der Kornverteilung* (nach DIN EN ISO 17892-4)			Sieb/Schlämmanalyse
Ton/Schluff/Sand	< 2 mm	100 g	
Sand	2 mm	100 g	
feinkiesiger Sand	6,3 mm	300 g	
fein-/mittelkiesiger Sand	10 mm	500 g	
mittelkiesiger Sand	20 mm	2 000 g (ca. 1,5 l)	
kiesiger Sand	31,5 mm	14 000 g (ca. 1 gefüllter Eimer)	
bindige Kiese, steinige Böden	63 mm	40 000 g (ca. 3 gefüllte Eimer)	
Ermittlung des Wassergehalts (nach DIN EN ISO 17892-1)			Trockenschrank
Tone, Schluffe	0,063 mm	30 g	
Sand	6 mm	100 g	
fein-/mittelkiesiger Sand	10 mm	500 g	
kiesiger Sand	31,5 mm	3 000 g	
bindige Kiese, steinige Böden	63 mm	21 000 g	
Ermittlung Konsistenzgrenzen**	< 0,4 mm	1 000 bis 1 500 g	Fließ- und Ausrollgrenze
Verdichtungseigenschaften (Verdichtungsgrad)*** (nach DIN 18127)			Proctorversuch mit Versuchszylinder
Feinkorn- und Mischböden	< 20 mm	3 kg	klein
grobkörnige Böden	< 31,5 mm	6 kg	mittel
sehr grobkörnige Böden	< 63 mm	30 kg	groß

* ohne bindige Anteile: Trockensiebung; bei bindigen Anteilen: Nasssiebung, ggf. Schlämmanalyse;
** für die Analyse erforderliche Menge (als Ausgangsprobe möglichst die 3- bis 4-fache Menge);
*** ohne Wiederverwendung von Einzelproben (d. h. Ausgangsproben bis zur 10-fachen Menge!)

12.3 Geräte und Hilfsmittel für einfache Versuche zur Bodenansprache

Die Ausstattung, mit der die Untersuchung zur Bodenansprache vor Ort durchgeführt werden muss, ist abhängig von der gewünschten oder, im Fall eines Gutachtens, der geforderten Genauigkeit.

Hier werden drei „Qualitätsstufen" der Ausstattung an Gerätschaften und Hilfsmitteln vorgestellt, wobei die „minimale" Ausstattung (die für einfache Fälle bei richtiger Anwendung durchaus genügen kann) weit weniger als 3 % und die vorgestellte „sinnvolle" Auswahl ca. 10 % der Anschaffungskosten der „kompletten" Zusammenstellung verursachen würde.

Der wesentliche Unterschied bei diesen „Ausstattungsqualitäten" liegt darin, dass mit den spezielleren Geräten genaue und reproduzierbare Prüf- und Messergebnisse erzielt werden können, deren Ermittlung jedoch (sehr) viel zeit- und kostenaufwendiger ist. Die Interpretation der Messwerte ist aber nicht primär von der größeren Genauigkeit, sondern wesentlich vom Verständnis der Materie abhängig! In den meisten (einfachen) Fällen geht es vorrangig nur darum, die entscheidenden Tendenzen des Bodenverhaltens beziehungsweise die entscheidenden Eigenschaften des Bodens aufzuzeigen und nicht darum, ein Labor zu ersetzen.

Was letztendlich zählt, ist für kleinere und einfachere Bauvorhaben neben dem finanziellen Aspekt und der Schnelligkeit die ausreichend sichere Aussage bei einfachster Durchführbarkeit der Versuche – und die ist bereits mit einfachen Geräten gegeben. Welche

„hauseigene Laborausstattung" also benutzt wird, hängt nicht vom Geldbeutel, sondern vielmehr von der Genauigkeit ab, die gewünscht wird.

Zur besseren Übersicht sind die benötigten Gegenstände nach den Einsatzbereichen geordnet in folgenden Tabellen aufgeführt.

Zusammenstellung der Geräte und Hilfsmittel für die Laborerkundung und Bodenansprache vor Ort beziehungsweise gegebenenfalls für weitere Analysen im Labor

Tab. 12.3-1: Geräte und Hilfsmittel aus Haushalt (Küche), Werkstatt und Gartenhaus

Aus Küche und Haus	Aus der Werkstatt	Aus dem Garten(haus)
– Schreibpapier – Schreibzeug – Tageszeitung – Plastiktüten (Plastiktragetaschen) – durchsichtiges Wasserglas und Flasche – Ess- und Kaffeelöffel – Schöpfkelle – Brotmesser (Taschenmesser) – Haushaltsmessbecher – Haushaltssieb – Streichhölzer – Stahl- und/oder Porzellanschale – Haushaltswaage bis 5 kg Tragkraft – Armbanduhr mit Sekundenanzeige – Fotoapparat/Handy – Eimer – Backofen	– Zollstock – 2 Nägel (> 80 mm lang) – dickes und dünnes Holzbrett – Fäustel Wasserkanister (5 oder 10 l) – Malerfolie (zum Abdecken)	– Spaten, Schaufel, Spielsieb – Hand- oder Pflanzschaufel – Gießkanne – Wasservorrat – Spiritus oder flüssiger Grillanzünder

Ausstattungsvarianten

Komplette Zusammenstellung:
Die komplette und damit optimale Ausstattung umfasst Gerätschaften, die ein gut ausgerüstetes Labor im Gelände für Feldmessmethoden und zum Teil weiterführend im Labor einsetzen würde. Sie ist hier deshalb aufgeführt, um gegebenenfalls daraus die eigene Gerätesammlung qualitativ abschätzen und im Bedarfsfall ergänzen zu können.

Sinnvolle Zusammenstellung:
Diese Zusammenstellung enthält, was zur Bodenuntersuchung und Bodenansprache eigentlich vorhanden sein sollte und womit Anwender – im Sinne dieses Buches – schon optimal ausgerüstet wären. Die Auswahl liefert bei geringem finanziellen Aufwand gut interpretierbare Ergebnisse.

Minimale Zusammenstellung:
Dieses „Gerätespektrum" ist wirklich simpelster Art, denn es sind überwiegend Dinge des täglichen Gebrauchs sowie Gegenstände, die in fast jedem Haushalt anzutreffen sind und mit denen dennoch eine Bodenbeurteilung gut möglich ist.

Tab. 12.3-2: Geräte und Hilfsmittel zur Ermittlung des Bodenprofils, des Vernässungs- und Grundwasserbereichs (siehe Kap. 12.1)

Komplette Ausstattung	Sinnvolle Ausstattung	Minimale Ausstattung
- Bohrstock mit Verlängerung - leichte Rammsonde mit Verlängerungen + Nutstange - Ziehgerät und ggf. automatische Ziehvorrichtung - leichter Handbohrer zur Bodenentnahme aus größerer Tiefe, ggf. motorbetriebenes Sondierbohrgerät - Klemmspaten, Spaten, Schaufel - Entfernungslaser - Nivelliergerät - Tiefenlot - Laptop, Notizpapier, wasserfestes Schreibzeug - Digitalkamera	- einteiliger Bohrstock - Spaten, Schaufel - Bandmaß - Wasserwaage - Notizpapier, Schreibstift - Kamera	- Spaten, Schaufel - Zollstock - Notizpapier, Bleistift - Handy

Tab. 12.3-3: Geräte und Hilfsmittel zur Probenahme (siehe Kap. 12.2)

Komplette Ausstattung	Sinnvolle Ausstattung	Minimale Ausstattung
- spezielle Entnahmegeräte - Ausstechzylinder mit Eintreibvorrichtung - Abstreichlineal, Hammer, Meißel, Pinsel - Spaten, Schaufel - luft- und wasserdicht schließende Gefäße zur Transportaufbewahrung - wasserfestes Schreibzeug	- einfacher Spaten - Ausstechzylinder, stabile Blech- oder Kunststoffbehälter - Stahllineal, Spatel, Fäustel, Meißel, Pinsel - verschließbare Eimer - Gefrierdosen, Gefrierbeutel mit Deckel	- Handschaufel (Kinderspielzeug) - Spaten - Eimer, Plastikbeutel - Tragetaschen (Plastik) - Notizpapier, Bleistift

Tab. 12.3-4: Geräte und Hilfsmittel zur Ermittlung von Korngrößen und Kornverteilung (siehe Kap. 13)

Komplette Ausstattung	Sinnvolle Ausstattung	Minimale Ausstattung
- Gläser in verschiedenen Größen - Laborlöffel - Rührbesen, Pinsel - Labormesser, Spachtel, Spatel (Labor) - Kanister mit Wasser - genauer Messbecher - wasserfeste Unterlage und Papier - Trocknungsmöglichkeit (Trockenschrank, Mikrowelle, Föhn) - Analysensiebe (ø 20 cm) mit 0,06 mm, 2 mm und 63 mm Maschenweite - Schwingsiebmaschine - Standzylinder, Aräometer, Stoppuhr - Analysenwaage	- schmales hohes Wasserglas - einfaches Trinkglas - Esslöffel, Rührbesen, Pinsel - schmaler Malerspachtel - Kanister mit Wasser - genauer Messbecher - Unterlage aus fester Pappe - Föhn, zweckentfremdeter Backofen oder Mikrowelle - Sieb, Maschenweite 2 mm - Handy, Uhr mit Stoppeinrichtung - ggf. Haushaltswaage	- durchsichtige Getränkeflasche oder Trinkglas - Ess- und Kaffeelöffel - Messer - Wasserflasche, Eimer - Haushaltsmessbecher - Tageszeitung als Unterlage

Tab. 12.3-5: Geräte und Hilfsmittel zur Ermittlung der organischen Substanz (siehe Kap. 13.5)

Komplette Ausstattung	Sinnvolle Ausstattung	Minimale Ausstattung
- Feuerfeste Porzellan- oder Stahlschale - Trockenschrank - Präzisionswaage, Analysenwaage - Laborlöffel - Muffelofen, Bunsenbrenner, Spiritus - Präzisionswaage, Analysenwaage	- feuerfeste Stahlschale - Backofen - Esslöffel, Gabel - Briefwaage, mechanische Präzisionswaage - Spiritus	- Beurteilung nach Augenschein und Geruch

Tab. 12.3-6: Geräte und Hilfsmittel zur Ermittlung der plastischen Eigenschaften (siehe Kap. 14)

Komplette Ausstattung	Sinnvolle Ausstattung	Minimale Ausstattung
– Analysensiebe mit 0,4 mm und 2 mm Maschenweite – Glasplatte zum Kneten der Probe – Knetspatel – wassersaugende Unterlage – Vergleichsmaß mit 3 mm ø – Fließ- und Ausrollgrenzengerät – Analysenwaage	– feste Knetunterlage (Brett) – Löffel/Messer – Löschpapier – Bleistift (ca. 5 mm ø)	– Frühstücksbrett – Messer – Zeitung – Bleistift (ca. 5 mm ø)

Tab. 12.3-7: Geräte und Hilfsmittel zur Ermittlung von Wassergehalt und Durchlässigkeit (siehe Kap. 15 und 18)

Komplette Ausstattung	Sinnvolle Ausstattung	Minimale Ausstattung
– feuerfeste Porzellan- oder Stahlschale – Trockenschrank Präzisionswaage, Analysenwaage – Doppelringinfiltrometer mit Hammer, Wasser und Messeinrichtung	– Stahlschale – Backofen – Haushaltswaage – Messspitzen mit Wasser – Ausstechzylinder	– Beurteilung nach Augenschein

Tab. 12.3-8: Geräte und Hilfsmittel zur Ermittlung der Dichte des Bodens (siehe Kap. 16)

Komplette Ausstattung	Sinnvolle Ausstattung	Minimale Ausstattung
– Stahllineal, Zollstock – Spaten – Wasserwaage – Ausstechzylinder mit Eintreibvorrichtung – Abstreichlineal, Hammer, Meißel, Pinsel – Densitometer mit Grundplatte – Handschaufel, Löffel, Brotmesser – Pinsel, Spatel – 10-l-Wasserkanister mit Wasser – genauer Messbecher – dicht schließende Eimer – Präzisionswaage mit 10 kg Traglast	– festes Holzbrett (ca. 30 cm) – Spaten – Wasserwaage – Ausstechzylinder, Fäustel – dickes Holzbrett, Brotmesser – Metall- oder Sperrholzplatte mit Loch (ca. 20 cm ø) – Plastikfolie (Malerfolie) – Handfeger, Pinsel – Esslöffel, Schöpflöffel – 5-l-Gießkanne mit Wasser – genauer Messbecher – Eimer mit Deckel – Haushaltswaage bis 5 kg	– Holzbrett (ca. 30 cm lang) – Spaten oder Schaufel – Kunststoffrohr (ca. 10 cm ø) – Holzbrett, Fäustel, Brotmesser – Schöpflöffel, Esslöffel – Gefriertüten – Gießkanne oder Flasche mit Wasser – Haushaltsmessbecher – Eimer – Waage mit 2 kg Traglast

Tab. 12.3-9: Geräte und Hilfsmittel zur Ermittlung der Korndichte (siehe Kap. 16.2)

Komplette Ausstattung	Sinnvolle Ausstattung	Minimale Ausstattung
– Luftpyknometer – Kapillarpyknometer – Multipyknometer – Trockenschrank, Mikrowelle – Löffel, Pinsel – Präzisionswaage mit 5 kg Traglast – Analysenwaage	– Überlauf- und Auffanggefäß – 5-l-Gießkanne mit Wasser – Löffel – Haushaltswaage bis 5 kg	

13 VERSUCHE ZUR BODENZUSAMMENSETZUNG

In diesem Kapitel geht es über die ersten Eindrücke des Baufeldes weiter zu den einfachen Feldversuchen. Es wird eine Auswahl an Versuchen mit den dazugehörigen Hilfsmitteln, sinnvollen Durchführungsvorgaben und Versuchsbeobachtungen vorgestellt. Durch abschließende Einordnung der Beobachtungen können dann Schlüsse auf den oder die vorgefundenen Böden gezogen werden.

13.1 Allgemeine Betrachtung

Im Allgemeinen erfolgt zuerst eine Begehung des Grundstücks. Hier wird schon außer der Topografie ein grober Überblick über die derzeitigen Bodenverhältnisse gewonnen: Liegen nicht bindige oder bindige, trockene oder feuchte Böden vor, fallen Besonderheiten auf und an welcher(n) Stelle(n) können oder sollen die Untersuchungen stattfinden?

Bei den nachfolgenden Untersuchungen geht es dann darum, ob sich diese ersten groben Eindrücke bestätigen – oder eben nicht. Die getroffenen Aussagen werden in diesem Buch primär der DIN 18196 (siehe Kap. 7.3) zugeordnet, weil diese Norm die entscheidenden Bodeneigenschaften hervorhebt und damit das „Gefühl" des Untersuchenden für den Boden am besten anspricht beziehungsweise wiedergibt.

Grundsätzlich sollten an jeder Untersuchungsstelle möglichst viele Untersuchungen durchgeführt werden, um sichere Aussagen zu erhalten. Die jeweiligen Aussagen dürfen sich dabei nicht widersprechen!

Abb. 13.1-1 Erster Eindruck von Weitem: Baufeld nach der Erschließung.

Abb. 13.1-2 Zweiter Eindruck aus der Nähe: Grundstück zu Beginn der Bauphase.

Zur Beruhigung: In den meisten Fällen reichen bereits einfachste Versuche aus, um die Eignung des Bodens für den jeweiligen Zweck festzustellen. Sollen jedoch aus diesen Untersuchungen zusätzliche Hinweise zum Boden erzielt werden (siehe Abschnitt C, Ergebnisse und Auswertung der Versuche) oder diese zu einem späteren Zeitpunkt weiterverwendet werden, ist es erforderlich, die Feststellungen schriftlich festzuhalten. Die beste Möglichkeit, einen Boden darzustellen, ist mit der Körnungskurve gegeben, die zur Ableitung weiterer Bodenparameter hervorragend geeignet ist.

13.2 Die Grundentscheidung: bindiger oder nicht bindiger Boden?

Diese Aussage ist von grundsätzlicher Bedeutung und sollte somit die für die Beurteilung erste und wichtigste Frage sein!

Die Entscheidung, ob der anstehende Boden nicht bindig oder bindig ist, kann auf folgende Weise schnell getroffen werden:

a) Der Boden ist im **trockenen** „verfestigten“ Zustand:
   - Wenn ein „Bodenklumpen“ durch den Tritt oder eine zusätzliche Drehung mit dem Absatz des Schuhes **nicht** in feste, zusammenhängende Brocken und Bröckchen zerlegt werden kann, so ist es Kies (siehe Abb. 13.2-1).
   - Bei der Zerlegung ist der Boden dagegen bindig (siehe Abb. 13.2-2).

b) Der Boden ist im **feuchten** Zustand und wird zu einem „Schneeball“ leicht zusammengedrückt. Diese Probe ist nun wieder manuell zu zerteilen:
   - Der Boden ist **nicht bindig**, wenn sich die feuchte Probe leicht in ihre Einzelbestandteile zerlegen lässt.
   - Der Boden ist **bindig**, wenn die Probe beim Zerteilen schmiert und eine Aufteilung in ihre Einzelbestandteile kaum möglich ist.

Ergänzender Hinweis zur Versuchsdurchführung: Manchmal ist es hilfreich, bei einem nur wenig feuchten Boden etwas Wasser hinzuzugeben. So kann bei Böden im Grenzbereich (den sogenannten gemischtkörnigen Böden) leichter entschieden werden, ob sie nun „bindig“ oder „nicht bindig“ reagieren.

Abb. 13.2-1 Ergebnis a: Tritt man mit der Ferse darauf und der „Bodenklumpen“ zerbricht nicht, ist es (doch) Kies.

Abb. 13.2-2 Ergebnis b: Mit der Ferse daraufgetreten und der Klumpen wird zerstört, dann ist der Boden bindig!

Ergänzend kann der Reibeversuch angewendet werden:
Versuchsausführung: Zerreiben einer erdfeuchten Probe zwischen den Fingern.
Beobachtung: Gefühl

a) Raues, kratzendes Gefühl; kaum verbleibender „Schmutz“ zwischen den Fingern.
   Aussage: Sandkorngruppen
b) Mehliges, weiches Gefühl; Verschmutzung kann nach Trocknung leicht entfernt werden (z. B. durch Blasen und Abklopfen).
   Aussage: Bei den Feinteilen sind Schluffe vorherrschend.
c) Seifiges, stark schmierendes Gefühl; Verschmutzung lässt sich nur mit Wasser entfernen.
   Aussage: Bei den Feinanteilen ist Ton vorherrschend.

HINWEIS

Feinsande lassen sich bei vermeintlich nur aus Schluff und Ton bestehenden Böden mit dem Glasrandreibeversuch (siehe Kap. 13.4.2.3) feststellen. Auch bei einem Reibeversuch zwischen den Zähnen sind Sandanteile deutlich spürbar!

13.3 Genauere Untersuchung von nicht bindigen und gemischtkörnigen Böden

Die nachfolgende Untersuchung ist besonders wichtig für grobkörnige Böden.

13.3.1 Visuelle und manuelle Feststellungen

Feststellungen durch Anschauen und Befühlen sind die einfachsten Möglichkeiten, einen Boden zu erkennen bzw. herauszufinden, aus welchen Einzelteilen ein Boden besteht.

Tab. 13.3-1: Visuelle und manuelle Feststellungen

Hilfsmittel	Feste Unterlage, Pappe, Tageszeitung (oder DIN-A4-Blatt), Wasserflasche, Bechergläser, Kinderspielsieb/Haushaltssieb (mit ca. 2 mm Maschenweite) oder 2-mm-Maschensieb, kleine Schaufel, Ess- und/oder Teelöffel, Schneebesen, Spielzeugeimer
Durchführung	1. Bodenprobe entnehmen, je nach Korngröße etwa 0,5 bis 1 Liter. 2. Trennung der Probe in einzelne Bestandteile durch Siebung oder durch Zerreiben auf der Unterlage. 3. Bildung von 2 Häufchen: a) Sand und b) Kies (diese Korngruppe ggf. weiter aufteilen; Hinweise siehe Abb. 13.3-3). 4. Abschätzung der bindigen Bestandteile durch Reiben des Sandes zwischen den Fingern.
Beobachtung	Abschätzung des Anteils (in %) der Korngruppen des Sand- und Kiesbereichs nach Augenschein mithilfe der Vergleichsmaße (siehe Tab. 2.1-1)

Abb. 13.3-1 Hilfsmittel zur Untersuchung nicht bindiger Böden.

Abb. 13.3-2 Repräsentativ (!) entnommene Probe auf einem DIN-A4-Blatt. Die Probenmenge richtet sich nach dem Größtkorn! Für grobkörnige Böden sollte demnach eine aufgeschlagene Tageszeitung verwendet werden. Trockene Proben sind einfacher zu untersuchen als feuchte Böden.

Abb. 13.3-3 Mittels des Siebes wurde diese Probe in Kies und Sand (und feinere Bestandteile) zwecks Abschätzung unterteilt. Bei der volumenmäßigen Abschätzung ist zu beachten, dass der Kieshaufen mehr Hohlräume enthält als der Sandhaufen. Hier ist das Verhältnis ca. 1 Teil Kies zu 3 Teilen Sand.

HINWEIS

Die beschriebenen Versuche werden normalerweise angewendet, wenn die bindigen Bestandteile unter 15 % liegen. Ist der Prozentsatz höher, dann erscheint häufig ein solcher Boden, besonders im feuchten Zustand, als bindig und wird daher zunächst als solcher auch untersucht – bis der Irrtum sich herausstellt! Intermittierend gestufte Böden sind am schwierigsten zu erkennen.

13.3.2 Einordnung der Beobachtungen

Durch unterschiedliche Beobachtungen können anschließend auch verschiedene Folgerungen gezogen werden.

13.3.2.1 Einordnung in die Gruppe der grobkörnigen Böden der DIN 18196

BEOBACHTUNG 1: Bei der Zerteilung der Probe tritt kein „Schmiereffekt" auf, es gibt keine oder kaum schmutzige Finger.

Folgerung: Es liegt ein nicht bindiger, grobkörniger Boden vor.
Die genauere Zuordnung des Bodens zum Sand oder Kies und zu weiteren wichtigen Eigenschaften der Kornzusammensetzung erfordert schon ein genaueres Hinsehen beziehungsweise die weitere Unterteilung der Probehaufen des Sandes oder des Kieses mithilfe der Vergleichsmaße. Für den Kiesbereich ist das recht leicht möglich, Sand ist schon sehr genau zu beobachten beziehungsweise mit entsprechend Mühe zu zerreiben, um die Körnungen zu erfühlen. Nachfolgend werden Hinweise zu diesen weiteren Unterteilungen gegeben.

BEOBACHTUNG 2: Das Volumen der Kieskörner ist größer als das Volumen des zusammengedrückten Sandes.

Folgerung: Der Boden ist als Kies zu bezeichnen.
Nun müssen die weiteren maßgebenden Aufteilungen erfolgen.

Beobachtung 2.1: Die Kieskörner weisen annähernd alle die gleiche Größe auf.

Folgerung: Es handelt sich um einen „eng gestuften" Kies (GE).

Beobachtung 2.2: Die Kieskörner weisen annähernd alle unterschiedliche Größen auf.

Folgerung: Es handelt sich um einen „weit gestuften" Kies (GW).

Beobachtung 2.3: Mindestens eine Korngruppe fehlt fast völlig.

Folgerung: Es handelt sich um einen „intermittierend gestuften" Kies (GI).

BEOBACHTUNG 3: Das Volumen des Sandes ist größer als das Volumen des Kieses.

Folgerung: Der Boden ist in diesem Fall als Sand zu bezeichnen. Nun müssen ebenfalls die weiteren maßgebenden Aufteilungen erfolgen.

Beobachtung 3.1: Die Sandkörner weisen annähernd alle die gleiche Größe auf, das heißt sie gehören überwiegend einer Korngruppe an. (Ergänzende Hinweise: Grobsand ist noch gut zu erkennen, Mittel- und Feinsande lassen sich häufig besser erfühlen.)

Folgerung: Es handelt sich um einen „eng gestuften" Sand (SE).

Beobachtung 3.2: Die Sandkörner haben unterschiedliche Größen.

Folgerung: Es handelt sich um einen „weit gestuften" Sand (SW).

Beobachtung 3.3: Mindestens eine Korngruppe fehlt im Sandbereich fast völlig. (Ergänzender Hinweis: Diese Feststellung ist bei Sanden nicht einfach und erfordert ein entsprechendes Maß an Sorgfalt.)

Folgerung: Es handelt sich um einen „intermittierend gestuften" Sand (SI).

13.3.2.2 Einordnung in die Gruppe der gemischtkörnigen Böden der DIN 18196

BEOBACHTUNG 1: Liegt die Bodenprobe im trockenen Zustand vor und ist eine deutliche Bindung vor allem der Sandkörner festzustellen, lässt sich die Probe aber noch relativ leicht zerdrücken oder zerbrechen (siehe dazu ergänzend die Hinweise zum „Trockenfestigkeitsversuch"), dann handelt es sich um einen „gemischtkörnigen" Boden mit einem bindigen Anteil bis ca. **15 %**. Liegt die Bodenprobe dagegen im feuchten Zustand vor, beginnt sie bei der Zerteilung zu schmieren und es gibt bereits richtig „schmutzige" Hände, so ist ebenfalls der Hinweis auf einen „gemischtkörnigen" Boden mit einem bindigen Anteil bis ca. **15 %** gegeben.

Begründung: Die bindigen Anteile, vor allem wenn sie gegen 15 % tendieren, beeinflussen besonders im feuchten und ausgetrockneten Zustand das Bodenverhalten, sodass sie Sandkörner schon umhüllen oder sogar einschließen.

Folgerung: Es handelt sich um Sand-Schluff-, Sand-Ton-, Kies-Schluff- oder Kies-Ton-Gemische (SU, ST, GU, GT).

HINWEIS

Die weitere Untersuchung derartiger Böden kann zwar generell nach dem gleichen Muster wie bei grobkörnigen Böden erfolgen, dabei werden jedoch große Schwierigkeiten in der Aufteilung von Sand und der Art der bindigen Anteile auftreten. Daher ist es sinnvoller – und vor allem einfacher – weiter nach den Hinweisen in den Kapiteln 13.4 ff. zu verfahren.

BEOBACHTUNG 2: Der Boden zeigt im trockenen Zustand einen sehr festen Zusammenhalt und lässt sich kaum zerdrücken und schwer zerbrechen. Im feuchten Zustand ist er bereits knetbar und schmiert. Der Sand- und Kiesbereich ist jedoch noch deutlich spürbar. In diesen Fällen liegt ein „gemischtkörniger" Boden mit bindigen Anteilen von über **15 bis 40 %** vor.

Begründung: Die bindigen Anteile dominieren bereits das Bodenverhalten, vor allem wenn sie über 30 % liegen, da sie die Sandkörner schon völlig einschließen oder die groben Bestandteile bereits voneinander trennen.

Folgerung: Es handelt sich um stark schluffige oder stark tonige Sand- oder Kiesgemische (SU*, ST*, GU*, GT*).

HINWEIS

Die Entscheidung, ob hier Schluffe oder Tone ausschlaggebend sind, lässt sich nicht mehr nach dem Muster wie bei grobkörnigen Böden treffen. Die weitere Untersuchung derartiger Böden ist nach den Hinweisen der Kapitel 13.4 ff. vorzunehmen.

13.4 Genauere Untersuchung von gemischtkörnigen und feinkörnigen (bindigen) Böden

Das Untersuchungsspektrum für gemischtkörnige und feinkörnige Böden ist insbesondere aufgrund des Wassereinflusses deutlich umfangreicher.

13.4.1 Untersuchung des Bodens im trockenen Zustand

Voraussetzung für die Anwendung der nachfolgend beschriebenen Versuche ist ein entweder im Sommer durch Wind und Sonne ausgetrockneter oder künstlich getrockneter Boden (vor Ort über offener Flamme oder mit einem Föhn).

Hierbei sei angemerkt, dass auch in sehr trockenen Sommern – speziell bei Böden mit Tonanteilen – der Boden schon nach wenigen Zentimetern (unter Umständen kaum merklich) feucht wird. Damit könnte er im sogenannten steifplastischen Zustand liegen, der diese Versuche nicht mehr zulässt.

13.4.1.1 Trockenfestigkeitsversuch

Der Trockenfestigkeitsversuch kann für künstlich oder natürlich ausgetrocknete Böden verwendet werden, wobei nur die Druckkraft über den Daumen (Finger) zur Anwendung kommt.

a) Versuchsdurchführung

Tab. 13.4-1: Trockenfestigkeitsversuche

Hilfsmittel	Feste Unterlage (Pappe, Tisch, Platte, Pflaster oder ein anderer harter Untergrund), Daumen
Durchführung	1. Etwa kirsch- bis haselnussgroße trockene Bodenklumpen verwenden oder aus dem erdfeuchten (nicht nassen!) Boden eine kirsch- bis haselnussgroße Bodenprobe fest zusammendrücken (nicht kneten!) und zunächst trocknen, 2. den Bodenklumpen anschließend auf die feste Unterlage legen und mit dem Daumen, gegebenenfalls mit leichter Drehung, zerdrücken.
Beobachtung	Feststellung des Widerstandes, Festigkeit gegen Druck

b) Versuchsergebnisse und Einordnung in die Gruppe der gemischtkörnigen bzw. feinkörnigen Böden der DIN 18196

Abb. 13.4-1 Eine in der Sonne durchgetrocknete Bodenprobe: Erster Eindruck: Es handelt sich um sandigen Kies mit bindigen Anteilen. Die Probemenge ist knapp ausreichend.

Abb. 13.4-2 Zweiter Eindruck: Der Boden ist überwiegend bindig (Ritzspuren). Es gibt nur ein Teil Kies im bindigen Boden (deshalb ohne Auswirkung auf das Bodenverhalten).

BEOBACHTUNG 1: Keine Festigkeit
Die Probe zerfällt bei Berührung bereits in Einzelbestandteile ohne einen erkennbaren Zusammenhalt.

Folgerung: Der Boden besteht aus Sanden, Kiesen oder Mischungen von Sanden und Kiesen. Der bindige Anteil liegt unter 5 %. Er ist als nicht bindiger (grobkörniger) Boden zu bezeichnen. Weitere Untersuchungen sind daher entsprechend Kapitel 13.3.1 durchzuführen.

Anmerkung: Ein Boden mit einem, wenn auch nur geringen, Zusammenhalt im trockenen Zustand muss entweder ausreichend viele bindige Teilchen aufweisen, die diese Haftwirkung ermöglichen, oder diese Wirkung wird durch eine extrem weite Stufung des grobkörnigen Bodenanteils unterstützt. Hier liegt auch der Übergang zu Böden mit „scheinbarer" Kohäsion (siehe Kap. 5.1.2), die sich jedoch im Wesentlichen auf Sande mit hohem Anteil an Feinsanden beschränken.

BEOBACHTUNG 2: Geringe Festigkeit
Die Probe lässt sich zwar schon in Einzelbestandteile zerlegen, es entstehen dabei aber noch viele, in sich zusammenhängende Bruchstücke, die jedoch durch leichten Druck weiter zu zerbröseln sind.

Folgerung: Es handelt sich um Gemische aus Sand und Schluff (SU) oder Kies und Schluff (GU). Unter Umständen kann in der Probe sogar überwiegend Grobschluff vorherrschen. In diesem Fall könnte sogar schon ein feinkörniger Boden mit sehr niedriger Plastizität vorliegen (SU–UL).

BEOBACHTUNG 3: Mittlere Festigkeit
Die Zerteilung ist nur mit erheblichem Druck möglich. Es bilden sich dabei einige noch (sehr) stark zusammenhängende Bruchstücke.

Folgerung: Es handelt sich um Gemische aus Sand und Ton (ST) oder Sand und hohen Schluffanteilen und gegebenenfalls etwas Ton (SU*) bezie-

Abb. 13.4-3 Versuch: Mit dem Daumen wird versucht, die kleine Probe zu zerdrücken (bei diesem Boden schmerzt es). Eine größere Probe wäre unmöglich zu zerdrücken, d. h. die Auswahl der Probengröße ist ausschlaggebend!

Abb. 13.4-4 Die kleine (!) Bodenprobe kann zerdrückt und das Zerdrückte anschließend zerrieben werden. Ergebnis: Mittlere bis hohe Trockenfestigkeit und keine (!) Sandanteile wurden vorgefunden. Ergebnis: bindiger Boden mit ca. 10 % Tonanteilen.

hungsweise Kies und Ton (GT) oder Kies mit hohen Schluffanteilen und gegebenenfalls etwas Ton (GU*). Möglich ist jedoch auch ein Boden, der überwiegend aus Schluff mit Tonanteilen besteht und damit bereits den „feinkörnigen“ Böden mit mittlerer Plastizität zuzurechnen wäre (UM, TL–TM).

BEOBACHTUNG 4: Hohe Festigkeit
Die Probe kann nur noch mit sehr hohem Kraftaufwand in (meistens zwei) weiterhin sehr feste Teile zerbrochen werden. Mit Daumendruck ist es nicht mehr möglich!

Folgerung: Es handelt sich um ein Gemisch aus Ton und Sand (ST*) beziehungsweise Kies und Ton (GT*) oder Kies mit eventuell noch höheren Ton- und Schluffanteilen.
Ferner weist eine derart hohe Festigkeit auf plastische Böden hin: mittel- bis ausgeprägt plastische Schluffe (UM–UA) und mittel- bis ausgeprägt plastische Tone (TM, TA).

Anmerkung: Bei dieser Festigkeit ist der Ton-/Feinschluffanteil der entscheidende Faktor. Seine Bindekraft ist nur durch entsprechende Gewalteinwirkung zu überwinden. Ab ca. 10 % Tonanteil ist durch bloßen Daumendruck nichts mehr zu erreichen!

HINWEIS

Die bei den Beobachtungen 3 und besonders 4 entstandenen Bruchstücke sollten weiter in ihre Einzelbestandteile zerteilt werden, um herauszufinden, ob überhaupt grobe Bestandteile wie Sand (Feinsand) vorhanden sind. Eine grobe und vor allem praktische Vereinfachung ist das Zertreten mit der Ferse („Hackentrick“), bei dem als erstes versucht wird, einen Bodenklumpen zu zertreten, bevor er zur weiteren Untersuchung in die Hand genommen wird (siehe Kap. 13.2).

HINWEIS zu kiesreichen Böden:

Ratsam ist unter Umständen eine Trockenfestigkeitsprüfung (entsprechend Beobachtung 4). Schließlich muss zweifelsfrei gesagt werden können, dass es sich tatsächlich um Sand oder Kies handelt und nicht um zusammengepresste bindige Bodenteile. Dies wäre beispielsweise bei einem Erdplanum unter einem Weg fatal, sollte vom Boden eine hohe Festigkeit und Tragfähigkeit auch bei Nässe erwartet werden.

13.4.1.2 Ritzversuch

Der Ritzversuch wird bei künstlich oder natürlich ausgetrockneten Böden verwendet. Es kommt ausschließlich der eigene Daumennagel zur Anwendung. Bei (zu) weichem Daumennagel kann eventuell auch der Nagel des großen Zehs verwendet werden.

a) Versuchsdurchführung

Tab. 13.4-2: Ritzversuche

Hilfsmittel	Daumennagel, unter Umständen Holzspatel (kein Metall)
Durchführung	Eine zusammengedrückte ausgetrocknete Probe wird mit dem Daumennagel geritzt!
Beobachtung	Aussehen der Ritzspur

b) Versuchsergebnisse und Einordnung in die Gruppe der gemischtkörnigen bzw. feinkörnigen Böden der DIN 18196

BEOBACHTUNG 1: Es entsteht eine glänzende Spur und Ritzen ist kaum möglich.
Folgerung: Es handelt sich um einen „feinkörnigen" Boden, bei dem Ton die maßgebende Korngruppe bildet (TM/TA).
Erläuterung: Ton liefert im trockenen Boden die höchsten Bindungskräfte, die mit steigender Tonmenge die Struktur so verhärten können, dass keine/kaum Ritzspuren auftreten. Ferner bilden die durch chemische Verwitterung entstandenen flächigen Tonteilchen eine glatte Oberfläche, die den Glanz hervorrufen kann.

BEOBACHTUNG 2: Es entsteht eine mehlige Spur und Ritzen ist gut möglich.
Folgerung: Es handelt sich in der Regel um einen „feinkörnigen" Boden, bei dem jedoch Schluff die maßgebende Korngruppe bildet (UL, UM, UA, gegebenenfalls TL). Möglich ist jedoch auch ein „gemischtkörniger" Boden, der bindige Anteile von deutlich über 15 % aufweist, bei dem Schluff prägend ist und gegebenenfalls (zusätzlich) Feinsand in größerer Menge vorliegt (SU–UL).
Erläuterung: Schluff bindet die Bodenstruktur wesentlich geringer als Ton, dadurch kann sich eine Ritzspur viel leichter bilden. Die „Rückstände" liegen lose in der Ritzspur und können weggeblasen oder abgeklopft werden. Die vor allem durch mechanische Verwitterungsprozesse entstandenen Schluffkörnungen stellen praktisch zerkleinerte Sandkörner dar. Sie weisen in der Regel raue Oberflächen auf, sodass sich kein Glanz bilden kann.

13.4.2 Untersuchung des Bodens im feuchten Zustand

Es werden die Böden, die in größerer Tiefe üblicherweise im feuchten Zustand vorliegen, bewertet. Die Erfassung ihrer bindigen Bestandteile und ihre Einordnung in die Bodengruppen der DIN 18196 sind mit den nachfolgenden Untersuchungen möglich. Auch hier muss unbedingt darauf geachtet werden, dass die Probemenge repräsentativ ist!

Abb. 13.4-5 Es beginnt immer mit einer repräsentativ entnommenen Probe. Die Frage lautet: Ist der Boden bindig oder nicht bindig?

Abb. 13.4-6 Die Probe wird zunächst in Kies und feinere Bestandteile unterteilt. Erst dann wird mit den nachfolgenden Versuchen für die feineren Teile begonnen.

Die Vorgehensweise und auch die dazugehörenden Hilfsmittel entsprechen dem Versuch nach Kapitel 13.3.1 (Visuelle und manuelle Feststellungen). Es beginnt also stets mit der groben Unterteilung und geht dann zu den genaueren Untersuchungen über (siehe Abb. 13.4-5 und 13.4-6).

13.4.2.1 Aufrührversuch

Dieser Versuch dient dazu, unter Wassereinfluss die feineren von den gröberen Bodenbestandteilen zu trennen. Dafür infrage kommen allerdings nur auflösungswillige Böden, das heißt Böden ohne zu starke bindige Eigenschaften.

a) Versuchsdurchführung

Tab. 13.4-3: Aufrühren einer Probe

Hilfsmittel	Durchsichtige, möglichst schmale und hohe Gläser (kleine Wasserflasche), Quirl, Schneebesen, Löffel, Wasser
Durchführung	1. Feuchte Probe (ein gehäufter Esslöffel) in das mit Wasser gefüllte Glas (Flasche) geben, 2. mit der Hand abdecken und durch Schütteln die Probe vollständig auflösen oder mit dem Quirl etc. vollständig aufrühren, 3. Glas auf ruhiger Fläche abstellen.
Beobachtung	Grad der Trübung unmittelbar nach dem Aufrühren: 1. Geschwindigkeit der Klärung nach dem Abstellen des Behälters und 2. Beurteilung der abgesetzten Probe nach etwa 1 Stunde

b) Versuchsergebnisse und Einordnung in die Gruppe der gemischtkörnigen bzw. feinkörnigen Böden der DIN 18196

BEOBACHTUNG 1: Keine bis schwache Trübung beziehungsweise sofortige Klärung. Das Wasser wird schon nach wenigen Minuten wieder so durchsichtig, dass die Großbuchstaben einer dahinter gehaltenen Zeitung zu erkennen sind.

Folgerung: Es handelt sich in der Regel um „grobkörnige“ Böden mit bindigen Anteilen unter 5 % oder „gemischtkörnige“ Böden mit bindigen Anteilen deutlich unter 15 %. Die Böden enthalten somit entweder fast keine Feinteile oder höchstens geringe Mengen von Mittel- und Grobschluff, aber keinen Ton oder Feinschluff.

Erläuterung: Die Klärung entsteht durch den schnellen Sinkvorgang der relativ groben Bodenteilchen des Feinkornbereichs.

Hinweis: Siehe Abbildung 13.4-10.

BEOBACHTUNG 2: Deutliche Trübung, dennoch schnelle Klärung. Die Klärung ist nach ca. 30 Minuten weitgehend abgeschlossen.

Folgerung: Hier liegt ein gemischtkörniger Boden mit in der Regel bis 15 % bindiger Substanz mit überwiegend Schluff- und nur sehr geringen Tonanteilen vor. Es handelt sich vorwiegend um Kies-Schluff- und Sand-Schluff-Gemische (GU–SU).

Erläuterung: Die Menge des Schluffs bewirkt die anfänglich deutliche Trübung (langsame Sinkbewegung vor allem der Mittelschluffe). Die Dauer weist auf nur geringe Ton- bzw. Feinschluffanteile hin.

Abb. 13.4-7 Vorbereitungen zum Aufrührversuch: ein Glas mit Wasser, ein Esslöffel, eine feste Unterlage.

Abb. 13.4-8 Vor ca. 20 Sekunden wurde der Boden mittels des Quirls aufgerührt. Der Sand beginnt sich abzusetzen.

Abb. 13.4-9 Etwa 2 Minuten nach Beginn des Absetzvorgangs. Der Sand hat sich abgesetzt, aber noch sind viele Feinanteile in Bewegung.

Abb. 13.4-10 Nach etwa 10 Minuten Absetzvorgang: Bindige Anteile haben sich schon auf dem Sand abgesetzt. Es befinden sich kaum noch Feinanteile in der Suspension.

BEOBACHTUNG 3: Starke Trübung und nur sehr langsame Klärung. Die Trübung ist auch nach Stunden vorhanden.

Folgerung: Es handelt sich entweder um einen „gemischtkörnigen“ Boden mit in der Regel über 15 % bindiger Substanz mit Feinschluff- und Tonbestandteilen. Zu bezeichnen wären diese Böden als Sand-Schluff- oder Kies-Schluff-Gemische (SU*, GU*), eventuell auch Sand-Ton- oder Kies-Ton-Gemische (ST*, GT*).
Es kann sich aber auch um einen „feinkörnigen“ Boden handeln, der jedoch in diesem Fall überwiegend aus Schluffen bestehen wird – einen mittelplastischen Schluff (UM), gegebenenfalls einen leicht plastischen Ton (TL).

Erläuterung: Die Ton- und Feinschluffbestandteile bewirken die starke Trübung und die langsame Klärung.

BEOBACHTUNG 4: Die Bodenprobe löst sich beim Rühr- oder Schüttelvorgang nicht auf, sondern bleibt als Klumpen erhalten. Es tritt höchstens eine schwache Trübung auf.

Folgerung: Es handelt sich um einen „gemischtkörnigen“ oder „feinkörnigen“ Boden mit hohen Tonanteilen (z. B. ST* oder TM bis TA).

Erläuterung: Die starke Klebwirkung der Tonanteile macht eine Entmischung während des Rühr-/Schüttel- und Absetzvorgangs nahezu unmöglich.

Zusätzliche Hinweise für diese Versuchsdurchführung:

1. Der Aufrührversuch ist besonders gut zur Untersuchung von Böden mit bis ca. 15 % an bindigen Anteilen geeignet.
2. Löst sich die Bodenprobe beim Schütteln oder Rühren nicht auf, sondern bleibt als Klumpen erhalten, kann die Aussage lediglich lauten: Es handelt sich um einen stark bindigen Boden mit höheren Tonanteilen. Meistens kann diese Aussage schon vor dem Versuch getroffen werden und man beginnt deshalb mit dem nachfolgenden Versuch! (Sollen derartige Böden dennoch mit diesem Versuch untersucht werden, so muss die Probe gegebenenfalls mindestens eine Woche im Wasser gelagert werden.)
3. Wenn genügend Zeit für ein (fast) vollständiges Absetzen vorhanden ist (eventuell über Nacht), kann sogar die Menge unterschiedlicher Feinanteile prozentual abgeschätzt werden, da sie in der Regel deutlich voneinander unterscheidbare Schichten auf den groben Bestandteilen (Sand) gebildet haben.

13.4.2.2 Wasserlagerung

Die Wasserlagerung kann bei schwach bindigen bis hin zu bindigen Böden angewendet werden, um unter Wasser das Auflöseverhalten eines solchen Bodens zu beobachten.

Zusätzlich können dabei auch Schlüsse auf das Verhalten des Bodens gegenüber Wasser im Baufeld (z. B. hinsichtlich Erosion) gezogen werden!

a) Versuchsdurchführung

Abb. 13.4-11 Vorbereitungen zur Wasserlagerung: Ein gehäufter Esslöffel Boden wird auf den Handteller gelegt. Dabei werden vorher gröbere Körnungen entfernt.

Abb. 13.4-12 Die Probe wird eventuell mit ein paar Tropfen Wasser angereichert und mit Daumen-, Zeige- und Mittelfinger der anderen Hand zu einer Pyramide geknetet.

Abb. 13.4-13 Die „Pyramide" wird vorsichtig unter Wasser abgesetzt. Je nach Bodenzusammensetzung wird sie sich mehr oder weniger schnell auflösen.

Abb. 13.4-14 Die „Pyramide" hat sich nach etwa 8 Minuten fast völlig aufgelöst. Danach kann auch noch der „Aufrührversuch" durchgeführt werden.

Tab. 13.4-4: Wasserlagerung einer Probe

Hilfsmittel	Durchsichtiges Wasserglas, Wasser, gegebenenfalls langstieliger Löffel
Durchführung	Eine feuchte, fest zusammengedrückte ca. hasel- bis walnussgroße Probe wird (mit dem Löffel) vorsichtig auf den Boden des ruhig stehenden Wasserbades gelegt.
Beobachtung	Geschwindigkeit des Zerfallsvorgangs

b) Versuchsergebnisse und Einordnung in die Gruppe der gemischtkörnigen bzw. feinkörnigen Böden der DIN 18196

BEOBACHTUNG 1: Sofortiges Zerfallen (in der Regel nach höchstens 1 bis 2 Minuten).

Folgerung: Hinweis auf Böden mit verhältnismäßig großen Poren und demzufolge einer großen Wasserdurchlässigkeit: feine Sande, Sand-Schluff- und Kies-Schluff-Gemische (SU und GU) und grobe Schluffe (UL).

Begründung: Diese Böden können im feuchten Zustand zwar relativ gut zusammengeknetet werden und zeigen so Kohäsionskräfte, die aber durch das eindringende Wasser wegen ihrer geringen Größe und der guten Wasserdurchlässigkeit schnell aufgehoben werden. Sie zerfallen (zerfließen) damit schnell in ihre Einzelbestandteile.

BEOBACHTUNG 2: Langsames, aber vollständiges Zerfallen (Dauer bis ca. 10 Minuten).

Folgerung: Aus der Gruppe der „gemischtkörnigen" Böden zeigen dieses Verhalten stark schluffige Kies-Schluff-Gemische (GU*), Kies-Ton-Gemische (GT) und Sand-Schluff-Gemische (SU). Schon deutlich langsamer zerfallen stark tonige Kiese (GT*), stark schluffige Sande (SU*) und tonige Sande (ST); gleiches gilt für Schluffböden (UM/UA) der Gruppe der „feinkörnigen" Böden.

Diese hier genannten Böden weisen wesentlich kleinere Poren auf als die Böden der Beobachtung 1 und besitzen demzufolge eine deutlich niedrigere Wasserdurchlässigkeit.

Begründung: Die vorhandenen bindigen Bestandteile kleben je nach Menge die gröberen Bodenteile zusammen und es entsteht eine deutlich höhere Kohäsion als bei den in Beobachtung 1 beschriebenen Böden. Bei der Wasserlagerung muss die Probe sehr viel mehr Wasser aufnehmen, bevor die Haftwirkung aufgehoben ist. Da zudem die Wasserdurchlässigkeit sehr viel geringer ist, dauert es entsprechend länger, bis die Probe zerfällt.

BEOBACHTUNG 3: Kein, beziehungsweise extrem langsames Zerfallen (Dauer bis weit über 10 Minuten) und unvollständiges Zerfallen oder Abbröckeln einzelner Teile.

Folgerung: Das Verhalten der Probe weist auf einen hohen Tonanteil hin. Damit werden stark tonige Sandgemische (ST*) der „gemischtkörnigen" und Tonböden (TL an der Grenze zu TM) der „feinkörnigen" Böden charakterisiert. Diese Böden weisen nochmals kleinere Poren auf und besitzen demzufolge eine noch geringere Wasserdurchlässigkeit.

Begründung: Die Aufhebung der durch den Ton bedingten wesentlich höheren Kohäsion bedarf einer noch größeren Wasseraufnahme. Da diese auch noch wesentlich langsamer erfolgt als bei Beobachtung 2, dauert es entsprechend länger, bis die Probe zerfällt.

BEOBACHTUNG 4: Kein Zerfallen – auch nach mehreren Stunden, Tagen oder sogar Wochen. Auch kein Abbröckeln einzelner Teile.

Folgerung: Hinweis auf Böden mit sehr hohem Tonanteil wie beispielsweise stark toniger Sand (ST*) oder mindestens mittelplastische oder ausgeprägt plastische Tone (TM, TA). Diese Böden weisen die kleinsten Poren auf und besitzen demzufolge die geringste Wasserdurchlässigkeit.

Begründung: Eine Aufhebung der hohen Kohäsion bedarf zum einen einer noch größeren Wasseraufnahme. Diese erfolgt jedoch derart langsam, dass selbst nach so langer Wasserlagerung kein Zerfallen auftritt.

13.4.2.3 Glasrandreibeversuch (Anreibeversuch), nach H. Kutza

Der Glasrandreibeversuch setzt dort an, wo die Wasserlagerung nicht mehr sinnvoll ist, weil sie viel zu lange dauern würde. Er ist daher dann sinnvoll, wenn bindige Böden ihre volle Klebwirkung zur Geltung bringen können. Je intensiver ein solcher Boden klebt, je schwerer er danach von der Glaswandung zu lösen ist, desto bindiger ist der Boden.

a) Versuchsdurchführung

Tab. 13.4-5: Glasrandreibeversuch

Hilfsmittel	Wasserglas, Wasser
Durchführung	1. Eine etwa haselnussgroße, zusammengedrückte Probe wird unter Wasser bei mittlerem Druck mit den Fingern an die Glaswand gepresst und entlang gerieben (angerieben, geschmiert). 2. Danach wird die „Schmierstelle" des Glases von Hand wieder gereinigt.
Beobachtung	Fähigkeit zur Bildung der „Schmierstelle" und Widerstand gegen deren Entfernung

b) Versuchsergebnisse und Einordnung in die Gruppe der gemischtkörnigen bzw. feinkörnigen Böden der DIN 18196

BEOBACHTUNG 1: Anreiben ist kaum möglich beziehungsweise die Probe haftet schlecht.

Folgerung: Diese Beobachtungsmerkmale treffen auf die meisten „gemischtkörnigen" Böden zu, sofern sie Tonanteile unter 5 % aufweisen (GU, GU* und SU, SU*). Diese Aussage ist auf grobschluffige, tonarme „feinkörnige" Böden (UL) zu erweitern.

Begründung: Die Klebwirkung der enthaltenen Ton- und Feinschluff-Anteile verursacht unter Umständen bereits Schwierigkeiten beim Aufrühren (siehe Kap. 13.4.2.1), ist aber noch zu gering, um eine „Schmierstelle" an der Glaswandung zu bilden. Aufrühr- und Glasrandreibeversuch bilden hier einen Übergangsbereich zwischen beiden Versuchen.

BEOBACHTUNG 2: Anreiben ist gut möglich, die „Schmierstelle" lässt sich noch relativ leicht entfernen.

Folgerung: Es handelt sich entweder um ein Sand-Ton-Gemisch (ST), unter Umständen ein Kies-Ton-Gemisch (GT) aus der Gruppe der „gemischtkörnigen" Böden oder um „feinkörnige" Böden mit höheren Tonanteilen (TL) oder um reine Schluffe (UM).

Abb. 13.4-15 Vorbereitungen zum Glasrandreibeversuch: ein Glas mit Wasser, eine etwa erbsengroße Probe (zum Vergleich eine würfelgroße Probe und eine zu große Probe).

Abb. 13.4-16 Erstens: Die erbsengroße Probe wird mit dem Zeigefinger unter Wasser fest gegen die Glaswandung gedrückt (löst sie sich auf, ist der Boden für diesen Versuch nicht geeignet).

Begründung: Die Klebwirkung und Bindekraft ist durch die Ton- und Feinschluff-Anteile so groß, dass die Probe gut anhaftet und sehr wohl schon Mühe macht, sie mit den Fingern zu entfernen.

BEOBACHTUNG 3: Sehr gute Klebwirkung, die Probe haftet fest. Es ist ein hoher Zeitaufwand für die Entfernung der „Schmierstelle“ nötig.

Folgerung: Hier kann es sich um einen „gemischtkörnigen“ Boden mit allgemein sehr hohen bindigen Anteilen bei sehr hohen Tonanteilen (ST*, GT*) handeln, oder es liegt ein „feinkörniger“ Boden mit ebenfalls sehr hohen Tonmengen vor, wie mittelplastischer Ton (TM) im Grenzbereich zum ausgeprägt plastischen Ton (TA), und natürlich ein TA selbst.

Begründung: Die Klebkraft ist durch die den Boden prägenden Tonteilchen entsprechend groß geworden, sodass der angeklebte Boden schwer zu entfernen ist.

BEOBACHTUNG 4: Extrem gute Klebwirkung, die Probe haftet sehr fest. Es ist ein außerordentlich hoher Zeitaufwand für die Entfernung der „Schmierstelle“ erforderlich.

Folgerung: Es handelt sich um einen rein „feinkörnigen“ Boden mit hohen Tonanteilen (eher TA als TM).

Begründung: Die Klebkraft ist jetzt durch die vielen, den Boden prägenden Tonteilchen extrem groß geworden, sodass der angeklebte Boden ohne Bürste sehr schwer zu entfernen ist. Diese Wirkung zeigen beispielsweise Modelltone oder Tone zum Töpfern mit über 20 % Tonanteilen.

ZUSÄTZLICHE HINWEISE für diese Versuchsdurchführung:

Beim Reinigungsvorgang mit den Fingern (nicht mit dem Fingernagel!) lassen sich außerdem, besonders bei stark bindigen Böden, gröbere, beim Zerreiben der Probe oft nicht gefühlte Bestandteile „erfassen“. Bei einem Vergleich mehrerer Proben ist stets darauf zu achten, dass immer mit der gleichen Intensität an die Glaswandung angerieben und auch wieder entfernt werden muss!

Abb. 13.4-17 Zweitens: Die Probe wird mit dem Finger fest an das Glas gerieben bzw. geschmiert.

Abb. 13.4-18 Drittens: Die Probe wird mit einem Finger abgerieben, bis das Glas wieder vollständig gesaubert ist.

13.4.2.4 Ausrollversuch (Knetversuch)

Dieser Versuch wird nur bei bindigen Böden angewendet, um durch die Anzahl der Ausroll- und auch Knetvorgänge seine Bindigkeit abzuschätzen. Darüber hinaus kann auch der Bodenzustand (Konsistenz) ermittelt werden.

a) Versuchsdurchführung

Tab. 13.4-6: Ausrollversuch

Hilfsmittel	Handflächen oder feste, wassersaugende Unterlage
Durchführung	1. Gegebenenfalls Kiesanteile (größer als Streichholzkopf) entfernen. 2. Probe im **erdfeuchten** Zustand fest zusammenkneten. 3. Auf den Handflächen oder einer wassersaugenden Unterlage auf etwa Bleistiftdicke ausrollen. 4. Rolle erneut zusammenkneten und dieses Ausrollen wiederholen.
Beobachtung	Verhalten der Bodenprobe beim Ausrollen und Wiederholung des Ausrollvorgangs

HINWEISE

Der Ausrollvorgang ist stark vom vorhandenen Wassergehalt des Bodens abhängig. So lässt sich beispielsweise ein nur leicht plastischer Ton (TL) je nach Wassergehalt bis zu ca. zehn Mal ausrollen und zusammenkneten. Die zuvor beschriebenen Versuche beziehen sich jedoch auf den erdfeuchten Zustand. Dieser Zustand liegt vor, wenn sich eine Bodenprobe ohne zu schmieren oder zu zerbröckeln zu einem kompakten Klumpen kneten lässt.

b) Versuchsergebnisse und Einordnung in die Gruppe der gemischtkörnigen bzw. feinkörnigen Böden der DIN 18196

BEOBACHTUNG 1: Die Probe lässt sich nicht ohne zu zerbröckeln auf die gewünschte Dicke ausrollen, oder sie kann zwar ausgerollt werden, lässt sich aber nicht wieder zu einem zusammenhängenden Klumpen formen.

Folgerung: Es handelt sich um einen „gemischtkörnigen“ Boden mit weniger als 15 % bindigen Bestandteilen: Sand-Schluff- oder Kies-Schluff-Gemisch (SU, GU), gegebenenfalls Kies-Ton-Gemisch (GT).

Begründung: Im erdfeuchten Zustand reichen die wenigen bindigen Bestandteile, vorwiegend aus dem Schluffbereich, nicht aus, um den Boden zusammenzuhalten. Die Feinteile füllen die Hohlräume des Gerüstkorns noch nicht vollständig. Es ist eben noch kein „feinkörniger" bindiger Boden.

BEOBACHTUNG 2: Die Probe lässt sich ausrollen und erneut zusammenkneten, zerbröckelt jedoch in der Regel schon ab etwa dem vierten Ausrollvorgang.

Folgerung: Es handelt sich um einen „gemischtkörnigen" Boden mit 15 bis 40 % bindigen, vorwiegend schluffigen Bestandteilen: ein stark schluffiges Sand-Schluff- oder Kies-Schluff-Gemisch (SU*, GU*) oder Sand-Ton-Gemisch mit bis zu 15 % bindigen Bestandteilen (ST).
Es kann sich jedoch auch um einen „feinkörnigen" Boden handeln, der primär aus Grobschluffen ohne Tonanteile besteht (UL). Hier sind weitere Untersuchungen nach den Kapiteln 13.4.2.1 bis 13.4.2.3 anzuraten.

Begründung: Ab etwa 25 % füllen die bindigen Bestandteile die Poren des Grobkorngerüstes weitgehend aus, ab 30 % verdrängen sie die groben Bestandteile bereits und geben dem Boden insgesamt ein bindiges Verhalten. Die Haftwirkung entsteht bei den bezeichneten Böden durch den Schluffanteil, der somit den Ausrollvorgang prägt.

BEOBACHTUNG 3: Die Probe lässt sich wiederholt ausrollen und wieder zusammenkneten, ohne zu zerbröckeln.

Folgerung: Hier handelt es sich um einen „gemischtkörnigen" Boden mit 15 bis 40 % bindigen, vorwiegend tonigen Bestandteilen: Ein stark toniges Sand-Ton-, gegebenenfalls Kies-Ton-Gemisch (ST*, GT*). Es kann sich jedoch auch um einen „feinkörnigen" Boden handeln, der höhere Tonanteile aufweist (UM–UA, TM–TA). Hier sind weitere Untersuchungen nach den Kapiteln 13.4.2.1 bis 13.4.2.3 anzuraten.

Begründung: Die bindigen Anteile verdrängen die groben Bestandteile bereits und geben dem Boden insgesamt ein bindiges Verhalten, das in starkem Maß vom Ton beziehungsweise dem Feinschluff geprägt wird und ein wiederholtes Ausrollen und Zusammenkneten möglich macht. Bei ausgeprägt plastischen Tonen kann dieser Vorgang über 50 Mal wiederholt werden!

ERGÄNZENDE HINWEISE zur Versuchsdurchführung:

1. Falls der vorhandene Wassergehalt für diesen Versuch zu niedrig sein sollte, sich die Bodenprobe also nicht zusammenkneten lässt, ist vorsichtig Wasser beizumischen.
2. Vorsicht ist bei der Untersuchung von Oberböden geboten. Im erdfeuchten Zustand entwickeln die organischen Bestandteile unter Umständen eine so große Klebwirkung, dass sie bindige Böden vortäuschen beziehungsweise der bindige Anteil und die Art der bindigen Bestandteile stark überhöht eingeschätzt werden.

13.4.2.5 Schneideversuch

Der Schneideversuch kann nur bei feuchten bindigen Böden durchgeführt werden. Hier wird die Schnittfläche zur Beurteilung herangezogen.

a) Versuchsdurchführung

Tab. 13.4-7: Schneideversuch

Hilfsmittel	Messer („Scheckkarte" etc.)
Durchführung	1. Bestandteile über 2 mm (Streichholzkopfgröße) aus der Bodenprobe entfernen und Probe zu einer etwa fingerdicken Rolle zusammenkneten. 2. Durchschneiden der feuchten Bodenrolle. 3. Drücken auf die zusammengeknetete Probe mit Messer oder Daumen.
Beobachtung	Aussehen der Schnittspur, Verhalten der Probe nach dem Drücken

HINWEIS

Dieser Versuch dient vornehmlich der Unterscheidung der Korngruppen Schluff und Ton.

b) Versuchsergebnisse und Einordnung in die Gruppe der gemischtkörnigen bzw. feinkörnigen Böden der DIN 18196

BEOBACHTUNG 1: Stumpfe Schnittfläche; Glanz tritt beim Schneiden oder Drücken der Probe nicht auf.

Folgerung: Es handelt sich um einen „gemischtkörnigen" Boden mit bis zu 15 % vor allem schluffigen, jedoch kaum tonigen Bestandteilen: Sand-Schluff-Gemisch (SU), gegebenenfalls Kies-Schluff-Gemisch (GU) oder schluffiger Feinsand. Stark schluffiger Sand oder Kies (SU*, GU*) ist hier nur anzutreffen, wenn vorwiegend Grobschluff enthalten ist. Aus der Gruppe der „feinkörnigen" Böden ist höchstens reiner Grobschluff zu nennen.

BEOBACHTUNG 2: Glänzende Schnittfläche, jedoch nach dem Schneiden oder Drücken der Probe schnell verschwindender Glanz.

Folgerung: Hier handelt es sich entweder um einen „gemischtkörnigen" Boden mit vor allem tonigen, aber auch schluffigen Bestandteilen bis ca. 15 %: Sand- oder Kies-Ton-Gemisch (ST, GT) oder schwach toniger Schluff. Bei bis 40 % bindigen Bestandteilen überwiegt der Schluff und es liegt stark schluffiger Sand oder Kies (SU*, GU*) vor. Aus der Gruppe der „feinkörnigen" Böden ist leicht- bis mittelplastischer Schluff (UL–UM) zu nennen.

BEOBACHTUNG 3: Glänzende Schnittfläche, jedoch nach dem Schneiden oder Drücken der Probe nicht oder sehr langsam verschwindender Glanz.

Folgerung: Diese Böden enthalten hohe Tonanteile wie beispielsweise stark toniger Sand (ST*); auch kann es sich um leicht, mittel und ausgeprägt plastischen Ton handeln (TL, TM, TA).

Erläuterungen:

1. Da **Schluffe** eine weitgehend körnige Struktur aufweisen, ergibt sich eine raue, diffus wirkende Schnittfläche, auf der sich Licht nicht spiegelt. Ferner haben Böden mit diesen Körnungen eine relativ gute Wasserdurchlässigkeit, sodass sich das Wasser (Feuchtigkeit) deshalb relativ schnell in den Boden zurückziehen kann.
2. **Ton und Feinschluff** haben eine flächige Struktur. Beim Durchschneiden wird die Oberfläche praktisch verschmiert und die Bodenteilchen flächig ausgerichtet. So bildet sich eine spiegelnde, glänzende Schnittfläche. Zudem ist die Wasserdurchlässigkeit der aus

diesen bestimmenden Körnungen gebildeten Böden sehr gering. Folglich kann sich das Wasser nicht oder nur sehr langsam in die Poren der Probe zurückziehen. So entsteht für längere Zeit ein glänzender Wasserfilm auf der Schnittfläche.

13.5 Untersuchung von Böden mit organischen Anteilen

Hier kommt es nicht nur auf die Menge, sondern vor allem auf die Art, das heißt die „Teilchengröße" und den Zersetzungsgrad der organischen Substanz an, da sie unterschiedliche physikalische Eigenschaften beziehungsweise bodenmechanische Auswirkungen hat.

13.5.1 Untersuchung und Beurteilung von Oberböden

Der Massenanteil organischer Substanz liegt bei Garten- und Ackerböden üblicherweise bei ca. 2 bis 5 %. Diese geringe Menge der organischen Bodenteile weist nur zu einem kleinen Teil Abmessungen über 0,063 mm („grober" Bereich) auf. Überwiegend handelt es sich also um fein zerteilte Bestandteile (siehe auch Kap. 6).

13.5.1.1 Kornzusammensetzungen

Ein „gewachsener" Oberboden hat sich durch natürliche Vorgänge und die Bearbeitung oder Nutzung aus dem direkt darunterliegenden Untergrund entwickelt. In der Kornzusammensetzung der mineralischen Bestandteile wird er ihm in der Regel weitgehend entsprechen. Infolge der organischen Anteile (ihrer Klebwirkung) wird die Bestimmung der Bodenart des Oberbodens erschwert (siehe Kap. 6.1). Deswegen ist es einfacher, aus dem Untergrund den Oberboden (reduziert um die organischen Anteile) zu bestimmen beziehungsweise zu beurteilen.

Sollte der Oberboden jedoch nicht vor Ort entstanden sein, sondern ist von irgendwoher antransportiert worden, muss er aus sich heraus analysiert werden.

13.5.1.2 Farbe und Geruch

Farbe und auch Geruch können bei der Beurteilung von organischen Böden beziehungsweise bei Böden mit organischen Anteilen sehr hilfreich sein. Allerdings müssen sich die Böden dazu in einem feuchten Zustand befinden.

1. Farbe

Böden mit organischen Bestandteilen weisen gewöhnlich eine dunkel- bis schwarzbraune, sogar schwarze Färbung auf. Die Farbintensität ist jedoch auch von der jeweiligen Bodenfeuchte abhängig: Je feuchter ein Boden ist, desto dunkler erscheint er uns. Ausgetrocknet weist er überwiegend eine graue Färbung auf. Die Farbe allein zeigt damit leider nicht, wie viel organische Bestandteile im Boden sind und in welchem Zersetzungsgrad sie sich befinden. Die Farbe ist somit nur ein Hinweis auf das Vorhandensein organischer Stoffe. Und das gilt auch nur, wenn die mineralischen Bodenteile deutlich heller sind (Hinweis: Tone gibt es in fast allen Färbungen)!

Sandige Oberböden können im Wasser aufgerührt werden. Die Beobachtung, dass viel „schwarze Farbe" darin enthalten ist, kann auf zersetzte organische Substanz hinweisen. Gröbere, nicht zersetzte organische Bestandteile schwimmen in der Regel auf der Wasseroberfläche.

Im grobfaserigen Zustand zeigen Torfe eine hell- bis dunkelbraune Färbung. Eine intensivere Schwarzfärbung weist bei ihnen auf zunehmende Zersetzung hin.

2. Geruch
Dem Geruch des Bodens kommt eine weitaus größere Bedeutung zu als der Farbe. Da die menschliche Nase sehr empfindlich auf unangenehme Düfte – gleichbedeutend mit „ungesunden" Bodenverhältnissen – reagiert, können wir einen „Riechtest" anwenden.

a) Versuchsdurchführung

Tab. 13.5-1: Geruchsversuch

Hilfsmittel	Hände und Nase
Durchführung	Ein kleiner Klumpen wird aus dem Boden gelöst, in der Hand zerteilt und **dicht** unter die Nase gehalten.
Beobachtung	Wahrnehmung und Beschreibung des Geruchs

b) Beobachtung und Auswertung

BEOBACHTUNG 1: Der Boden riecht angenehm frisch und „erdig". Beim Anfassen und Zerteilen bekommt man unter Umständen nur leicht schmutzige Finger.
Folgerung: Der Boden weist keine Fäulnis auf und enthält vor allem keine zersetzten, gröberen organischen Bestandteile.

BEOBACHTUNG 2: Der Boden riecht (stinkt) nach faulen Eiern (Schwefelwasserstoff). Beim Anfassen und Zerteilen schmiert er in der Regel.
Folgerung: Der Boden ist stark faulig. Die organischen Bestandteile sind feinteilig, stark zersetzt und quellfähig.

HINWEIS
Der Geruchstest funktioniert nicht von Weitem – die Nase muss an den Boden gehalten werden!

13.5.2 Untersuchung von „Bodenhilfsstoffen" (Torf und Kompost)
Torf und Kompost besitzen im Grunde keine „Kornverteilung" – ihre Teilchengrößen (feine und stark quellfähige sowie grobe, faserige und federnde Bestandteile) sind jedoch für das Verhalten der Mischung aus mineralischen und organischen Bestandteilen sehr wichtig. (Hinweis: Klärschlamm besteht fast ausschließlich aus feinen, abgebauten organischen Bestandteilen, versetzt mit in der Regel feinen Sanden.)

13.5.2.1 Untersuchungen im nassen Zustand
Bei Torf und Pflanzsubstraten mit Torf („Blumenerde"), aber auch bei Kompost lässt sich die maßgebende Teilchengröße und daraus die Eignung relativ leicht durch den Ausquetschversuch nachweisen, sofern die Materialien im feuchten, besser **nassen** Zustand vorliegen.

a) Versuchsdurchführung

Tab. 13.5-2: Ausquetschversuch

Hilfsmittel	Die eigenen Hände
Durchführung	Eine nasse, etwa kartoffelgroße Probe wird in der Faust zusammengedrückt.
Beobachtung	Verhalten der Probe beim Zusammendrücken (Ausquetschen)

b) **Beobachtung und Auswertung**

BEOBACHTUNG 1: Beim Zusammendrücken der Probe läuft fast nur Wasser durch die Fingerritzen.
Folgerung: Die organischen Bestandteile des Bodens sind weitgehend grobfaserig und haben eine federnde Wirkung.

HINWEIS

Nur wenn zusätzlich noch unangenehmer Geruch auftritt, liegt auch Fäulnis vor!

BEOBACHTUNG 2: Beim Zusammendrücken der Probe quillt auch der nasse Boden wie ein Brei zwischen den Fingern hindurch.
Folgerung: Die organische Substanz ist stark zersetzt (feinteilig) und quellfähig.

13.5.2.2 Untersuchungen im trockenen Zustand

Liegen diese Stoffe beziehungsweise Böden im ausgetrockneten Zustand vor, kann die Verfrachtung (das Wegblasen) durch Wind genutzt werden.

a) **Versuchsdurchführung**

Tab. 13.5-3: Windversuch

Hilfsmittel	Die eigenen Hände und Wind (oder starkes Blasen!)
Durchführung	Eine Handvoll trockener Boden wird mit den Fingern möglichst fein zerteilt, zerbröselt (dabei aber nicht die Einzelteile zerstört/zermahlen) und in die Luft geworfen.
Beobachtung	Verfrachtung durch den Wind

b) **Beobachtung und Auswertung**

BEOBACHTUNG 1: Der Wind trägt den größten Teil der Probe fort.
Folgerung: Es handelt sich um einen weitgehend zersetzten Torf oder Kompost und feine mineralische Bodenteile.

HINWEIS

Ohne Wind kann „nur“ die Fallgeschwindigkeit der Teilchen beobachtet und beurteilt werden.

BEOBACHTUNG 2: Die Bestandteile fallen fast senkrecht nach unten.
Folgerung: Die maßgebenden organischen Bestandteile sind grob beziehungsweise grobfaserig (Teilchengröße im „Sand- und Kiesbereich“).

13.5.3 Ermittlung der Menge der organischen Substanz durch Abbrennen

Die Menge der organischen Substanz im Boden kann ermittelt werden, indem eine absolut trockene Bodenprobe so stark erhitzt wird, dass ihre organischen Bestandteile verbrennen.

Der Gewichtsverlust kennzeichnet die Menge der organischen Substanz (der sogenannte Glühverlust). Voraussetzung für eine sinnvolle Versuchsauswertung ist eine sehr empfindliche, genaue Waage, da relativ kleine Gewichtsunterschiede bestimmt werden müssen.

1. Schritt: Trocknung über offener Flamme oder im Backofen (Vorbereitung des Abbrennversuches)

Tab. 13.5-4: Trocknung der Bodenprobe

Hilfsmittel	Kleines Metallgefäß (Emailleschale, Edelstahlschale), Esslöffel, Spiritus- oder Gaskocher, offene Feuerstelle, Feuerzeug, Backofen, Waage mit einer Ablesemöglichkeit von einem halben Gramm oder feiner (z. B. Briefwaage bis ca. 200 g, eventuell sehr genaue Haushaltswaage)
Durchführung	1. Wiegen des leeren Behälters – Ergebnis **GB** (Masse Behälter). 2. Feuchte Probe (etwa 2 Esslöffel feuchter Boden = 50 bis 100 g) einfüllen. 3. Probe vorsichtig trocknen, ohne sie zu verbrennen. 4. Wiegen der getrockneten Probe mit Behälter nach Abkühlung – Ergebnis: **G1**.
Beobachtung	Der Trocknungsvorgang gilt als beendet, wenn die Bodenprobe nach Augenschein trocken ist (erkennbar an durchgehend heller Färbung).

2. Schritt: Abbrennen der Probe

Tab. 13.5-5: Abbrennversuch

Hilfsmittel	Wie zuvor, zusätzlich Spiritus
Durchführung	1. Spiritus der getrockneten, abgekühlten Probe zugeben, bis sie vollständig durchfeuchtet, aber nicht nass ist. 2. Probe anzünden. 3. Probe umrühren und lockern, wenn die Flamme kleiner wird. 4. Wiegen der „verbrannten" Probe mit Behälter nach Abkühlung – Ergebnis: **G2**.
Beobachtung	Der Abbrennvorgang ist beendet, wenn offensichtlich nur noch der Spiritus brennt (bläuliche Flammenfarbe). Sollte dieses nach dem ersten Durchgang noch nicht der Fall sein, ist der Vorgang **nach vollständiger Abkühlung** von Probe und Behälter zu wiederholen.

c) Auswertung

Die Masse der organischen Substanz (GO) in Gramm ist die Differenz zwischen trockener Probe mit Behälter (G1) und verbrannter Probe mit Behälter (G2):

G1 – G2 = **GO** (g).

Die trockene Probemasse (GT) in Gramm ergibt sich als Differenz von Probe mit Behälter (G1) und Behältergewicht (GB):

G1 – GB = **GT** (g).

Der Anteil an organischer Substanz (O) ergibt sich, wenn die Menge der organischen Substanz (GO) durch die trockene Probemenge (GT) geteilt wird:

GO : GT = **O** (als dimensionsloser Verhältniswert)

oder

(GO : GT) × 100 = **O** in Prozent (%).

ERGÄNZENDE HINWEISE **zum Versuch und seiner Bewertung:**

- Bei der Verwendung von Spiritus wird die Bodenprobe in der Regel so stark erhitzt, dass die organische Substanz zwar verbrennt, aber das sogenannte Kristallwasser in den mineralischen Bodenteilen noch nicht freigesetzt wird. Dieser Aspekt ist bei Laborversuchen beziehungsweise einem Verbrennen zum Beispiel mit direkter Gasflamme zu beachten (siehe Hinweise zum Laborversuch).

- Ein errechneter Anteil an organischer Substanz von über zwei bis zu fünf Prozent gilt für Oberböden als normal.
- Ergeben sich höhere Anteile, so werden die bodenmechanischen Eigenschaften wie Tragfähigkeit, Festigkeit und hydraulisches Verhalten häufig nur von der organischen Substanz geprägt. Für höhere Belastungen sind diese Böden nicht geeignet und auch vegetationstechnisch sind sie nur bedingt verwendbar.

HINWEISE zum Laborversuch:

Im Labor kann die organische Substanz in der Regel als sogenannter „Glühverlust" im Muffelofen bei ca. 550 °C ermittelt werden. Dabei kann der Boden in die Korngruppen < 0,06 und > 0,06 mm aufgeteilt und anschließend „fraktioniert" ausgeglüht werden (auf diese Weise lassen sich die Anteile an „feiner" und „grober" organischer Masse sehr genau bestimmen). Der dabei auftretende Gewichtsverlust wird durch die Festmasse dividiert und ergibt den Glühverlust in Prozent.
Da bei der Glühverlustbestimmung auch im Korn gebundenes Wasser, das sogenannte „Kristallwasser", verbrannt wird, entspricht der Glühverlust nicht zwingend nur der organischen Substanz. Der Versuchswert muss entsprechend korrigiert werden, denn der Massenverlust ist umso größer, je feinkörniger der Boden, vor allem je höher sein Tonanteil ist. Der Verlust an Kristallwasser kann bei tonreichen Böden bis über 6 % ausmachen, bei Grobsand hingegen geht der Anteil gegen Null.

14 VERSUCHE ZUR KONSISTENZ GEMISCHT- UND FEINKÖRNIGER BÖDEN

Neben den zutreffenden Bodengruppen ist die Konsistenz (oder der Bodenzustand) bei gemischt- und feinkörnigen Böden von ausschlaggebender Bedeutung! Sie entscheidet häufig, ob und wann solche Böden bearbeitet werden können.

14.1 Vorbemerkungen

Das je nach Bodenfeuchtigkeit unterschiedliche Verhalten des bindigen Bodens hat sicher jeder schon einmal erfahren – höchstwahrscheinlich zuerst im Kindesalter. Können Sie sich noch erinnern, wie beim spielerischen (oder „künstlerischen") Umgang mit Knetgummi je nach „Bearbeitungsdauer" durch die Handwärme das Knetgummi allmählich seine Steifheit verlor und immer weicher und geschmeidiger wurde? Und wie schön war Spielen im „Modder" oder das Spiel als „Lehmbauer"! Wir haben schon sehr früh die verschiedenen Arten des Bodenzustands – seine unterschiedliche Konsistenz – erfahren.

Als Erwachsener werden normalerweise Wiederholungen negativer Erfahrungen mit weichen, breiigen Böden vermieden – das Ergebnis sind mindestens schmutzige Schuhe. Und es wird auch nur einmal ein scheinbar abgetrockneter Lehmboden betreten, wenn das Bein bis über das Knie in dem darunter noch breiigen Boden eingesunken ist. Der Boden war eben nur **oberflächennah** angetrocknet und fest geworden. Und Gartenliebhabern muss auch nicht begründet werden, warum ein Tonboden nicht bearbeitet werden sollte, wenn er am Spaten festklebt und nach jedem Spatenstich mit dem Fuß abgestreift werden muss.

Die nachfolgend beschriebenen Versuche dienen dazu, den **augenblicklichen** Zustand feinkörniger, bindiger Böden zu beschreiben, wohlwissend dass dieser sich nach einem Regen oder einer trockenen Periode natürlich verändern wird. Die Feststellung des augenblicklichen Zustands ist für die Entscheidung wichtig, ob der Boden aus bau- und vegetationstechnischer Sicht gerade heute sinnvoll bearbeitet werden kann. Soll der Boden für bautechnische Zwecke verwendet werden, sind eine gute Einbaufähigkeit, Verdichtbarkeit und Tragfähigkeit vorrangig beziehungsweise gewünscht. Soll er für vegetationstechnische Zwecke benutzt werden, so sollte die Bodenstruktur durch eine Bearbeitung möglichst wenig nachhaltig geschädigt werden. Damit sind zum aktuellen Bearbeitungszeitpunkt unterschiedliche Zustandsformen erforderlich beziehungsweise besonders kritisch.

Zusätzlich sollte bei der Beurteilung des augenblicklichen Bodenzustandes berücksichtigt werden, ob der Boden im unbearbeiteten Zustand, das heißt im natürlichen beziehungsweise naturbelassenen Zustand oder nach einer bereits erfolgten Bearbeitung vorliegt. Letzteres sehen wir sehr häufig bei der Erschließung von Baugrundstücken: Der Oberboden wurde bereits gelöst und auf Miete geschoben, der Untergrund meistens verdichtet. Und damit wird natürlich auch die Frage auftauchen, in welchem Zustand diese Arbeitsvorgänge erfolgt sind und welche Konsequenzen für den Boden und seine Verwendbarkeit daher erwartet werden müssen.

Die Beurteilung der Eignung beziehungsweise der Einflüsse einer weiteren Bearbeitung des Bodens folgt jedoch nicht zwingend aus der Art des Bodens, sondern muss auch aus der Feststellung des augenblicklichen Zustands erfolgen. Dabei taucht jetzt eine neue Schwierigkeit auf: Vorher wurde die Bodenart aus dem Verhalten des Bodens im trockenen beziehungsweise erdfeuchten Zustand abgeleitet (siehe Kap. 13). Jetzt ist aber von dem nun gerade vorhandenen Bodenzustand (Konsistenz) auszugehen, der von einem flüssig-breiigen bis zum harten Verhalten reichen kann.

Um die nachstehend beschriebenen Beobachtungen beziehungsweise Versuche nachvollziehen zu können, wird das Verhalten bestimmter feinkörniger Böden aufgrund praktischer Erfahrungen bei den unterschiedlichen Zustandsarten beschrieben.

Aus den Beobachtungen lässt sich bei entsprechender Erfahrung zusätzlich das plastische Verhalten, das heißt die Witterungsanfälligkeit beziehungsweise die Schnelligkeit bei der Änderung des vorhandenen Zustands in Abhängigkeit von der Witterung ableiten.

14.2 Begriffe, Definitionen

Um bindige Böden in ihrer Konsistenz einordnen zu können, sind die nachfolgenden Fachbegriffe unbedingt erforderlich! Sie beschreiben exakt den vorhandenen Bodenzustand und sind dann auch allgemein verständlich.

14.2.1 Konsistenzbereiche und Konsistenzzahl

Je nach Wassergehalt des Bodens werden vier Konsistenzbereiche unterschieden. Die Konsistenzbereiche (Zustandsarten) sind zusammen mit der Konsistenzzahl in der nachfolgenden Tabelle beschrieben, wobei aus praktischen Gründen der sogenannte plastische Bereich weiter unterteilt wird (siehe Tab. 14.2-1).

Die Konsistenzzahl I_C stellt die zahlenmäßige Beschreibung des Zustands dar. Sie berechnet sich aus der Fließgrenze w_L, der Ausrollgrenze w_P und dem gerade beim Boden vorliegenden Wassergehalt w_n. Ihre Gleichung lautet $I_C = (w_L - w_n) / (w_L - w_P)$.

14.2.2 Konsistenzgrenzen

Der Übergang von einer Zustandsform in eine andere wird durch die sogenannten Konsistenzgrenzen gekennzeichnet. Jede dieser Zustandsgrenzen stellt einen Wassergehalt dar, der **bodentypisch** ist (daher auch „Grenzwassergehalte“ genannt). Das bedeutet: Die Konsistenzgrenzen sind **Bodenkennwerte**, die fest zum jeweiligen Boden gehören wie seine Kornzusammensetzung. Sind die Konsistenzgrenzen erst einmal für einen Boden bestimmt, ändern sie sich erst, wenn sich die Bodenart verändert – und dazu bedarf es sehr großer Zeiträume.

Tab. 14.2-1: Konsistenzbereiche, Konsistenzzahlen und Zustände

Konsistenzbereich		Konsistenzzahl		Beschreibung des Zustands	
flüssig		negativ (kleiner 0,0)		Der Boden fließt durch Erschütterungen zusammen und unter seinem Eigengewicht hangabwärts.	
plastisch	breiig weich steif	0 bis 1,0	0,0 bis 0,5 0,5 bis 0,75 0,75 bis 1,0	Der Boden ist knet- und formbar.	praktisch keine Tragfähigkeit formstabil bei geringer Last knetbar, formstabil, belastbar
halbfest		über 1,0		Der Boden krümelt bei der Bearbeitung und wird etwas heller.	
fest		deutlich über 1,0		Der Boden ist hart, zeigt mehr oder weniger deutliche Risse, hat eine helle Färbung und sein kleinstmögliches Volumen.	

Zwischen den vier Konsistenzbereichen gibt es drei Konsistenzgrenzen. Sie werden in der folgenden Tabelle, ebenfalls zusammen mit der sich jeweils rechnerisch ergebenden Konsistenzzahl, vorgestellt.

Tab. 14.2-2: Konsistenzgrenzen und Konsistenzzahl

Konsistenzgrenze	Beschreibung	Konsistenzzahl
Fließgrenze	Sie trennt den flüssigen und den plastischen Zustand.	gleich 0,0
Ausrollgrenze	Sie trennt den plastischen und den halbfesten Zustand.	gleich 1,0
Schrumpfgrenze	Sie trennt den halbfesten und den festen Zustand. Trotz weiterer Austrocknung nimmt das Bodenvolumen praktisch nicht mehr ab.	über 1,0

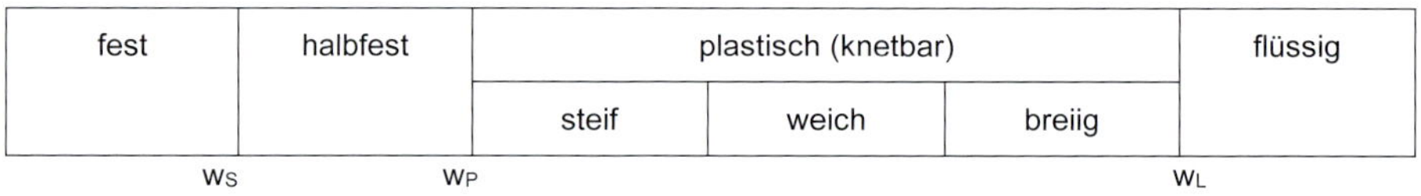

Abb. 14.2-1 Konsistenzbereiche und Konsistenzgrenzen: w_L = Fließgrenze, w_P = Ausrollgrenze, w_S = Schrumpfgrenze.

14.3 Beobachtungen und Aussagen zu den unterschiedlichen Konsistenzbereichen

Die nachfolgende Tabelle zeigt den Zusammenhang zwischen den unterschiedlichen Konsistenzen (Bodenzuständen), von fest bis flüssig, zu ihren jeweiligen Beobachtungen und Aussagen.

Tab. 14.3-1: Unterschiedliche Konsistenzbereiche

Konsistenz	Beobachtung	Aussage
fest	Der Boden zeigt im natürlichen (anstehenden) Zustand kleine, nur beim genauen Hinsehen erkennbare Risse bzw. eine block- oder scherbenartige Struktur sowie einen Farbumschlag zu heller Färbung. Bei Bearbeitung kann er nur noch in einzelne, fest zusammenhängende Scherben/Blöcke zerbrochen oder zerschlagen werden.	Der Boden ist sehr viel trockener als die Schrumpfgrenze. Bei der Berechnung über den Wassergehalt der Probe würde sich eine Konsistenzzahl I_C von deutlich über 1,0 ergeben.
halbfest	Farbaufhellung beginnt. Der Boden kann noch zum Klumpen zusammengeballt werden, aber man kann ihn nicht mehr ohne Rissbildung kneten. Er zerbröckelt beim Ausrollen zu dünnen Walzen (etwa Bleistiftstärke). Klumpen zerkrümeln unter Druck mit der Hand. Der anstehende Boden zerkrümelt bei der Bearbeitung (Lösen, Laden, Lockern).	Der Wassergehalt entspricht der Ausrollgrenze oder ist niedriger (trockener) als diese. Bei der Berechnung über den Wassergehalt der Probe würde sich eine Konsistenzzahl I_C von über 1,0 ergeben.
steif	Der Boden lässt sich nur noch schwer kneten und zeigt dabei ggf. bereits leichte Risse. Er kann jedoch noch ohne zu zerbröckeln zu dünnen Walzen (etwa Bleistiftstärke) ausgerollt werden. Eine Wiederholung des Ausrollens trocknet den Boden häufig schon so aus, dass eine Walzenbildung nicht mehr gelingt. Der Boden beginnt schon beim Begehen zu „federn“, die Hände beginnen beim Kneten „schmutzig“ zu werden.	Der Wassergehalt nähert sich, vom feuchteren Bereich her, der Ausrollgrenze. Bei der Berechnung über den Wassergehalt der Probe würde sich eine Konsistenzzahl von $I_C = 1{,}0$ bis 0,75 ergeben.
weich	Der Boden ist leicht knetbar, quillt aber noch nicht zwischen den Fingern hindurch. Er behält die Form auch bei geringer Belastung oder Erschütterung.	Der Wassergehalt ist deutlich niedriger als die Fließgrenze. Bei der Berechnung über den Wassergehalt der Probe würde sich eine Konsistenzzahl von $I_C = 0{,}75$ bis 0,5 ergeben.
breiig	Nach dem Betreten ist klar – der Boden wäre nur eingeschränkt begehbar gewesen! Der Boden quillt beim Zusammenpressen in der Hand zwischen den Fingern hindurch. Eingedrückte Vertiefungen oder anderweitig geschaffene Formen bleiben ohne Belastung oder Erschütterungen weitgehend erhalten. Schon bei geringer Krafteinwirkung oder Erschütterung treten jedoch sofort Verformungen ein.	Der Wassergehalt ist niedriger als die Fließgrenze. Bei der Berechnung über den Wassergehalt der Probe würde sich eine Konsistenzzahl $I_C = 0{,}5$ bis 0 ergeben.
flüssig	Nur eingeschränkt begehbar, da man bis über den Knöchel einsinkt. Eine Probe kann sich auf fester, glatter Unterlage ohne Einwirkung ausbreiten. Eingedrückte Vertiefungen schließen sich wieder. Der Boden ist nicht formstabil.	Der Wassergehalt ist höher als die Fließgrenze. Bei der Berechnung über den Wassergehalt der Probe würde sich eine negative Konsistenzzahl $I_C < 0$ ergeben.

HINWEIS

Die Konsistenzen sind für alle Böden gleich, es ist kein Unterschied, ob es ein leicht plastischer Schluff (UL) oder ein ausgeprägt plastischer Ton (TA) ist.

14.4 Eigenschaften und Verhalten eines leicht plastischen Tons (TL) bei unterschiedlicher Konsistenz

Am Beispiel eines leicht plastischen Tones werden seine Eigenschaften und sein Verhalten bei unterschiedlicher Konsistenz dargestellt. Seine Ausrollgrenze beträgt w_P = 9,7 % und seine Fließgrenze w_L = 28,5 %.

14.4.1 Konsistenz „fest“ (hart)

- Boden praktisch nicht stärker verdicht- oder verformbar,
- fest gebunden bis felsartig,
- größtmögliche Dichte der Struktur,
- Schrumpfung quellfähiger Bestandteile des Bodens,
- Zustand größter Trag- und Standfestigkeit,
- Wasserbewegung erfolgt praktisch nur durch Risse und Klüfte.

Abb. 14.4-1 Leicht plastischer Ton (TL) nach seiner Austrocknung. Er wurde zuvor an der Grenze zum steifplastischen/halbfesten Zustand befahren. Die Schrumpfrisse sind deutlich zu erkennen. Eine 1-Euro-Münze dient als Größenvergleich.

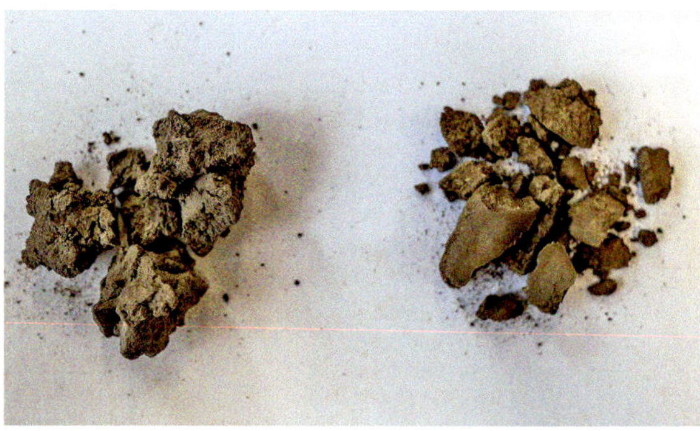

Abb. 14.4-2 Der linke Haufen befindet sich im getrockneten Originalzustand. Der rechte Haufen wurde vor seiner Trocknung an der Grenze zum halbfesten Zustand bearbeitet (kein Unterschied zum Originalzustand).

Abb. 14.4-3 Zustand halbfest, w = 8 %, Konsistenzzahl I_C = 1,1. Im unbearbeiteten Originalzustand kann der Boden vegetationsschonend (bodenschonend) bearbeitet werden, nicht aber (bautechnisch) ausreichend verdichtet.

14.4.2 Konsistenz „halbfest“

- Optimaler Zustand für die Lockerung des Bodens,
- Boden nur mit sehr hohem Aufwand und unter Rissbildung verdichtbar,
- nach Verdichtung sehr gute Tragfähigkeit,
- formstabil,
- Austrocknung führt zu Schrumpfvorgängen,
- Krümelstruktur bleibt erhalten (!),
- Wasserdurchlässigkeit nach Verdichtung entsprechend der Kornverteilung.

Abb. 14.4-4 Die bodenschonende Bearbeitung nach einer Verdichtung ist hier zu sehen: Der Boden kann ohne Weiteres von Hand zerkrümelt werden. Auf einer Baustelle wird das auch der Fall sein, Verdichtungen können nun rückgängig gemacht werden.

Abb. 14.4-5 In diesem Zustand kann ein „Schneeball" gerade noch geformt werden, der aber bei geringer Belastung schon wieder zerkrümeln würde. Eine kleinfingerstarke Walze (links) lässt sich dagegen zwischen den Handflächen nur schlecht formen.

14.4.3 Konsistenz „steif"

- Optimaler Zustand für die Bodenverdichtung,
- durch die Bearbeitung beginnende Homogenisierung des Bodens,
- für Baumaschinen gut bis ausreichend tragfähig (abhängig von der Kornzusammensetzung),
- bei hoher Dauerauflast sind länger andauernde Setzungen zu erwarten,
- Abnahme der Wasserdurchlässigkeit gegenüber dem halbfesten Zustand.

Abb. 14.4-6 Zustand steif, w = 12 %, Konsistenzzahl I_C = 0,88. In diesem Zustand kann die beste Verdichtung erzielt werden. Rein optisch ist die Konsistenz vom halbfesten Zustand teilweise nur schwer zu unterscheiden.

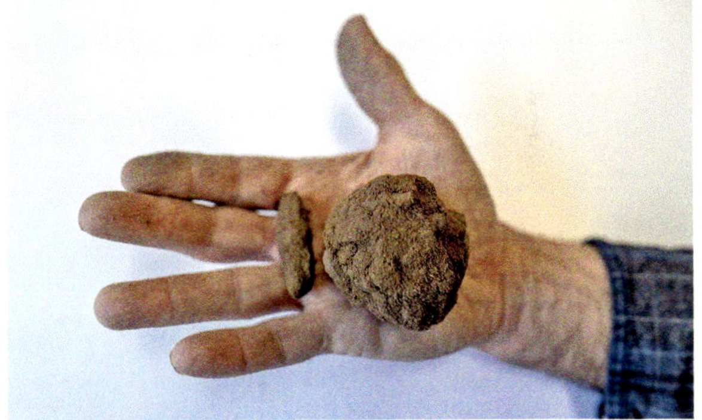

Abb. 14.4-7 In diesem Zustand kann ein „Schneeball" geformt werden, der aber noch zerkrümeln kann. Eine kleinfingerstarke Walze lässt sich dagegen schon formen.

14.4.4 Konsistenz „weich"

- Optimale Verdichtung des Bodens **nicht** mehr möglich,
- Bodenlockerung nicht mehr möglich,
- Boden weist keine Rissbildung auf,
- leicht verformbar,
- deutliches Schmieren des Planums,
- nur noch geringe Tragfähigkeit für Baumaschinen,
- für Bauwerke keine ausreichende Tragfähigkeit mehr,
- starke Reduzierung der Wasserdurchlässigkeit.

Abb. 14.4-8 Zustand weich, w = 17 %, Konsistenzzahl I_C = 0,61. Der Boden lässt sich in diesem Zustand gut in eine Schale kneten. Gewisse Strukturen sind aber noch zu erkennen.

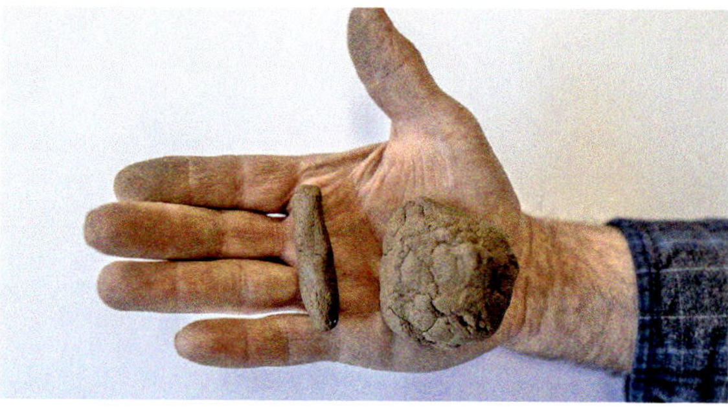

Abb. 14.4-9 In diesem Zustand kann ein „Schneeball" sehr gut geformt werden, der auch gut zusammenhält. Eine kleinfingerstarke (und auch noch dünnere) Walze lässt sich ebenfalls gut formen.

14.4.5 Konsistenz „breiig"

- Optimale Verdichtung des Bodens **nicht** mehr möglich,
- Boden sehr leicht verformbar,
- starkes Schmieren des bearbeiteten Bodens,
- für Baumaschinen kaum noch, für Bauwerke nicht mehr tragfähig,
- unter Eigengewicht (ohne Zusatzbelastung) bei geringer Schichtstärke noch formstabil, jedoch nur geringe Standfestigkeit,
- extreme Reduzierung der Wasserdurchlässigkeit.

Abb. 14.4-10 Zustand breiig, w = 25 %, Konsistenzzahl I_C = 0,19. Der Boden lässt sich in diesem Zustand sehr gut in eine Schale kneten. Strukturen sind nicht mehr zu erkennen.

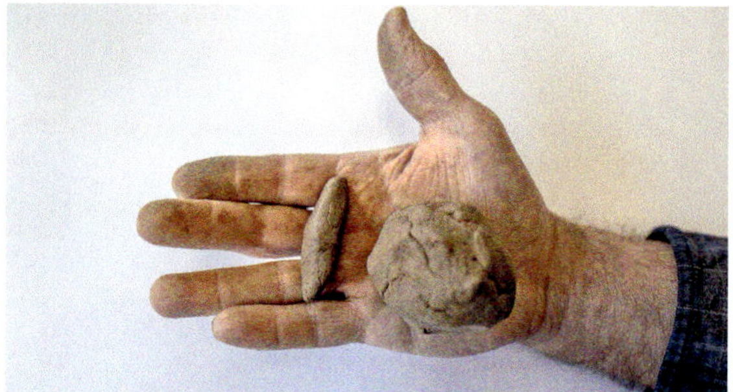

Abb. 14.4-11 In diesem Zustand kann ein „Schneeball" noch geformt werden, der gut zusammenhält. Dünne Walzen lassen sich gut formen.

Abb. 14.4-12 Bei dieser niedrigen Konsistenzzahl lässt sich der Boden schon so zusammenquetschen, dass er zwischen den Fingern hindurchquillt.

14.4.6 Konsistenz „flüssig"

- Reguläre Bearbeitung **nicht** mehr möglich,
- je nach Hangneigung und Schichtstärke bewegt sich der Boden durch sein Eigengewicht hangabwärts,
- bei Erschütterungen fließt der Boden zusammen.

Abb. 14.4-13 Zustand flüssig, w = 30 %, Konsistenzzahl I_C = −0,08. Der Boden ist mit dieser Konsistenzzahl knapp im flüssigen Bereich. Er lässt sich in diesem Zustand sehr gut in eine Schale streichen, aber er glänzt noch nicht. Strukturen sind nicht mehr zu erkennen.

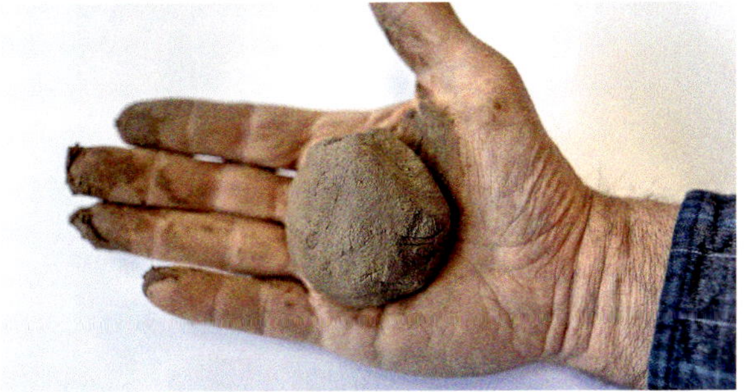

Abb. 14.4-14 In diesem Zustand kann ein „Schneeball" nicht mehr geformt, sondern nur noch „gematscht" werden. Eine Walze lässt sich nun auch nicht mehr formen.

Abb. 14.4-15 Zustand flüssig, w = 36 %, Konsistenzzahl I_C = −0,40. Der Boden lässt sich in diesem Zustand sehr gut in eine Schale streichen und er glänzt dabei.

Abb. 14.4-16 Der bodenmechanisch flüssige Boden wurde mit einem Spatelmesser in die Hand gestrichen.

Abb. 14.4-17 Beim Zusammenquetschen quillt der Boden sehr leicht zwischen den Fingern hindurch.

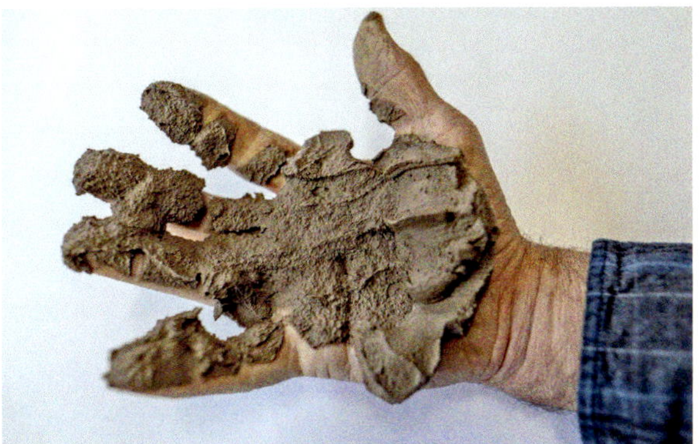

Abb. 14.4-18 Nach dem „Quetschversuch": Die Hand lässt sich jetzt nur noch abwaschen, nicht mehr durch Abreiben reinigen.

14.5 Ermittlung der Bodengruppe über einfache Versuche

Während es bei nicht bindigen Böden relativ einfach ist, Kenntnis über die Bodengruppe zu erlangen, so kann das bei bindigen Böden umso schwieriger werden. Der Grund dafür ist, dass die hinzukommende Komponente Wasser Einfluss auf die Bodeneigenschaften nimmt. Zusätzlich spielt auch noch der massen- und/oder volumenmäßige Anteil des Wassers eine entscheidende Rolle.

Als Beispiel hierzu sei die Wasserlagerung erwähnt: Ist ein toniger Sand (ST) „zu trocken", so kann er ebenso wenig zu einer „Pyramide" geformt werden, wie wenn er „zu feucht" ist – er muss die „richtige" Feuchtigkeit aufweisen. Ist die Probe zu trocken, zerfällt sie im Wasserglas genauso schnell, als wäre sie zu feucht. Es braucht also ein gewisses Einfühlungsvermögen für die Versuche!

Die folgenden Angaben sind daher aufmerksam anzuwenden, da beispielsweise zu berücksichtigen ist, welche Wassergehaltsspannen allein im steifplastischen Bereich möglich sind. Diese sind umso größer, je bindiger der Boden ist (relativ klein bei einem SU und „riesig" bei einem TA).

14.5.1 Böden im natürlichen Zustand

In diesem Kapitel wird davon ausgegangen, dass der Boden in seinem natürlichen Zustand angetroffen wird. Bearbeitungen und Belastungen sind allenfalls in sehr geringem Maße bei halbfester oder fester Konsistenz vorgekommen. Dadurch sind keine schädigenden Verdichtungen entstanden.

HINWEIS

Im bewachsenen Naturzustand sind die Konsistenzen flüssig, breiig und weich häufig nicht sofort zu erkennen, denn ohne Strukturzerstörungen sind die Böden noch eingeschränkt tragfähig.

14.5.1.1 Konsistenz „fest"

Beobachtung: Der Boden zeigt im natürlichen (anstehenden) Zustand kleine, nur beim genauen Hinsehen erkennbare Risse beziehungsweise eine block- oder scherbenartige Struktur sowie einen Farbumschlag zu heller Färbung. Bei Bearbeitung kann er nur noch in einzelne, fest zusammenhängende Scherben/Blöcke zerbrochen oder zerschlagen werden.

Aussage: Der Boden ist sehr viel trockener als die Schrumpfgrenze. Bei der Berechnung über den Wassergehalt der Probe würde sich eine Konsistenzzahl I_C von deutlich über 1,0 ergeben.

Zu diesen Versuchen: Bei ausgetrockneten Böden eignen sich nur die nachfolgend aufgeführten Versuche.

Beobachtung zum Boden	**Hinweis auf Bodengruppe**
Trockenfestigkeit	
sehr leicht zerdrückbar	SU, UL, UM
leicht zerdrückbar	ST
zerdrückbar	TL
schwer zerdrückbar	TM
sehr schwer zerdrückbar	TA
Ritzversuch	
sehr leicht möglich	SU, UL, UM, ST
leicht möglich	TL
möglich	TM
schwierig	TA
Versuch Wassertropfen (siehe Abb. 5.2-2 und 5.2-3)	
ziehen sofort in den Boden ein	SU, UL, UM, ST
ziehen in den Boden ein	TL
ziehen langsam in den Boden ein	TM
ziehen sehr langsam in den Boden ein	TA
Wasserlagerung	
sehr schnelles Zerfallen	SU, UL, UM, ST
relativ schnelles Zerfallen	TL
langsames Zerfallen	TM
sehr langsames Zerfallen	TA

14.5.1.2 Konsistenz „halbfest“

Beobachtung: Farbaufhellung beginnt. Der Boden kann noch zum Klumpen zusammengeballt, aber nicht mehr ohne Rissbildung geknetet werden. Er zerbröckelt beim Ausrollen zu dünnen Walzen (etwa Bleistiftstärke). Klumpen zerkrümeln unter Druck mit der Hand. Der anstehende Boden zerkrümelt bei der Bearbeitung (Lösen, Laden, Lockern).

Aussage: Der Wassergehalt entspricht der Ausrollgrenze oder ist niedriger (trockener) als diese. Bei der Berechnung über den Wassergehalt der Probe würde sich eine Konsistenzzahl I_C von über 1,0 ergeben.

Zu diesen Versuchen: Bei Böden im halbfesten Zustand eignen sich am besten die Wasserlagerung und der Reibeversuch (siehe Kap. 13.2). Grund dafür ist der noch geringe Wassergehalt.

Beobachtung zum Boden	**Hinweis auf Bodengruppe**
Wasserlagerung	
sehr schnelles Zerfallen	SU, UL, UM, ST
schnelles Zerfallen	TL
langsames Zerfallen	TM
sehr langsames Zerfallen	TA
Reibeversuch	
Boden lässt sich sehr gut krümeln	SU, UL, UM, ST
Boden lässt sich gut krümeln	TL
Boden lässt sich krümeln	TM
Boden lässt sich schlecht krümeln	TA

14.5.1.3 Konsistenzbereich „steif“

Beobachtung: Der Boden lässt sich nur noch schwer kneten und zeigt dabei gegebenenfalls bereits leichte Risse. Er kann jedoch noch ohne zu zerbröckeln zu dünnen Walzen (etwa Bleistiftstärke) ausgerollt werden. Eine Wiederholung des Ausrollens trocknet den Boden häufig schon so aus, dass eine Walzenbildung nicht mehr gelingt. Der Boden beginnt schon beim Begehen zu „federn“, die Hände beginnen beim Kneten „schmutzig“ zu werden.

Aussage: Der Wassergehalt nähert sich, vom feuchteren Bereich her, der Ausrollgrenze. Bei der Berechnung über den Wassergehalt der Probe würde sich eine Konsistenzzahl von I_C = 1,0 bis 0,75 ergeben.

Zu diesen Versuchen: Bei Böden im steifplastischen Zustand entwickelt der Wassergehalt schon eine gute Klebwirkung.

Beobachtung zum Boden	Hinweis auf Bodengruppe
Wasserlagerung	
schnelles Zerfallen	SU, UL, UM
langsames Zerfallen	ST, TL
sehr langsames Zerfallen	TM
extrem langsames Zerfallen	TA
Aufrührversuch	
schnelle Klärung	SU, UL, UM
langsame Klärung	ST, TL
Probe lässt sich schlecht aufrühren	TM
Probe lässt sich nicht mehr aufrühren	TA
Anreiben beim Glasrandreibeversuch	
schlecht anhaftend	SU, UL, UM, ST
anhaftend	TL
gut anhaftend	TM
sehr gut anhaftend	TA
Ausrollversuch	
schlecht durchführbar	SU, UL, UM, ST
durchführbar	TL
gut durchführbar	TM, TA

14.5.1.4 Konsistenzbereich „weich“

Beobachtung: Der Boden ist leicht knetbar, quillt aber noch nicht zwischen den Fingern hindurch. Er behält die Form auch bei geringer Belastung oder Erschütterung.

Aussage: Der Wassergehalt ist deutlich niedriger als die Fließgrenze. Bei der Berechnung über den Wassergehalt der Probe würde sich eine Konsistenzzahl von I_C = 0,75 bis 0,5 ergeben.

Zu diesen Versuchen: Bei Böden im weichen Zustand entwickelt der Wassergehalt eine sehr hohe Klebwirkung. Versuche lassen sich in diesem Zustand mit am besten durchführen.

Beobachtung zum Boden	Hinweis auf Bodengruppe
Wasserlagerung	
sehr schnelles Zerfallen	SU, UL, UM, ST
schnelles Zerfallen	TL
langsames Zerfallen	TM
sehr langsames Zerfallen	TA
Anreiben beim Glasrandreibeversuch	
anhaftend	SU, UL, UM, ST
gut anhaftend	TL
sehr gut anhaftend	TM, TA
Ausrollversuch	
durchführbar	SU, UL, UM, ST
gut durchführbar	TL
sehr gut durchführbar	TM, TA

14.5.1.5 Konsistenzbereich „breiig"

Beobachtung: Der Boden ist nur eingeschränkt begehbar! Er quillt beim Zusammenpressen in der Hand zwischen den Fingern hindurch. Eingedrückte Vertiefungen oder anderweitig geschaffene Formen bleiben ohne Belastung oder Erschütterungen weitgehend erhalten. Bei schon geringer Krafteinwirkung oder leichten Erschütterungen treten jedoch sofort Verformungen ein.

Aussage: Der Wassergehalt ist niedriger als die Fließgrenze. Bei der Berechnung über den Wassergehalt der Probe würde sich eine Konsistenzzahl I_C = 0,5 bis 0 ergeben.

Zu diesen Versuchen: Bei Böden im breiigen Zustand ist die Klebwirkung des Wassers bereits eingeschränkt. Versuche lassen sich in diesem Zustand teilweise nur mit Einschränkungen durchführen.

Beobachtung zum Boden	Hinweis auf Bodengruppe
Wasserlagerung	
nicht durchführbar	SU, UL, UM, ST
sehr schnelles Zerfallen	TL
schnelles Zerfallen	TM
langsames Zerfallen	TA
Anreiben beim Glasrandreibeversuch	
nicht durchführbar	SU, UL, UM, ST
schlecht anhaftend	TL
anhaftend	TM
gut anhaftend	TA
Ausrollversuch	
nicht durchführbar	SU, UL, UM, ST
schlecht durchführbar	TL
durchführbar	TM, TA

14.5.1.6 Konsistenz „flüssig“

Beobachtung: Nur eingeschränkt begehbar, bis über den Knöchel einsinken ist möglich. Eine Probe kann sich auf fester, glatter Unterlage ohne Einwirkung ausbreiten. Eingedrückte Vertiefungen schließen sich wieder. Der Boden ist nicht formstabil.

Aussage: Der Wassergehalt ist höher als die Fließgrenze. Bei der Berechnung über den Wassergehalt der Probe würde sich eine negative Konsistenzzahl $I_C < 0$ ergeben.

Zu diesen Versuchen: Bei Böden im flüssigen Zustand ist die Klebwirkung des Wassers sehr eingeschränkt oder schon aufgehoben. Versuche sind sehr eingeschränkt möglich.

Beobachtung zum Boden **Anreiben beim Glasrandreibeversuch**	**Hinweis auf Bodengruppe**
nicht durchführbar	SU, UL, UM, ST, TL
schlecht anhaftend	TM
anhaftend	TA

14.5.2 Böden im zuvor bearbeiteten Zustand

In diesem Kapitel wird Boden behandelt, der zuvor bei unterschiedlichen Konsistenzen bearbeitet oder belastet wurde. Es ist davon auszugehen, dass der Boden gut bis sehr gut verdichtet sein kann und dass dadurch auch vegetationstechnisch schädigende Verdichtungen entstanden sein können.

Der jetzt im halbfesten oder festen Zustand befindliche Boden ist zuvor im plastischen/flüssigen Zustand bearbeitet beziehungsweise belastet worden. Zwischen Bearbeitung und Untersuchung ist der Boden entsprechend ausgetrocknet. Bei den plastischen (steif, weich, breiig) und den flüssigen Zuständen werden die Versuche dagegen umgehend durchgeführt.

14.5.2.1 Konsistenz „fest“

Beobachtung: Der Boden zeigt ein block- oder scherbenartiges Gefüge sowie eine helle Färbung. Bei Bearbeitung kann er nur noch in einzelne, fest zusammenhängende Blöcke zerteilt, zerbrochen oder zerschlagen werden.

Aussage: Der Boden ist trockener als die Schrumpfgrenze. Bei der Berechnung über den Wassergehalt der Probe würde sich eine Konsistenzzahl I_C von **deutlich** über 1,0 ergeben.

Zu diesen Versuchen: Der Boden wurde zuvor im plastischen oder flüssigen Zustand bearbeitet/belastet, dann ist er bis zur festen Konsistenz ausgetrocknet und jetzt erfolgen die Versuche.

Beobachtung zum Boden **Trockenfestigkeit**	**Hinweis auf Bodengruppe**
leicht zerdrückbar	SU, UL, UM
zerdrückbar	ST
schwer zerdrückbar	TL
sehr schwer zerdrückbar	TM
nur zerbrechbar	TA

Ritzversuch	
leicht möglich	SU, UL, UM
möglich	ST
schwierig	TL
sehr schwierig	TM
nicht möglich	TA
Versuch Wassertropfen	
ziehen in den Boden ein	SU, UL, UM, ST
ziehen langsam in den Boden ein	TL
ziehen sehr langsam in den Boden ein	TM
ziehen extrem langsam in den Boden ein	TA
Wasserlagerung	
schnelles Zerfallen	SU, UL, UM
relativ schnelles Zerfallen	ST
langsames Zerfallen	TL
sehr langsames Zerfallen	TM
extrem langsames Zerfallen	TA

14.5.2.2 Konsistenz „halbfest"

Beobachtung: Farbaufhellung beginnt. Der Boden kann noch zum Klumpen zusammengeballt werden, man kann ihn aber nicht mehr ohne Rissbildung kneten. Er zerbröckelt beim Ausrollen zu dünnen Walzen (etwa Bleistiftstärke). Klumpen zerkrümeln unter Druck mit der Hand. Der anstehende Boden zerkrümelt bei der Bearbeitung (Lösen, Laden, Lockern).

Aussage: Der Wassergehalt entspricht der Ausrollgrenze oder ist niedriger (trockener) als diese. Bei der Berechnung über den Wassergehalt der Probe würde sich eine Konsistenzzahl I_C von über 1,0 ergeben.

Zu diesen Versuchen: Der Boden wurde zuvor im plastischen oder flüssigen Zustand bearbeitet/belastet, dann ist er bis zur halbfesten Konsistenz ausgetrocknet und jetzt erfolgen die Versuche. Der Boden haftet immer noch sehr fest zusammen.

Beobachtung zum Boden	**Hinweis auf Bodengruppe**
Wasserlagerung	
schnelles Zerfallen	SU, UL, UM
langsames Zerfallen	ST, TL
sehr langsames Zerfallen	TM
extrem langsames Zerfallen	TA
Reibeversuch	
Boden lässt sich gut krümeln	SU, UL, UM, ST
Boden lässt sich krümeln	TL
Boden lässt sich schlecht krümeln	TM
Boden lässt sich sehr schlecht krümeln	TA

14.5.2.3 Konsistenzbereich „steif"

Beobachtung: Der Boden lässt sich nur noch schwer kneten und zeigt dabei eventuell bereits leichte Risse. Er kann jedoch noch ohne zu zerbröckeln zu dünnen Walzen (etwa Bleistiftstärke) ausgerollt werden. Eine Wiederholung des Ausrollens trocknet den Boden häufig schon so aus, dass eine Walzenbildung nicht mehr gelingt.

Aussage: Der Wassergehalt nähert sich, vom feuchteren Bereich her, der Ausrollgrenze. Bei der Berechnung über den Wassergehalt der Probe würde sich eine Konsistenzzahl von I_C = 1,0 bis 0,75 ergeben.

Zu diesen Versuchen: Der Boden wurde zuvor im steifen Zustand bearbeitet/belastet. In diesem Zustand erfolgen jetzt die Versuche. Der Wassergehalt entwickelt eine sehr gute Klebwirkung.

Beobachtung zum Boden	**Hinweis auf Bodengruppe**
Wasserlagerung	
langsames Zerfallen	SU, UL, UM
sehr langsames Zerfallen	ST, TL
extrem langsames Zerfallen	TM
kein Zerfallen	TA
Aufrührversuch	
langsame Klärung	SU, UL, UM
Probe lässt sich schlecht aufrühren	ST, TL
Probe lässt sich nicht mehr aufrühren	TM, TA
Anreiben beim Glasrandreibeversuch	
anhaftend	SU, UL, UM, ST
gut anhaftend	TL
sehr gut anhaftend	TM
extrem gut anhaftend	TA
Ausrollversuch	
schlecht durchführbar	SU, UL, UM, ST
durchführbar	TL
gut durchführbar	TM, TA

14.5.2.4 Konsistenzbereich „weich“

Beobachtung: Der Boden ist leicht knetbar, quillt aber nicht mehr zwischen den Fingern hindurch. Er behält die Form auch bei geringer Belastung oder Erschütterung.

Aussage: Der Wassergehalt ist deutlich niedriger als die Fließgrenze. Bei der Berechnung über den Wassergehalt der Probe würde sich eine Konsistenzzahl von I_C = 0,75 bis 0,5 ergeben.

Zu diesen Versuchen: Der Boden wurde zuvor im weichen Zustand bearbeitet/belastet. In diesem Zustand erfolgen jetzt die Versuche. Der Wassergehalt entwickelt eine sehr gute Klebwirkung. Versuche lassen sich in diesem Zustand mit am besten durchführen.

Beobachtung zum Boden	**Hinweis auf Bodengruppe**
Wasserlagerung	
sehr schnelles Zerfallen	SU, UL, UM
schnelles Zerfallen	ST
langsames Zerfallen	TL
sehr langsames Zerfallen	TM
extrem langsames Zerfallen	TA

Anreiben beim Glasrandreibeversuch	
gut anhaftend	SU, UL, UM, ST
sehr gut anhaftend	TL
extrem gut anhaftend	TM, TA
Ausrollversuch	
durchführbar	SU, UL, UM, ST
gut durchführbar	TL
sehr gut durchführbar	TM, TA

14.5.2.5 Konsistenzbereich „breiig“

Beobachtung: Erster Eindruck: Könnte Schlamm sein – besser nicht betreten! Der Boden quillt beim Zusammenpressen in der Hand zwischen den Fingern hindurch. Eingedrückte Vertiefungen oder anderweitig geschaffene Formen bleiben ohne Belastung oder Erschütterungen weitgehend erhalten. Schon bei geringer Krafteinwirkung oder leichten Erschütterungen treten jedoch sofort Verformungen ein.

Aussage: Der Wassergehalt ist niedriger als die Fließgrenze. Bei der Berechnung über den Wassergehalt der Probe würde sich eine Konsistenzzahl $I_C = 0{,}5$ bis 0 ergeben.

Zu diesen Versuchen: Der Boden wurde zuvor im breiigen Zustand bearbeitet/belastet. In diesem Zustand erfolgen jetzt die Versuche. Bei diesen Böden ist die Klebwirkung des Wassers bereits sehr eingeschränkt. Versuche lassen sich in diesem Zustand teilweise nur mit Einschränkungen durchführen.

Beobachtung zum Boden	Hinweis auf Bodengruppe
Wasserlagerung	
sehr schnelles Zerfallen	SU, UL, UM, ST
schnelles Zerfallen	TL
langsames Zerfallen	TM
sehr langsames Zerfallen	TA
Anreiben beim Glasrandreibeversuch	
schlecht anhaftend	SU, UL, UM, ST
anhaftend	TL
gut anhaftend	TM
sehr gut anhaftend	TA
Ausrollversuch	
nicht durchführbar	SU, UL, UM, ST
schlecht durchführbar	TL
durchführbar	TM, TA

14.5.2.6 Konsistenz „flüssig“

Beobachtung: Schlamm, Matsch – nur eingeschränkt begehbar, bis über die Knöchel einzusinken ist möglich. Gegebenenfalls sind sehr tiefe Arbeitsspuren vorhanden (von zuvor festgefahrenen Arbeitsgeräten und Maschinen). Der Boden wirkt sehr matschig. Eine Probe kann sich auf fester, glatter Unterlage ohne Einwirkung ausbreiten. Eingedrückte Vertiefungen schließen sich wieder. Der Boden ist nicht formstabil.

Aussage: Der Wassergehalt ist höher als die Fließgrenze. Bei der Berechnung über den Wassergehalt der Probe ergibt sich eine negative Konsistenzzahl.

Zu diesen Versuchen: Der Boden wurde zuvor im flüssigen Zustand bearbeitet/belastet. In diesem Zustand erfolgen jetzt die Versuche. Bei diesen Böden ist die Klebwirkung des Wassers schon aufgehoben. Versuche sind sehr eingeschränkt durchführbar.

Beobachtung zum Boden	**Hinweis auf Bodengruppe**
Anreiben beim Glasrandreibeversuch	
nicht durchführbar	SU, UL, UM, ST, TL
schlecht anhaftend	TM
anhaftend	TA

15 VERSUCHE ZUR ABSCHÄTZUNG DES WASSERGEHALTS

Der veränderliche Wassergehalt im Boden dient zusammen mit anderen Parametern zur Beschreibung des Bodens. Wasser ist zudem auch eine der stärksten Einflussgrößen in Bezug auf die Bodeneigenschaften.

Sollen Böden bearbeitet werden, dann ist die Kenntnis des richtigen Wassergehaltes wichtig, denn nur so lassen sich Folgeschäden vermeiden beziehungsweise Wirkungen voraussehen. In einigen Fällen reichen schon grobe Erkennungsverfahren aus, bei anderen muss (aufwendigere) Versuchstechnik angewendet werden.

Die Formel für den Wassergehalt lautet: $w = m_w / m_t$, wobei m_w die Masse des Wassers und m_t die Masse der trockenen Bodenbestandteile anzeigt. Das Ergebnis ist dimensionslos, kann aber auch (mit 100 multipliziert) als Prozentzahl angegeben werden.

15.1 Gefühlsmäßige Abschätzung

Nach Gefühl wird der Wassergehalt durch den Tastsinn abgeschätzt. Das Ergebnis ist meist unzureichend, besser feststellbar ist näherungsweise nur der Sättigungsgrad. Mit nachfolgender Tabelle werden etwas genauere Ergebnisse erzielt. Voraussetzung ist allerdings die Kenntnis der Bodenart!

Tab. 15.1-1: Wassergehalte unterschiedlicher Bodenarten

Bodenart	Wassergehalt [%]
a) nicht bindige Böden:	
Kiese, Grobsande – erdfeucht	1 bis 3
Mittelsande – erdfeucht	1 bis 5
Feinsande – erdfeucht	10 bis 15
Kiese und Sande – gesättigt	rund 20
b) bindige Böden:	
tonige Sande, Schluffe – erdfeucht	10 bis 25
plastische Tone – erdfeucht	20 bis 30
hochplastische Tone – erdfeucht	30 bis 80
gesättigte bindige Böden	bis rund 300
c) organische Böden:	
organische Schluffe	40 bis 80
organische Tone	50 bis 150
gesättigte organische Böden (z. B. Torfe)	bis rund 800

Die Tabelle hat unter a) und b) noch die interne Unterteilung in „erdfeucht“ und „gesättigt“. Erdfeucht stellt sich jedem etwas anders dar, gesättigt ist dagegen ein klar definierter Begriff: Er bezeichnet das maximale Wasserfesthaltevermögen eines Bodens, das heißt die Obergrenze des Wassergehalts. Darüber hinaus muss ein Boden das „Mehr“ an Wasser abgeben, es läuft ab.

Solange eine Bodenart klar erkennbar ist, kann die Bestimmung von Wassergehalten noch relativ einfach sein, normalerweise liegen aber Mischungen von Bodenarten vor.
Beispiel: Erdfeuchter Oberboden = Mischung zwischen viel a) Feinsand und wenig c) organischem Schluff.
Vorgehensweise:
Der Wassergehalt liegt aufgrund des Feinsandes bei 10 bis 15 %, da aber im organischen Material mehr Wasser gespeichert werden kann (nicht nur am, sondern auch noch „im Korn“), muss der Wassergehalt zwangsweise höher sein! Wie hoch er ist, liegt außer am geschätzten Anteil der organischen Substanz (normalerweise zwischen 2 und 5 %), am subjektiv empfundenen „Erdfeucht“. Der Wassergehalt könnte also durchaus zwischen 10 und 25 % liegen und das ist schon für einen so „einfachen“ Boden eine zu große Spanne für weitergehende Betrachtungen.

15.2 Abbrennen, Trocknung

Um genaue Wassergehalte zu ermitteln, müssen also Versuche durchgeführt werden. Vorgestellt werden hier zwei einfache Methoden. Voraussetzung ist in jedem Fall eine adäquate Waage.
Einfachversuche: Geeignet für schwach bindige Böden und nicht bindige Böden ohne organische Bestandteile.

a) Abbrennen einer kleinen Probe

Tab. 15.2-1: Abbrennen

Hilfsmittel	Kleines Metallgefäß, Esslöffel, Brennspiritus, Feuerzeug
Durchführung	1. Auswiegen des leeren Behälters. 2. Einfüllen der Probe. 3. Auswiegen von Probe + Behälter. 4. Zugabe von Spiritus. 5. Anzünden. 6. Umrühren (lockern), wenn die Flamme kleiner wird.
Beobachtung	Auswiegen von Probe + Behälter (nach Abkühlung). Die Vorgänge 4 bis 6 sollten so oft wiederholt werden, bis eine Wägekontrolle keine Massenveränderung mehr anzeigt.

b) Trocknung über offenem Feuer

Tab. 15.2-2: Trocknung

Hilfsmittel	Metallgefäß, Esslöffel, Ofen, Spiritus- oder Gaskocher, Feuerzeug
Durchführung	1. Auswiegen des leeren Behälters. 2. Einfüllen der Probe. 3. Auswiegen von Probe + Behälter. 4. Ständiges Umrühren.
Beobachtung	Auswiegen von Probe + Behälter (nach Abkühlung). Der Vorgang 4 sollte so oft wiederholt werden, bis eine Wägekontrolle keine Massenveränderung mehr anzeigt.

15.3 Ofentrocknung, Mikrowelle

Die Wassergehaltsbestimmung durch Trocknung in handelsüblichen Öfen (Ofentrocknung) und/oder Mikrowellen entspricht in Durchführung und Auswertung genau dem Laborversuch mithilfe eines Trockenschrankes. Der einzige Unterschied besteht darin, dass die Probemengen, besonders bei der Mikrowelle, begrenzt sind.

Tab. 15.2-3: Trocknung

Hilfsmittel	Backofen (Metallgefäß), Mikrowelle (Porzellanschale, Tupperschale)
Durchführung	1. Auswiegen des leeren Behälters. 2. Einfüllen der Probe. 3. Auswiegen von Probe + Behälter.
Beobachtung	Auswiegen von Probe + Behälter (nach Abkühlung). Der Vorgang 3 sollte so oft wiederholt werden, bis eine Wägekontrolle keine Massenveränderung mehr anzeigt.

16 VERSUCHE ZUR DICHTE

In diesem Kapitel werden die theoretischen Grundlagen zur Dichte, die einfachen Feldversuche mit ihren Hilfsmitteln sowie auch einfache Berechnungsbeispiele vorgestellt.

16.1 Definition

Wenn festgestellt werden soll, was ein Kubikmeter Boden wiegt (zur Massenermittlung), zu wie viel Prozent dieser verdichtet ist (Verdichtungsgrad), wie viel Hohlräume (Porenanteile) er enthält und zu wie viel Prozent er mit Wasser gefüllt ist (Sättigungszahl), dann ist die Dichte des jeweiligen Bodens zu ermitteln.

Die Bestimmung der Dichte im Feld ist für die Beurteilung bautechnischer und vegetationstechnischer Eigenschaften **gleichermaßen** wichtig. Die Ausführung ist dort einfach, wo der Boden standfest ist, und entsprechend schwierig (oder unmöglich), wo nicht bindige Böden zu locker und bindige Böden zu weich sind.

Definition der Dichte
Masse der Bodenbestandteile geteilt durch das Volumen, welches diese einnehmen.

Da der Boden ein Dreistoffgemisch bildet (Festmasse, Wasser und Luft), ergeben sich infolgedessen auch drei unterschiedliche Dichten. Die Einheit wird in g/cm^3 oder t/m^3 dargestellt:

1) **Korndichte** – Masse aller „Körner“, dividiert durch das Volumen, das sie einnehmen
   $\rho_s = m_t / V$ **eine** Komponente (Körner)

2) **Feuchtdichte** – Masse aller „Körner“ + Wasser + Luft, dividiert durch das Volumen, das sie einnehmen
   $\rho = m_f / V$ **drei** Komponenten (Körner, Wasser und Luft)

3) **Trockendichte** – Masse aller „Körner“ + Luft, dividiert durch das Volumen, das sie einnehmen
   $\rho_d = m_t / V$ **zwei** Komponenten (Körner und Luft)

Da die beiden letztgenannten Dichten über den Wassergehalt (w) in Beziehung stehen, verändert sich die Formel zur Trockendichte in

$$\rho_d = \rho / (1 + w).$$

Hinweise zur Anwendung:
Massenermittlung (m_f): Einfachstes und schnellstes Ergebnis einer Dichtebestimmung. Es wird ermittelt, was ein beliebiges Bodenvolumen im feuchten Zustand wiegt.
Verdichtungsgrad (D_{Pr}): Er gibt das Verhältnis der im Gelände vorhandenen Trockendichte zur maximal möglichen Trockendichte dieses Bodens an. Wer die maximal mögliche Trockendichte des Bodens, die sogenannte Proctordichte, genau bestimmen möchte, muss einen Proctorversuch im Labor durchführen lassen (siehe Kap. 8). Eine grobe Abschätzung wird in Kapitel 16.4 vorgestellt.
Porenanteil (n): Angabe zum gesamten Hohlraumvolumen im Boden. Durch weitere Berechnungen kann bestimmt werden, wie viel davon mit Wasser beziehungsweise mit Luft gefüllt ist. Die Korndichte muss dazu bekannt sein!
Sättigungszahl (S_r): Kenntnis, zu wie viel Prozent das Hohlraumvolumen eines Bodens mit Wasser gesättigt ist.

16.2 Bestimmung der Korndichte (ρ_s)

Die Bestimmung der Korndichte dient weiterführenden Berechnungen.

16.2.1 Abschätzung ohne Versuche

Die Korndichte des Baugrundes lässt sich relativ gut nach Tabelle 16.2-1 abschätzen. Hierbei richtet sich die Korndichte des Oberbodens, abgesehen von ihrem mineralischen Anteil, nach dem Anteil der organischen Substanz. Je höher dieser ist, desto geringer wird die Korndichte. Überschlägig lassen sich (siehe Beispiel) Korndichten von Oberböden berechnen. Aber Vorsicht bei zusammengemischten Böden, es könnten noch andere Materialien (wie z. B. Lava) enthalten sein, die auf den ersten Blick in einem Oberboden nicht zu erkennen sind.

So wurde ein zusammengemischter Boden aufgrund seines offensichtlich hohen organischen Anteils auf eine Korndichte von ca. 2,5 g/cm^3 falsch eingeschätzt. Eine laborgerechte Überprüfung ergab aber eine Dichte von 2,86 g/cm^3 (!), denn der Boden bestand zu einem Drittel aus Lava (ρ_s > 3,3 g/cm^3), zu knapp zwei Dritteln aus Sand und zu einem Anteil von etwas über 5 % aus organischer Substanz.

Tab. 16.2-1: Abschätzen der Korndichte

Bodenart	Korndichte [g/cm^3]
Sande/Kiese	2,65
Schluffe	2,65 bis 2,70
Tone	2,70 bis 2,80
organische Substanzen	1,20 bis 1,50

Beispiel zur überschlägigen Bestimmung der Korndichte:
Geschätzter Anteil an organischer Substanz eines Sandbodens: ca. 5 %

$$\begin{array}{lrl} \rho_{\text{orgSubst.}} & = 1{,}50 \times 0{,}05 = & 0{,}075 \\ + \rho_{\text{Sand}} & = 2{,}65 \times 0{,}95 = & 2{,}518 \\ \hline & & 2{,}59\ [\text{g/cm}^3] \end{array}$$

16.2.2 Einfachversuch zur Korndichtebestimmung

Geeignet für getrocknete (trockene) Böden ohne bindige (< 2 %) und organische Anteile.

Die zwei folgenden Einfachversuche sind lediglich zur **groben** Einschätzung der Korndichte geeignet. Es sei nur darauf hingewiesen, dass eine genaue, mechanische Untersuchung allein im Labor mittels Kapillarpyknometer oder besser „Multipyknometer" auszuführen ist.

Materialien: Haushaltsmessbecher (2 Liter), Eimer, Schale(n), Stock, Trichter, Wasser

a) Visuelle Volumenbestimmung durch Wasserverdrängung

In einen Haushaltsmessbecher werden, so genau wie möglich, 1000 cm^3 Wasser eingefüllt. Dann wird die zuvor abgewogene trockene Bodenprobe vorsichtig, eventuell mithilfe eines Trichters, dazugegeben – es sollte dabei nicht spritzen. Danach muss die Probe mit einem Stock vorsichtig umgerührt werden, um die Luft aus dem Boden zu entfernen. Wenn sich die Wasseroberfläche beruhigt hat, wird wieder abgelesen. Die Differenz der beiden Ablesungen ergibt dann das Volumen des Bodens (die Summe der Einzelkörner).

Nach dem Versuch wird die Masse der zuvor gewogenen trockenen Probe durch das ermittelte Volumen geteilt = Korndichte.

b) Volumenbestimmung durch Abwiegen der verdrängten Wassermenge

Ein Haushaltsmessbecher wird in eine Schale gestellt und mit Wasser bis zum Rand gefüllt, bei größeren Bodenmengen kann dafür auch ein Eimer verwendet werden. Jetzt wird die zuvor abgewogene Bodenprobe vorsichtig, eventuell mithilfe des Trichters, dazugegeben – es darf dabei nicht spritzen. Das dadurch überfließende, in die Schale gelangte Wasser wird gewogen. Aufgrund der Dichte des Wassers (= 1,0 g/cm³), entspricht die Masse des Wassers dem Volumen.

Nach dem Versuch wird die Masse der trockenen Probe durch das ermittelte Volumen geteilt = Korndichte.

16.3 Einfachversuche zur Dichtebestimmung

Dieses Kapitel befasst sich mit der Feuchtdichte, die vor Ort bestimmt wird. Die für alle weiteren Berechnungen unbedingt notwendige Bestimmung des Wassergehalts ist im Kapitel 15 nachzulesen. Für alle Verfahren zur Massenbestimmung wird eine entsprechende Waage benötigt!

16.3.1 Schürfgrube

Dies ist die einfachste Methode. Benötigt werden nur Spaten (Schaufel, Handschaufel) und Zollstock. Die Bodenentnahme muss so erfolgen, dass **die Kanten des Schurfes nachmessbar sind und die Sohle eben ist**. Jede der Abmessungen wie Länge, Breite und Tiefe sollte durch Mittelwertbildungen aus jeweils mindestens drei Einzelmessungen bestimmt werden. Der gelockerte Boden ist vollständig aus der Grube zu entfernen. Die Größe der Grube ist abhängig vom vorhandenen Größtkorn (siehe Tab. 16.3-1).

Häufig wird dieser Versuch bei einem Größtkorn bis < 100 mm angewendet, denn beispielsweise bei 150 mm Größtkorn müsste eine Grube von > 90 l Inhalt erstellt werden. Der gelockerte Inhalt dieses Loches würde mindestens dreizehn Wassereimer füllen (entspricht einer Schubkarrenfüllung), die dann ausgewogen werden müssten. Bei noch größeren Körnungen sind entsprechende Maschinen zur Bodenentnahme und eine Lkw-Waage zur Massenermittlung in Anspruch zu nehmen.

Tab. 16.3-1: Abhängigkeit von Größtkorn und Mindestvolumen

Größtkorn	Mindestvolumen	Größtkorn	Mindestvolumen
40 mm	1,7 l	150 mm	90 l
50 mm	3,3 l	200 mm	210 l
60 mm	5,7 l	250 mm	410 l
63 mm	6,6 l	300 mm	710 l
70 mm	9,0 l	400 mm	1,7 m³
100 mm	26,0 l	500 mm	3,3 m³

Schürfgruben sollten mindestens eine Grundfläche von 1,5 bis 2,5 m² aufweisen. Sollen Dichtebestimmungen in größeren Tiefen (**oberhalb** des Grundwassers) durchgeführt werden, so sind Gräben auszuheben. Bis 1,25 m Tiefe dürfen sie ohne Abstützung, auch mit steilen Wänden, erstellt werden (siehe DIN 4124). Darüber hinaus – sie können bis zu 5 m tief werden – müssen sie fachgerecht abgestützt werden. Sie dienen zur unmittelbaren Einsichtnahme in den Schichtenaufbau und zur Entnahme von gestörten und ungestörten Bodenproben.

Sind die Gräben auf ihre endgültige Tiefe gebracht, so können in der Böschung, von oben beginnend, Stufen ausgehoben und aus ihnen Proben entnommen werden. Die Erkenntnisse aus Schürfgruben sind besonders wertvoll, da sie im Gegensatz zu Bohrlöchern aus unmittelbarer Anschauung herrühren.

Abb. 16.3-1 Bis in den Baugrund reichende, zum Teil abgetreppte und 1,25 m tiefe Schürfgrube. Der Oberboden reicht bis in etwa 40 cm Tiefe, darunter befinden sich unterschiedliche Schichtungen.

16.3.2 Ausstechzylinder-Verfahren

Ein Ausstechzylinder ist ein runder Hohlkörper (Rohr) mit einer geschärften Kante, dessen Volumen, durch Ausmessen mit einem Messschieber (Schieblehre) und anschließende Berechnung ($V = (d^2 \times \pi / 4) \times h$), meistens vorher schon bekannt ist. Als Vorbereitung muss eventuell der Bewuchs entfernt und mithilfe eines Stahllineals die Oberfläche abgezogen werden.

Nach DIN 18125-2 wird ein Metallzylinder mit einem Volumen von ca. 860 cm^3 und einer Höhe von 12 cm mittels Führungsrohr auf einer Grundplatte mit einer Schlaghaube soweit in den Boden getrieben, bis der obere Zylinderrand ca. 1 cm im Boden ist (Ausstechzylinder mit einem Volumen von ca. 360 cm^3 und einer Höhe von 5 cm für geringere Schichtstärken sind ebenfalls im Handel erhältlich, aber nicht normgerecht).

Nun wird der Zylinder etwa zu einem Drittel bis zur Hälfte rundherum freigelegt, er sollte dabei aber nicht berührt werden (seitlich daran vorbeigraben!). Nachdem mit einem Stahllineal vorsichtig der Bodenüberstand am Zylinder oben abgezogen ist, wird der obere Deckel aufgesetzt. Nun wird der Ausstechzylinder soweit freigelegt, dass an einer Seite der untere Rand gesehen werden kann. Bei standfesten Böden wird die Schaufel oder der Spaten knapp unter den Rand geschoben und sodann der Zylinder herausgehoben. Er wird anschließend, mit dem Spatenblatt zusammen, vorsichtig umgedreht. Danach wird die untere Seite abgezogen und mit dem zweiten Deckel verschlossen. Bei lockeren Böden sollte ein Ausstechblech (ein ca. 11 cm breites, im 90°-Winkel abgeknicktes Metallblech mit geschärftem Rand) verwendet werden, das knapp unter den unteren Rand geschoben wird. Dabei darf der Boden nicht erschüttert werden – dieses ist unkritisch, **nachdem** beide Deckel auf dem Zylinder sind. Zur Massenermittlung des Bodens muss dann natürlich das vorher ermittelte Gewicht des Zylinders mit Deckeln abgezogen werden.

In Anlehnung an die Norm, die aufgrund der Zylindergröße nur für Böden bis 2 mm Größtkorn gilt, können Ausstechzylinder natürlich auch in beliebiger Größe selbst hergestellt werden, um auch grobkörnigere Böden oder größere Schichtstärken zu erfassen. Auch das Material muss nicht unbedingt Metall sein, Rohre aus Kunststoff sind beispielsweise sehr gut dafür geeignet (Reststücke aus dem Kanalbau mit verschiedenen Nennweiten).

Mit dem Ausstechzylinderverfahren können **ungestörte** Bodenproben gewonnen werden, weil bei vorsichtiger Handhabung nur der Rand des Zylinders belastet wird – und der Boden innerhalb der Wandung dabei **ungestört** bleibt!

Abb. 16.3-2 Geräte zur Dichtebestimmung mit dem Ausstechzylinder bzw. für die Entnahme einer ungestörten Bodenprobe: unter anderem großer und kleiner Ausstechzylinder mit Deckeln nach DIN-Norm und ein selbstgefertigter überlanger Zylinder aus PVC.

Abb. 16.3-3 Der Ausstechzylinder wird nach Entfernung des Bewuchses mittels Hauklotz und Fäustel senkrecht in den Boden getrieben. Es ist darauf zu achten, dass keine Steine im Boden sind!

Abb. 16.3-4 Der Zylinder ist zur Gänze eingetrieben und mit dem Stahllineal abgezogen. Dabei ist darauf zu achten, dass der Zylinder die letzten Millimeter vorsichtig eingetrieben wird, um Verdichtungen zu vermeiden.

Abb. 16.3-5 Der Zylinder ist circa zur Hälfte freigegraben.

Abb. 16.3-6 Der obere Deckel wurde auf den Zylinder gesetzt.

Abb. 16.3-7 Der Spaten ist zum Heraushebeln knapp unter den unteren Rand des Zylinders geschoben worden. Beides muss zusammen umgedreht werden!

Abb. 16.3-8 Umgedrehter Ausstechzylinder, es folgen das Abziehen mit dem Stahllineal, das Säubern und das Aufsetzen des unteren Deckels.

Abb. 16.3-9 Abschließendes Auswiegen des Ausstechzylinders mit Deckeln.

Anstelle der Gerätschaften nach DIN reichen auch ein Kantholz (starkes Brett) und ein Fäustel aus. Beim Eintreiben darf aber gegen Ende nicht zu stark geschlagen werden, weil sonst der Boden unter dem Kantholz verdichtet wird!

Beispiel:

feuchte Probe + Ausstechzylinder + beide Deckel	2160,9 g
Masse Zylinder + beide Deckel	630,2 g
feuchte Probe	1530,7 g
Volumen des Ausstechzylinders	866,78 cm^3
Feuchtdichte	**1,766 g/cm^3**

16.3.3 Ersatzverfahren

Sie werden so genannt, weil das entnommene Bodenmaterial unbekannter Dichte durch ein Material bekannter Dichte **ersetzt** wird. Anwendung finden die Ersatzverfahren bei Körnungen **bis 63 mm**. Als Vorarbeiten sind der Bewuchs zu entfernen und die Fläche mit einem Stahllineal waagerecht (!) zu ebnen.

Die Verfahren (nach DIN 18125-2) sind das Densitometerverfahren (Ballon-Verfahren), das Sandersatzverfahren, Gipsersatzverfahren und Flüssigkeitsersatzverfahren.

Da das Densitometer- und das Sandersatzverfahren relativ kostspielig sind und das Gipsersatzverfahren zu umständlich und langwierig ist, wird hier nur auf das im Rahmen dieses Buches sehr gut geeignete Flüssigkeitsersatzverfahren hingewiesen.

Vereinfachtes Flüssigkeitsersatzverfahren

Dieses ist von allen Verfahren das universellste, es kann für fast beliebig große Volumen und alle Bodenverhältnisse angewendet werden. Das Bodenmaterial unbekannter Dichte wird durch ein Material bekannter Dichte, nämlich durch Wasser (Dichte $\rho_w = 1{,}0$ t/m^3), ersetzt!

Voraussetzung ist immer, dass die obersten Bodenzentimeter entfernt werden und die Oberfläche für die Ringplatte waagerecht eingeebnet wird. Innerhalb der Ringplatte wird nun der Boden verlustfrei ausgehoben, in einen Eimer gefüllt und anschließend ausgewogen. Dann wird die Grundplatte entfernt, die Folie vorsichtig hineingelegt und die Grundplatte wieder, möglichst genau, auf die vorherige Position gelegt. Zur Volumenbestimmung wird nun mithilfe des Messbechers (notfalls kann auch eine Halb- oder Literflasche genommen werden) solange Wasser hineingegeben, bis der Wasserspiegel bis zur Unterkante der Grundplatte reicht. Besser ist es, die einzufüllende Wassermenge vorab zu wiegen. Da die Dichte des Wassers 1,0 g/cm^3 beträgt, entspricht die abgewogene und eingefüllte Menge dem Volumen – diese Methode ist auch am genauesten.

Abb. 16.3-10 Gegenstände für das Flüssigkeitsersatzverfahren: Spaten, Fäustel (hier nicht abgebildet), Stahllineal, Brotmesser, kleine Handschaufel, „Zollstock", Messbecher, Schere, Wasserwaage, Wassereimer, Wasserballon, Ringplatte (nach DIN oder selbst gefertigte aus Sperrholz oder Kunststoff), Folie bzw. Müllsack.

Abb. 16.3-11 Nachdem der Bewuchs entfernt und die Oberfläche mit dem Stahllineal geglättet wurde, wird nun kontrolliert, ob die Fläche waagerecht ist.

Abb. 16.3-12 Die Ringplatte muss „satt" aufliegen! Um nicht die ganze Zeit mit den Füßen die Ringplatte fixieren zu müssen, können in die Löcher ca. 15 cm lange Nägel eingetrieben werden.

Abb. 16.3-13 Innerhalb der Ringplatte wird nun der Boden entnommen. Das Brotmesser dient zum Lockern und Nachstechen der Kanten bzw. der Wandung.

Abb. 16.3-14 Die Grube ist bis zur gewünschten Tiefe fertiggestellt, der entnommene Boden wurde restlos (!) in den Eimer gefüllt.

Abb. 16.3-15 Die Grube ist zur Volumenbestimmung fertig: ca. 17 cm tief, die Kanten fast senkrecht, der Inhalt (alle gelockerten Bodenteile) ist im bereitgestellten Eimer.

Abb. 16.3-16 Nachdem die Folie so in die Grube gelegt wurde, dass sie sich ausdehnen kann, wird die Ringplatte passgenau (!) wieder aufgelegt. Es konnten anschließend 3679 cm³ Wasser eingefüllt werden.

HINWEIS

Wer keine genormte Ringplatte besitzt (Innendurchmesser ca. 20 cm), kann sich aus Blech, Kunststoff und, für den einmaligen Gebrauch, selbst aus Pappe beliebig große Ringplatten selber bauen. Faustregel für die Bemessung des Innendurchmessers: Größtkorn × π (ca. drei). Für Körnungen > 63 mm muss dann aber die Tabelle 16.3-1 beachtet werden!

Beispiel eines Oberbodens:

feuchte Probe + Behälter	5512 g
Masse Behälter	284 g
feuchte Probe	5228 g
Volumen (durch Auswiegen)	3679 cm³ (3679 g)
Feuchtdichte	**1,421 g/cm³**

16.4 Abschätzung der Intensität einer Verdichtung

Den Rahmen dieses Buches würde eine Beschreibung des Ablaufs eines Proctorversuchs sprengen, aber eine kurze Einführung ist dennoch erforderlich. Bei einem Proctorversuch wird im Labor festgestellt, bei welchem Wassergehalt (w_{Pr}) ein Boden optimal verdichtet werden kann. Diese maximale Verdichtung (in g/cm^3 oder t/m^3) dient als Vergleichsmaß (100-%-Wert) zu weiteren wichtigen Berechnungen (siehe Kap. 8).

Dieser relativ teure und aufwendige Versuch kann nur in grober Näherung „eingespart" werden, wenn über Feldversuche der Boden nach DIN 18196 benannt wurde. Dann können die ungefähren Proctordichtewerte mit den dazugehörenden Wassergehalten aus den Tabellen (siehe Kap. 20.3) entnommen werden.

Alternativ kann die maximal erreichbare Dichte mit einem einfachen Feldversuch ermittelt werden.

Feldversuch zur näherungsweisen Ermittlung der maximal erreichbaren Dichte
Um einen Proctordichtewert abzuschätzen, kann nach dem Ausstechzylinderverfahren (Abschnitt B, Kap. 16.3.2) vorgegangen werden. Anhand dieses Feldversuchs können noch vor Ort Entscheidungen zu Eignungen und weiteren Vorgehensweisen bei Baumaßnahmen getroffen werden.

Die beschriebene Vorgehensweise ersetzt aber **keinesfalls** die Ermittlung von Proctordichten im Labor!

Methode 1: Der zu prüfende Boden wird im eingebauten oder vorliegenden Zustand mit dem, was zur Verfügung steht, verdichtet (z. B. auf der Stelle herumtreten – als einfachste Technik).

Anschließend wird das Ausstechzylinderverfahren an dieser Stelle angewendet.

Methode 2: Der zu prüfende Boden wird entnommen, in den Ausstechzylinder eingefüllt und anschließend mit einem Hammerstiel verdichtet (gegebenenfalls lagenweise einfüllen und verdichten).

Zur Berechnung der maximal erreichbaren Dichte („Proctordichte") durch den Feldversuch **muss** aber auch der Wassergehalt ermittelt werden. Dieser Wert ist dann jedoch **nicht** der optimale Wassergehalt!

Beispiel zur Berechnung des Verdichtungsgrades:

$$D_{Pr} = (\rho_d / \rho_{Pr}) \times 100$$
$$= (1{,}758 / 1{,}856) \times 100 = 94{,}7\ \%$$

Bewertung:
Der berechnete Verdichtungsgrad ist für einen verdichteten Boden bautechnisch unzureichend. Für Vegetationszwecke ist er dagegen ausreichend gering (locker).

HINWEIS

Durch eigens durchgeführte Vergleiche stellte sich heraus, dass bei Versuchen nach Methode 2 bei optimalem Wassergehalt sogar etwas höhere „Proctordichten" erzielt werden konnten als bei Laborversuchen!

17 VERSUCHE ZUR ABSCHÄTZUNG DER TRAGFÄHIGKEIT

Die Reaktion eines Bodens bei Beanspruchung (Tragfähigkeit) richtet sich nach seinem Leistungsvermögen!

Als einfache Feldmessmethode kann der Befahrungsversuch unmittelbar auf der zu überprüfenden Fläche durchgeführt werden. Er ist im Erd- und Sportplatzbau zur qualitativen Ermittlung der Verformung des Erdplanums unter bestimmter Fahrzeugbelastung anwendbar. Vorteilhaft ist die schnelle und flächendeckende Durchführung des Versuchs. Damit können sehr gut Unterschiede in der Tragfähigkeit aufgedeckt werden.

Der Versuch kann daher als Vorversuch für aufwendigere, aber genauere quantitative Ermittlungen der Tragfähigkeit mit dem Plattendruckversuch (DIN 18134) angewendet werden.

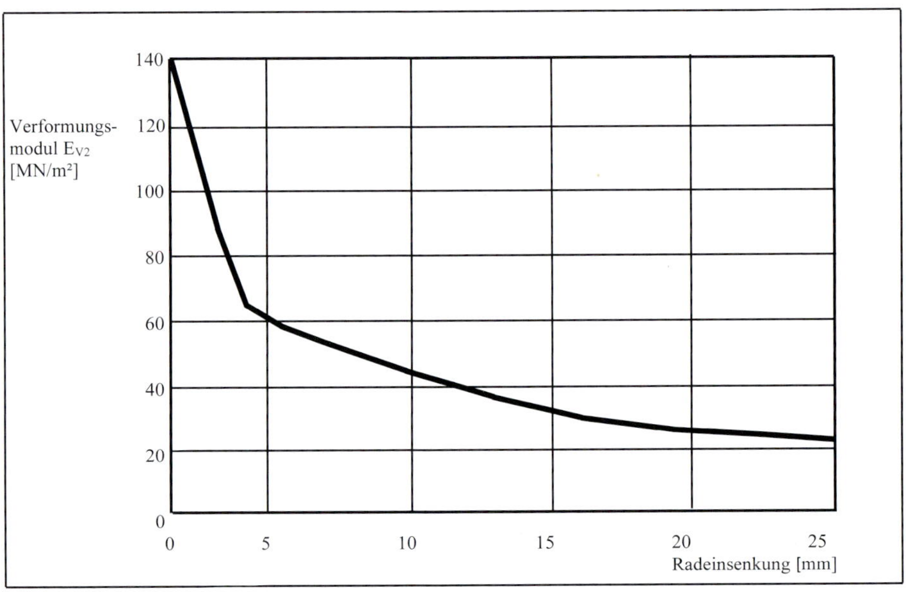

Abb. 17-1 Prüfung der Gleichmäßigkeit der Verformbarkeit von Böden mit einem Befahrungsversuch (in Anlehnung an TP BF-StB, Teil B 9.3, Ausgabe 1983; dieses Regelwerk wurde 2006 ersatzlos gestrichen).

Nach DIN 18035-4 vom Dezember 2018 kann die Tragfähigkeit des Baugrundes durch Befahren mit einem Fahrzeug von etwa 5 t Gesamtgewicht und einem Luftdruck von 2 bis 3 bar in Schrittgeschwindigkeit ermittelt werden. Dabei darf der Abstand der Fahrstreifen höchstens 5 m betragen. Die Tiefe der Fahrspuren wird mit der Richtlatte durch Messung des Abstandes zwischen Lattenunterseite und Sohle der Radspur bestimmt. Aufwölbungen an den Radspurrändern sind zuvor zu entfernen.
Im Baufeld bestehen somit eine einfache und eine aufwendigere Prüfmöglichkeit:

a) Abschätzung der Tragfähigkeit des Planums aus der Tiefe der Fahrspur von Baumaschinen oder Lastkraftwagen
Als grober Maßstab kann die Tiefe von Fahrspuren von Baumaschinen und Lastkraftwagen verwendet werden. Vereinfachend reicht schon die Fahrt mit dem eigenen Pkw über die zu überprüfende Fläche, um zu erkennen, wo Schwierigkeiten zu erwarten sind.

Eine gewisse Kalibrierung der Spurtiefen kann aus dem Vergleich mit fertigen Bereichen anscheinend ausreichender Tragfähigkeit oder dem Vergleich mit Ergebnissen von Plattendruckversuchen im gleichen Objekt erfolgen.

Die so gewonnenen Aussagen gelten natürlich nur für das jeweilige „Versuchsgerät“! Für höhere Belastungen oder andere Versuchsgeräte können nicht unbedingt Analogschlüsse gezogen werden.

b) Näherungsweise Ermittlung des Verformungsmoduls aus dem „Befahrungsversuch“
Mit dem einfachen Verfahren kann aus der Fahrspurtiefe (Radeinsenkung) näherungsweise die Größe des Verformungsmoduls E_{v2} in Abhängigkeit von der Bodenart (beispielsweise nach Abb. 17-1) bestimmt werden.

Folgende Randbedingungen sind für diesen Befahrungsversuch zu beachten:
- Gültigkeitsbereich für den Verformungsmodul zwischen 20 und 140 MN/m².
- Schrittgeschwindigkeit des Versuchsfahrzeugs!
- Radlast des Versuchsfahrzeugs: 5 t.

Exakte Ergebnisse für den Verformungsmodul E_{v2} sind nur vor Ort mit dem Plattendruckversuch (aufwendig und teuer) nach DIN 18134 zu gewinnen!

18 VERSUCHE ZUR WASSERINFILTRATION

Die Wasserinfiltration zeigt auf, ob und wie schnell Wasser in den Boden versickern kann.

18.1 Vorbemerkungen

Es stehen für die Untersuchung der Wasserdurchlässigkeit zwei Feldversuche zur Verfügung: Zum einen der für diesen Zweck nicht genormte Feldversuch mit zwei Messspitzen (in Anlehnung an DIN 18035-5:2007-08, Laborversuch zur Bestimmung der Wasserdurchlässigkeit) und zum anderen der („echte“) Feldversuch (nach DIN 18035-4:2018-12) mit dem Doppelring-Infiltrometer (nach DIN EN 12616:2013-12).

HINWEIS

Um die Wasserdurchlässigkeit versuchstechnisch zu erfassen, bieten sich zwei Möglichkeiten an:
1. Die Prüfung der vor Ort vorhandenen Situation bzw. die Überprüfung der erzielten Lockerung/Verdichtung nach einer Bauausführung und ihre Auswirkungen auf die Wasserbewegungen.

Und (**nur** für Labore):

2. Die Prüfung von gestörten/ungestörten Proben vor beziehungsweise nach einer Bauausführung. Hierunter fallen vor allen Dingen die Versuche/Böden, die einen großen zeitlichen labortechnischen Aufwand (z. T. mehrere Wochen und länger) zur Folge haben.

18.2 Feldversuch – Messspitzen

Er ist gut dafür geeignet, auf relativ schnelle Art und Weise herauszufinden, ob (und ungefähr in welcher Größenordnung) ein Boden wasserdurchlässig ist.

Abb. 18.2-1 Stoppuhr, Ausstechzylinder, Haushaltsbecher mit Wasser, Hauklotz, Ring mit Messspitzen (Differenz von 10 mm der beiden Spitzen), Fäustel.

Abb. 18.2-2 Vor Versuchsbeginn: Messspitzen auf dem Rasen, innerhalb des Zylinders, noch ohne Wasser.

Abb. 18.2-3 Nach Versuchsbeginn: Die obere Messspitze war beim ersten Durchgang schon nach 17 Sekunden zu sehen.

Materialien:

- Ring aus Metall, Durchmesser 40 mm, an dem senkrecht zu seiner Ebene zwei Messspitzen befestigt sind,
- Länge der Messspitzen 55 mm und 45 mm (am gebräuchlichsten),
- großer Ausstechzylinder (d = 100 mm, h = 120 mm),
- Holzbrett und Fäustel (Hammer),
- Stoppuhr,
- Wasser,
- Schere.

Durchführung:

Der Ausstechzylinder wird mit der scharfen Kante nach unten auf die zu prüfende Fläche gestellt und mittels Holzbrett und Fäustel bis etwa zur Hälfte in den Boden getrieben. Danach wird der Ring mit den Messspitzen auf den Boden innerhalb des Ausstechzylinders gelegt (eventuell muss vorher die Vegetation eingekürzt werden). Anschließend wird so viel Wasser vorsichtig in den Zylinder hineingegeben, dass die obere Messspitze knapp bedeckt ist. Es folgt nun ein „Nullversuch", bei dem gewartet wird, bis das Wasser die untere Messspitze erreicht hat. Nun folgen drei Versuche (Durchgänge) jeweils mit Zeitmessung. Die Stoppuhr wird ausgelöst, wenn die obere Messspitze den Wasserspiegel durchstoßen hat. Die Zeit wird gestoppt, wenn dann auch die untere Messspitze den Wasserspiegel durchstößt. Der Wert des letzten Versuches wird für die Berechnung herangezogen!

Anmerkung:

Auf einer geneigten Fläche müssen sich die Spitzen auf einer Ebene befinden.

Berechnung und Auswertung des Ergebnisses (Infiltrationsrate I):

$$I = F / t \quad [mm/h]$$

F = Absinken des Wasserspiegels [mm]
t = Dauer für das Absinken des Wasserspiegels [h]

Beispiel:
Istzustand eines Bodens ohne Verdichtung, 3. Durchgang:

t = 150 s, F = 10 mm
I = (10 / 150) × 3600 = 240 mm/h

Umrechnung in m/s: I = (mm/h) / 1000 / 3600
= (240) / 1000 / 3600
I = $6{,}7 \times 10^{-5}$ m/s

HINWEISE

Dieser einfache Feldversuch eignet sich auch gut zur Demonstration, was Verdichtungen bei einem Boden bewirken können. Zu diesem Zweck reicht es schon aus, auf einer unmittelbar benachbarten Fläche ein paar Mal herumzuspringen (Verdichtung), um dann diesen Versuch dort noch einmal durchzuführen. Es reicht dann bereits ein Versuch aus, ohne Nullversuch (!), um die Auswirkung nachzuweisen. Wünschenswert wäre es oft, dass die Messspitzen nur einen Millimeter auseinander liegen würden, weil der Versuch sonst sehr lange andauern kann!

Beispiel:
Wie zuvor, aber nach einer Verdichtung des Bodens:

t = 1920 s (32 min), F = 10 mm
I = (10 / 1920) × 3600 = 18,7 mm/h

Umrechnung in m/s: I = (mm/h) / 1000 / 3600
= (18,7) / 1000 / 3600
I = $5{,}2 \times 10^{-6}$ m/s

Als Ergebnis daraus ergibt sich eine etwa zehnmal langsamere Wasserdurchlässigkeit als vor der „unprofessionellen" Verdichtung.

HINWEIS

Dieser Feldversuch ist selbstverständlich nur durchführbar, wenn der Zylinder in den Boden eingetrieben werden kann! In Ausnahmefällen kann er auch, wie im nachfolgenden Versuch beschrieben, von außen abgedichtet werden.

18.3 Feldversuch – Doppelring-Infiltrometer

Dieser im Vergleich aufwendige Versuch dient in diesem Buch **nur** der Gegenüberstellung zu Kapitel 18.2. Es handelt sich im Prinzip um die gleiche Vorgehensweise, nur ist sie hier um einiges professioneller, unter anderem dadurch, dass der seitliche Einfluss durch einen zweiten Ring weitgehend ausgeschlossen wird: Da ausschließlich im inneren Ring gemessen wird, kann das Wasser nicht seitlich entweichen.
Der Versuch wird in der DIN EN 12616 vom Dezember 2013 beschrieben.
Wortlaut: Sportböden – Bestimmung der Wasserinfiltrationsrate.
Es gibt **drei Anwendungsbereiche**:

- Verfahren A: Sportböden aus Kunststoffrasen, textilen Belägen, Kunststoff und gebundenen mineralischen Materialien,
- Verfahren B: Naturrasen,
- Verfahren C: ungebundene mineralische Sportböden.

Der Versuch ist außerdem in der DIN 19682 vom Juli 2007 beschrieben.
Wortlaut: Bodenbeschaffenheit – Felduntersuchungen: Bestimmung der Infiltrationsrate mit dem Doppelring-Infiltrometer.

Materialien:

- Innen- und Außenzylinder aus nichtrostendem Stahlblech, Unterkante mit Schneide, sie müssen mindestens 25 cm hoch sein und der Durchmesser des Innenzylinders beträgt im Regelfall 30 cm. Die Toleranzweiten können aber zwischen 28 bis 32 cm betragen. Grund für die sehr großen Grenzabmaße ist, dass sich mehrere Zylinder für einen bequemen Transport ineinanderstecken lassen. Der Durchmesser des Außenzylinders soll jeweils doppelt so groß wie der Durchmesser des Innenzylinders sein.
- Messbrücke, einschließlich Schwimmer mit Messstab (mit 1 mm Genauigkeit),
- Stoppuhr, Ganggenauigkeit ± 1 s,
- Vorschlaghammer, Hauklotz,
- Wasser, ca. 25 bis 30 l für einen (!) Versuch,
- Dichtungsmaterial (Silikongummi, bindige Böden wie TM, besser TA).

HINWEIS

Der Versuch mit dem Doppelring-Infiltrometer dient (nach DIN 18035-4:2018-12) zum Nachweis der Wasserdurchlässigkeit (!) eines Bodens. Deshalb ist er auch auf 30 Minuten begrenzt. Bei einem Messergebnis von beispielsweise nur 1 mm Versickerung wäre das Ergebnis nach Umrechnung $8{,}3 \times 10^{-7}$ m/s. Der Boden ist demnach schwach wasserdurchlässig (die Verdunstung wäre schneller)! Bei einem Ergebnis von 3 mm nach einer halben Stunde wäre ein Boden mit $2{,}5 \times 10^{-6}$ m/s gerade noch wasserdurchlässig.

Durchführung:

Der Innenzylinder wird mit der scharfen Kante nach unten auf die zu prüfende Fläche gestellt und mittels Hauklotz und Vorschlaghammer mindestens 5 cm in den Boden getrieben. Danach wird der Außenzylinder ebenfalls, gleich tief, in den Boden getrieben. Wenn das Eintreiben der Zylinder nicht möglich ist (bei Flächen aus Kunststoff, Schotterflächen etc.) muss

Abb. 18.3-1 Doppelring-Infiltrometer im Einsatz auf einem relativ durchlässigen Boden, eingetrieben mit einem Kantholz, 30 l Wasser wurden eingefüllt. Bisher sind 26 Sekunden vergangen; am Schwimmer sind zu Versuchsende (nach 20 Minuten) die versickerten Millimeter abzulesen.

der Außenzylinder von außen abgedichtet werden. Dazu wird, wenn möglich, eine flache Rinne gekratzt und diese mit bindigem Material belegt. Darauf wird der Zylinder gesetzt und hineingedrückt; anschließend wird der Zylinder von außen vollständig abgedichtet. Nun wird die Messbrücke, mit der Messeinrichtung, auf dem Innenzylinder angebracht und so viel Wasser in beide Zylinder gleichzeitig eingefüllt, dass die Wasserspiegel im äußeren und inneren Zylinder bis auf ± 2 mm gleich sind. Der absinkende Wasserspiegel wird im Innenzylinder über die justierbare Messbrücke gemessen. Die Höhe der Wassersäule in den Zylindern darf nicht unter 5 cm sinken. Die Infiltrationsmessung muss so lange andauern, bis eine annähernd konstante Infiltrationsrate erreicht ist, also mindestens zwei Durchgänge. Bei trockenem Sommerwetter sollte zwischen Anstaubeginn und dem Beginn der Messungen ein zeitlicher Abstand von mindestens einer Stunde liegen.

Berechnung und Auswertung des Ergebnisses (Wasserinfiltrationsrate I):

I = F / t [mm/h]

F = Absinken des Wasserspiegels [mm]
t = Dauer für das Absinken des Wasserspiegels [h]

Beispiel:

t = 1200 s (20 min), F = 20 mm
I = (20 / 1200) × 3600 = 60 mm/h

Umrechnung in m/s:

I = (mm) / 1000 / 3600
= (60) / 1000 / 3600
I = $1,7 \times 10^{-5}$ m/s

ANMERKUNGEN:

Werden länger andauernde Versuche benötigt, müssen beide Ringe (!) zur Vermeidung der Verdunstung abgedeckt werden. Auf festen Untergründen (Schotter, Pflaster etc.) muss der äußere Ring von außen sorgfältig abgedichtet werden (der innere Ring wird dabei **nicht** abgedichtet).

HINWEIS

Geeignetes Dichtungsmaterial ist beispielsweise in Werken zur Ziegelherstellung als Rohstoff zu bekommen (benötigt werden mindestens zwei volle Eimer Rohmaterial). Das relativ trockene Material muss vorsichtig angefeuchtet und geknetet werden und das solange, bis die „richtige" Konsistenz vorhanden ist. Danach sollten daraus handgelenkstarke Rollen geformt werden. Diese werden anschließend auf dem Pflaster etc. ausgelegt, der äußere Ring wird aufgesetzt und etwas hineingedrückt. Von außen wird nun anschließend genügend Material (!) angebracht und sorgfältig angedrückt. Mit einer Bürste und Wasser können nach dem Versuch (bei Bedarf) die Dichtungsreste entfernt werden.

ABSCHNITT C: ERGEBNISSE UND AUSWERTUNG DER VERSUCHE

19 AUSWERTUNG DER EINZELERGEBNISSE (MIT BEISPIELEN)

In den vorausgegangenen Kapiteln wurden die Theorien (Abschnitt A) und die einfachen Versuche (Abschnitt B) im Einzelnen behandelt. Hier geht es nun um die Verknüpfung der so ermittelten Daten und Fakten. Wenn, je nach Bedarf, die einzelnen Kapitel dieser Abschnitte gelesen wurden, existieren ausreichend Kenntnisse über den zu untersuchenden Boden, um daraus Hinweise zur Bearbeitung ziehen zu können (siehe Abschnitt C). Zum besseren Verständnis werden die folgenden Abschnitte anhand eines Beispiels erläutert (siehe Abschnitt D „Anwendungsbeispiel").

19.1 Die Korngrößenverteilung

Um zu mehr und umfassenderen Aussagen zu kommen (z. B. als Planungsgrundlagen) ist es teilweise unumgänglich, die durch Feldversuche ermittelten Ergebnisse in Form von Körnungskurven auf einem entsprechenden Vordruck darzustellen, um daraus Aussagen zu entwickeln.

Dazu sollten die nachfolgenden vereinfachten Vorgehensweisen berücksichtigt werden, um eine Kornverteilungskurve zu zeichnen, mit der der Boden nach der DIN 18196 und auch nach DIN EN ISO 14688-1 beurteilt werden kann.

19.1.1 Vereinfachte Erstellung einer Körnungskurve im Feld

Nach folgenden Schritten lässt sich eine Körnungskurve mit dem Korndurchmesser auf der Abszisse im logarithmischen Maßstab und den geschätzten Massenanteilen auf der Ordinate im linearen Maßstab erstellen:

1. Heraussuchen und grobes Abmessen des offensichtlich größten Einzelkorns (der Durchmesser, mit dem dieses Korn durch ein quadratisches Loch fallen würde). Dieses Maß muss auf der 100-%-Ordinate eingetragen werden und bildet den Anfangspunkt einer jeden Körnungskurve.
2. Abschätzung des Kiesanteils (wenn vorhanden auch von Steinen). Dieser Anteil wird an der 2-mm-Achse (Grenze Sand/Kies) abgetragen.
3. Abschätzen der bindigen Anteile und Abtragen an der 0,06-mm-Achse (Grenze bindige Anteile zu den grobkörnigen Anteilen).
4. Die Differenz zwischen dem bindigen Anteil und dem Kiesanteil ergibt „automatisch" den Anteil des Sandes! In einem gemischtkörnigen Boden den Sandanteil abschätzen zu wollen ist im Vergleich zur „Differenzbildung" sehr viel schwerer.
5. Abschätzen und Abtragen des Tonanteils an der 0,002-mm-Achse (Grenze Ton zu Schluff).
6. Durch das abschließende Verbinden der eingetragenen Punkte (mindestens 2 bis höchstens 5), frei Hand, erhalten wir unsere Körnungskurve zur weiteren Auswertung. Die Kurve sollte dabei eine gerundete Form aufweisen.

Tab. 19.1-1: Korngruppen, Korngrößen und Vergleichsgrößen nach DIN EN ISO 14688-1

Korngruppe		Korngröße [mm]	Vergleichsgrößen
Bezeichnung	Kurzzeichen		
Grobkörnige Korngruppen („Siebkorn") – nicht bindige Korngruppen			
Blöcke	Y	über 200	Kopfgröße
Steine	X	63 bis 200	größer als Hühnerei
Kies Grobkies Mittelkies Feinkies	G gG mG fG	2,0 bis 63 20 bis 63 6,0 bis 20 2,0 bis 6,0	Streichholzkopf bis Hühnerei Haselnuss bis Hühnerei Erbse bis Haselnuss Streichholzkopf bis Erbse
Sand Grobsand Mittelsand Feinsand	S gS mS fS	0,063 bis 2,0 0,63 bis 2,0 0,2 bis 0,63 0,063 bis 0,2	kleiner als Streichholzkopf Zucker bis Streichholzkopf Zucker, Grieß (sehr feines) Salz
Feinkörnige Korngruppen („Schlämmkorn") – bindige Korngruppen			
Schluff Grobschluff Mittelschluff Feinschluff	U gU mU fU	0,002 bis 0,063 0,02 bis 0,063 0,006 bis 0,02 0,002 bis 0,006	Einzelkörner nicht mehr erkenn- und fühlbar
Ton	T	unter 0,002	

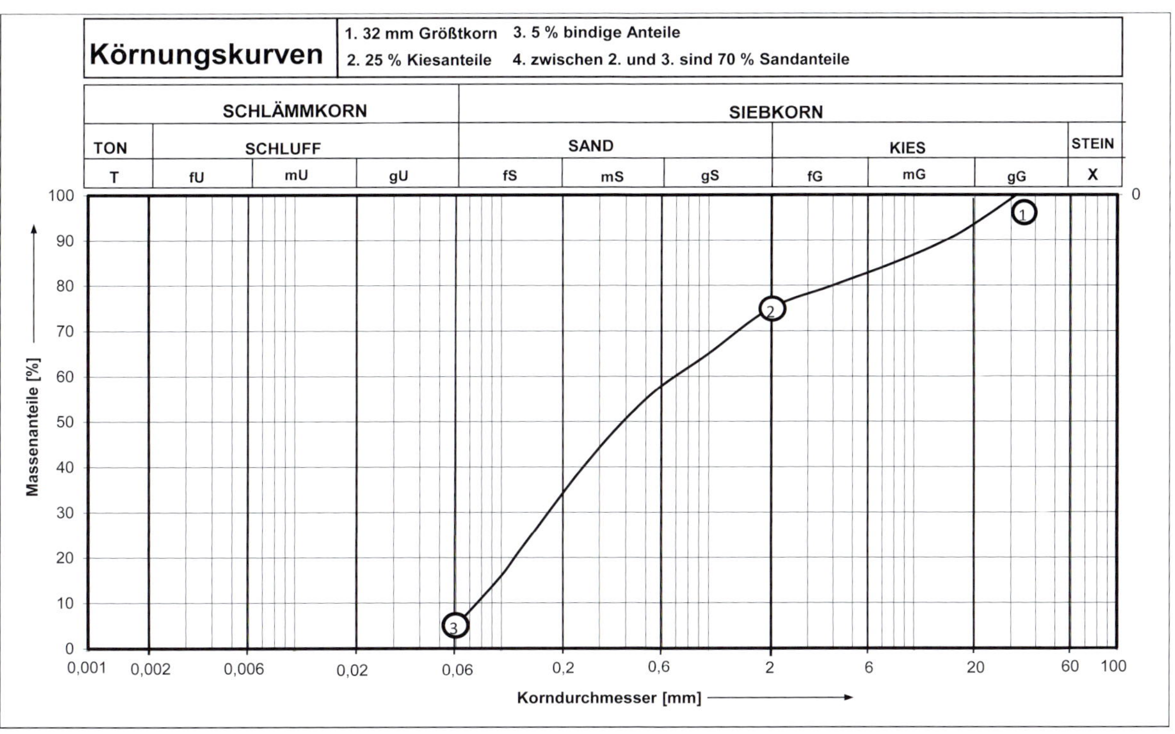

Abb. 19.1-1 Beispiel zur Erstellung einer Körnungskurve.

HINWEIS

Wenn bei einem Boden kein größtes Einzelkorn festgestellt werden kann (Sandanteil gegen Null), liegt der Anfangspunkt der Körnungskurve an der Grenze zwischen Grobschluff und Feinsand. Sind in einem feinkörnigen Boden nur einige größere Bestandteile, so sind diese zu ignorieren!

HINWEIS zur DIN 18196:

Auch für eine Bodenbenennung nach dieser Norm ist eine Körnungskurve unumgänglich, solange der bindige Anteil (< 0,06 mm) nicht die 40-%-Grenze übersteigt. Wird die 40-%-Grenze jedoch überschritten, kann die Bodengruppe **nur** durch die Bestimmung der Konsistenzgrenzen ermittelt werden.

19.1.2 Berechnungen aus einer Körnungskurve

Berechnet werden die Ungleichförmigkeitszahl (C_u-Wert) aus den zu den Ordinaten 10 und 60 % gehörenden Korndurchmessern und die Krümmungszahl (C_c-Wert), wozu außerdem noch der Korndurchmesser der 30-%-Ordinate benötigt wird.

Berechnung der Ungleichförmigkeitszahl: $C_u = d_{60} / d_{10}$

- Werte < 6 ergeben einen **eng gestuften** Boden.
- Sind die Werte > 6, so ist zusätzlich die Krümmungszahl (C_c-Wert) zu ermitteln (Berechnung der Krümmungszahl erforderlich).

Berechnung der Krümmungszahl: $C_c = d_{30}^2 / (d_{60} \times d_{10})$

- Werte zwischen 1 und 3: Der Boden ist weit gestuft (ungleichförmig).
- Werte < 1 oder > 3: Der Boden ist intermittierend gestuft (sprunghaft).

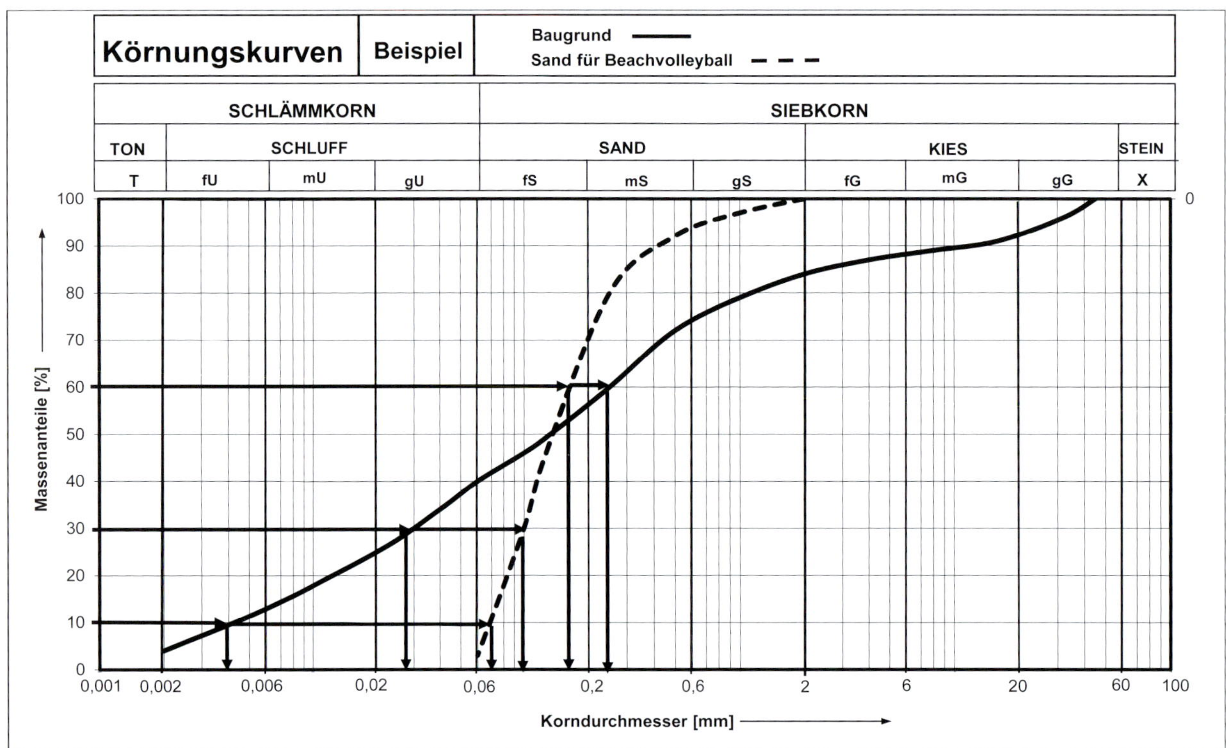

Abb. 19.1-2 Körnungskurven – Beispiele zur Berechnung der C_u- und C_c-Werte.

Beispiel:
Berechnungen:

Sand:
$C_u = 0{,}17 / 0{,}07$ = 2,4 eng gestuft
$C_c = 0{,}1^2 / (0{,}17 \times 0{,}07)$ = 0,86 (ergänzende Information)

Baugrund:
$C_u = 0{,}24 / 0{,}004$ = 60,0 weit oder intermittierend gestuft?
$C_c = 0{,}028^2 / (0{,}24 \times 0{,}004)$ = 0,82 intermittierend gestuft (in Verbindung mit dem C_u-Wert!)

HINWEIS zum Baugrund:

Die Kurve „Baugrund" sieht weit gestuft aus. Laut der Berechnung ist sie es aber nicht! Aufgrund der logarithmischen Einteilung kann in vielen Fällen die Stufung eines Bodens anhand einer Körnungskurve nicht erkannt werden – sie muss daher berechnet werden.
C_u- und C_c-Werte gelten nach DIN 18196 nur für grobkörnige Böden. Allerdings erscheint es sehr sinnvoll, sie auch bei gemischtkörnigen Böden anzuwenden (< 40-%-Anteile < 0,06 mm).

19.2 Benennung von Böden

Im Wesentlichen erweist sich die Anwendung von zwei Regelwerken (Normen) zur Benennung von Böden als sinnvoll.

19.2.1 Überblick

Böden müssen nach Norm(en) benannt werden, um von allen, die damit zu tun haben, eindeutig verstanden zu werden. Als Beispiel sei hier der Begriff „Lehm" genannt, der mit einem bindigen Boden verbunden wird, weil er sich so anfühlt. Aber wie viele bindige Anteile in ihm enthalten sind beziehungsweise was außerdem noch im Lehm vorhanden sein könnte, wird damit nicht ausgesagt. Im Lehm kann die ganze Spannbreite an Korngrößen vorhanden sein, vom Ton bis hin zu Steinen (> 63 mm), der Laie wird das dann als sandigen oder steinigen Lehm bezeichnen.

Soll aber genau bekannt sein, was und wie viel an Körnungen im Boden enthalten sind oder muss es anderen Personen mitgeteilt werden (Ausschreibung, Leistungsverzeichnis etc.), so müssen eindeutige Benennungen angewendet werden. Dafür stehen im Bereich des Garten- und Landschaftsbaus unter anderem zwei unterschiedliche Normen zur Verfügung (siehe Abschnitt A, Kap. 7.2). In diesem Buch wird fast ausschließlich die DIN 18196 betrachtet. Sie beschreibt Bodeneigenschaften unter bautechnischen Gesichtspunkten. Aber auch die DIN EN ISO 14688-1 ist für die Bodenbenennung wichtig, denn sie stellt wertfrei (!) die Bodenanteile entsprechend ihrer Häufigkeit dar.

19.2.2 Beschreibung von Böden nach Kornzusammensetzung (DIN EN ISO 14688-1)

Die Bodenbenennung nach dieser Norm ist wertfrei, das heißt sie gibt nur an, was und wie viel an Bodenarten im Boden vorhanden ist. Ausgangspunkt ist die aufgrund der einfachen Feldversuche gezeichnete Körnungskurve (siehe Kap. 19.1-2). Eingeteilt wird in:

1. stärkste Bodenart – die mit dem höchsten Prozentanteil.
2. Bodennebenarten:
   a) > 30 % wird als „stark" bezeichnet – Kurzzeichen: *,
   b) 15 bis 30 % ohne nähere Bezeichnung,
   c) < 15 % wird als „schwach" bezeichnet – Kurzzeichen: '.

HINWEIS

Die Unterteilung der Bodennebenarten gemäß der genannten Prozentangaben ist in der aktuellen Fassung dieser Norm (2018) nicht mehr enthalten. Die weitere Verwendung der jahrzehntelang üblichen Bezeichnungen wird aber als sinnvoll erachtet.

Zur Bodenbenennung werden die Prozentanteile abgelesen und den Punkten 1. und 2. zugeordnet. Angefangen wird stets mit dem Anfangspunkt der Körnungskurve: Größtkorn bei 100 %. Es geht dann nach links bis zur nächsten Begrenzung einer Bodenart, beispielsweise Mittelkies/Feinkies etc. Nach diesem Schema wird weiterverfahren bis zum letzten Bereich beziehungsweise bis zum Ende der Körnungskurve (Anteile unter 2 % ignorieren).

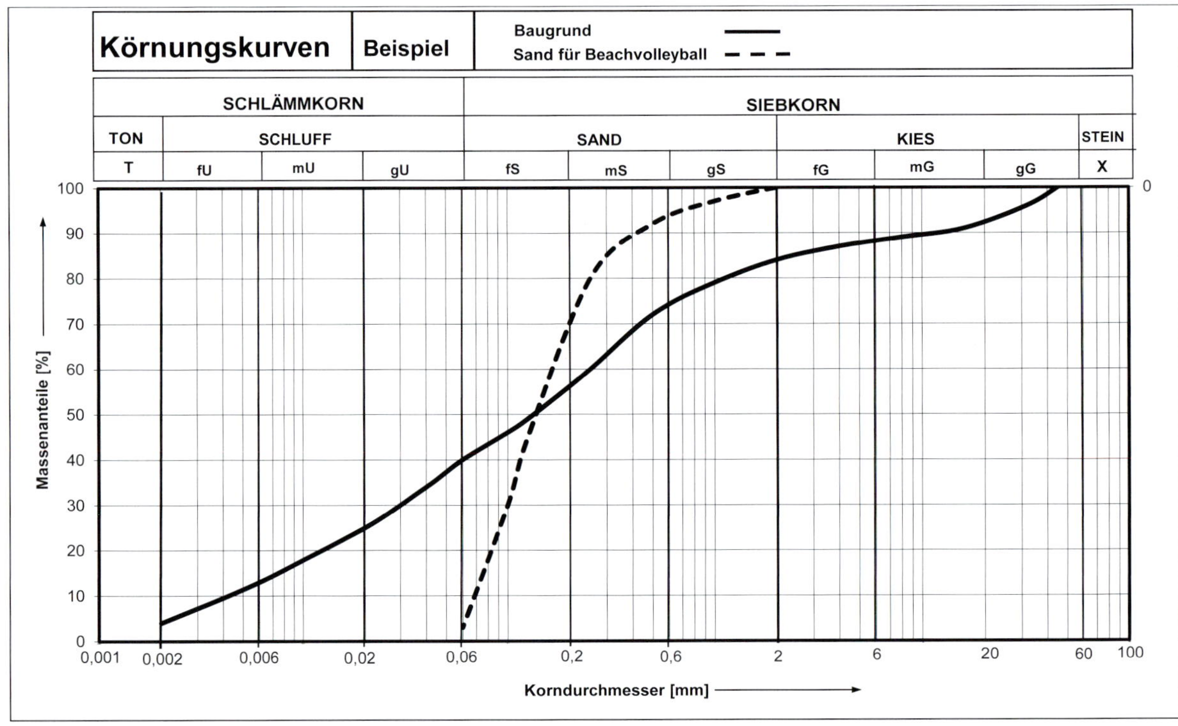

Abb. 19.2-1 Beispiel: Benennung von zwei Böden.

Tab. 19.2-1: Ermittlung der Prozentanteile aus Abbildung 19.2-1

Sand			Baugrund		
Bodenart	%-Anteile Unterarten	%-Anteile Hauptarten	Bodenart	%-Anteile Unterarten	%-Anteile Hauptarten
gG	0		gG	8	
mG	0		mG	4	
fG	0	0	fG	5	17
gS	6		gS	10	
mS	24		mS	17	
fS	67	97	fS	16	43
gU	3		gU	16	
mU	0		mU	12	
fU	0	3	fU	8	36
T	0	0	T	4	4

Aus dieser selbst erstellten Tabelle lassen sich jetzt sehr einfach die Bodenbenennungen durchführen. Mit etwas Übung kann selbstverständlich auf eine Tabelle verzichtet und der Boden „direkt" aus der Kurve benannt werden. Der Vollständigkeit wegen werden in diesem Beispiel alle Bodenarten erfasst und anschließend auf die Hauptarten reduziert. Anfangs wird die Bodenart mit der höchsten Prozentzahl herausgesucht (Bodenhauptart), die anderen Bodenarten sind dann die Nebenarten, die durch Kommata abgetrennt dahinter aufgeführt werden.

Sand

vollständig:	fS, ms, gs', gu' schwach grobschluffiger, schwach grobsandiger, mittelsandiger Feinsand
reduziert:	**S, gu'** schwach grobschluffiger Sand

Baugrund

vollständig:	mS, fs, gs', gu, mu, fu', gg', mg', fg', t' schwach toniger, schwach feinkiesiger, schwach mittelkiesiger, schwach grobkiesiger, schwach feinschluffiger, mittelschluffiger, grobschluffiger, schwach grobsandiger, feinsandiger Mittelsand
reduziert:	**S, u*, g, t'** schwach toniger, kiesiger, stark schluffiger Sand

HINWEIS

Die Benennungen werden von hinten nach vorne vorgelesen (vorgetragen). Am Beispiel „Baugrund" wird deutlich, wie unsinnig, wenn auch richtig, eine vollständige Benennung wäre, denn es ergibt sich ein fast unverständliches Wortungetüm. Das Beispiel „Sand" zeigt aber auch, dass eine genaue Einteilung durchaus sinnvoll ist. Woher sollte sonst die Kenntnis kommen, dass der Sand zu zwei Dritteln aus Feinsand besteht?

Weiterführende Benennung:
Nach dieser Norm ist sie vollständig. Was spricht aber dagegen, wenn auch an dieser Stelle die C_u- und C_c-Werte mit einfließen und zwar, im Gegensatz zur DIN 18196, bis zu 30 % an Anteilen < 0,06 mm? Die Bodenbeschreibung wird damit um einiges informativer.

Beispiele:

Sand
S, gu' (C_u = 2,4; C_c = 0,86) = eng gestufter, schwach grobschluffiger Sand
besser: **fS, ms, gs', gu'** = eng gestufter, schwach grobschluffiger, schwach grobsandiger, mittelsandiger Feinsand

Baugrund
S, u*, g, t' (C_u = 60,0; C_c = 0,82) = (intermittierend gestufter*) schwach toniger, kiesiger, stark schluffiger Sand
* Bemerkung: C_u- und C_c-Werte haben in bindigen Böden (> 30 % < 0,06 mm) keine Auswirkungen und deshalb sollten sie auch nicht erwähnt werden.

19.2.3 Beschreibung von Böden nach DIN 18196

Zur Benennung benötigen wir die entsprechende Tabelle der DIN 18196. Zusätzlich sind noch die C_u- und C_c-Werte für die grobkörnigen Böden erforderlich!

Tab. 19.2-2: Bodengruppen nach DIN 18196 – vereinfacht

Hauptgruppe	Massenanteil [%] Korndurchmesser d [mm]		Gruppe	Kurzzeichen
	≤ 0,063 mm	≤ 2,0 mm		
grobkörnige Böden	< 5	< 60	eng gestufte Kiese weit gestufte Kies-Sand-Gemische intermittierend gestufte Kies-Sand-Gemische	GE GW GI
grobkörnige Böden	< 5	> 60	eng gestufte Sande weit gestufte Sand-Kies-Gemische intermittierend gestufte Sand-Kies-Gemische	SE SW SI
gemischtkörnige Böden	5 bis 15 15 bis 40 5 bis 15 15 bis 40	< 60	Kies-Schluff-Gemische Kies-Schluff-Gemische Kies-Ton-Gemische Kies-Ton-Gemische	GU GU* GT GT*
gemischtkörnige Böden	5 bis 15 15 bis 40 5 bis 15 15 bis 40	> 60	Sand-Schluff-Gemische Sand-Schluff-Gemische Sand-Ton-Gemische Sand-Ton-Gemische	SU SU* ST ST*
feinkörnige Böden	> 40		leicht plastische Schluffe mittelplastische Schluffe ausgeprägt plastische Schluffe	UL UM UA
feinkörnige Böden	> 40		leicht plastische Tone mittelplastische Tone ausgeprägt plastische Tone	TL TM TA

HINWEIS

Der Stern(*) wird bei den gemischtkörnigen Böden verwendet, in denen der Anteil > 0,063 mm zwischen 15 und 40 % liegt.

WICHTIGE ANMERKUNG:

Nach dieser Norm müssen die Benennungen der gemischtkörnigen Böden mithilfe der Konsistenzgrenzenbestimmung (ggf. zusätzlich) ermittelt werden, um zu den exakten Bezeichnungen zu kommen – und das wären dann Laborversuche! Da im Rahmen dieses Buches auf Laborversuche verzichtet wird, bietet es sich an, die Benennungen bis zu 40 % < 0,06 mm ausschließlich nach der Tabelle vorzunehmen. Somit bezeichnet zum Beispiel die Kurzbezeichung SU ein Sand-Schluff-Gemisch (schluffiger Sand) und SU* ein Sand-Schluff-Gemisch mit stark schluffigen Anteilen (**stark** schluffiger Sand).

Voraussetzung bei der Bodenbestimmung nach Tabelle ist die Kornverteilungskurve, denn daraus lassen sich die Prozentangaben ablesen. Begonnen wird mit den Anteilen des Bodens unter 0,06 mm: Liegen sie unter 5 %, zwischen 5 und 15 % oder über 15 bis 40 %? Danach geht es zu den Anteilen unter beziehungsweise über 2 mm, der Grenze zwischen Sand und Kies. Bei Prozentanteilen unter 5 % < 0,06 mm ist dann noch die Kenntnis der C_u- und C_c-Werte unbedingt erforderlich. Aus der Kombination dieser Werte kann daraufhin die Bodengruppe bestimmt werden.

Beispiel (siehe Tab. 19.2-1):

Sand	**Baugrund**
1. Der Anteil < 0,06 mm liegt unter 5 %.	Der Anteil < 0,06 mm liegt bei 40 % (15–40 %).
2. Der Anteil < 2 mm liegt über 60 %.	Der Anteil < 2 mm liegt über 60 %.
3. Der C_u-Wert ist < 6.	Der C_u-Wert ist nicht erforderlich.
4. Der C_c-Wert ist < 1 (nicht erforderlich).	Der C_c-Wert ist nicht erforderlich.
Der Sand befindet sich somit in der Hauptgruppe „grobkörnige Böden“: **SE – eng gestufter Sand.**	Der Baugrund liegt deshalb in der Hauptgruppe der „gemischtkörnigen Böden“. Zur Wahl steht nun ein stark toniges oder ein stark schluffiges Sandgemisch. Da im bindigen Bereich der Ton, im Verhältnis zum Schluff, nur relativ wenig vorhanden ist, ergibt sich nun als Bodengruppe: **SU* – Sand-Schluff-Gemisch.**

HINWEIS

Bei einer Bodenbenennung oder Beurteilung sind die Bodenanteile maßgebend, die das Bodenverhalten am stärksten beeinflussen. Wären beispielsweise ca. 10 % Ton vorhanden gewesen (= ein Viertel der bindigen Anteile), so hätte der Boden als stark toniger Sand (ST*) bezeichnet werden müssen!

Bei mehr als 40 % Massenanteil der Korngröße unter 0,06 mm kann die Bodenbenennung nur durch spezielle Untersuchungen zur Ermittlung der Fließ- und Ausrollgrenze (Konsistenzgrenzen) ermittelt werden. Bei einer Bodenbenennung oder Beurteilung sind immer die Bodenanteile maßgebend, die das Bodenverhalten am stärksten beeinflussen. Das gilt besonders für die Unterscheidung/Einteilung in der Hauptgruppe der gemischtkörnigen Böden. Es muss immer jeweils entschieden werden, ob der Boden beispielsweise ein Sand-Schluff- oder ein Sand-Ton-Gemisch ist. Als Faustregel gilt, dass der feinere Bodenanteil zu mindestens 30 % vorhanden sein muss, um porenfüllend und damit ausschlaggebend zu sein.

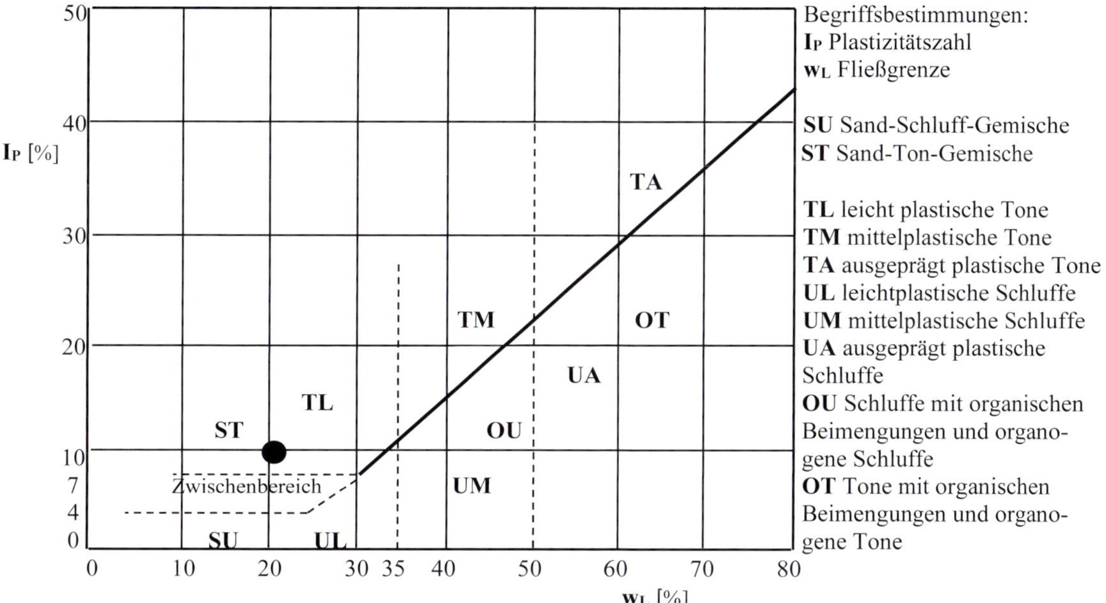

Abb. 19.2-2 Plastizitätsdiagramm nach DIN 18196 – vereinfacht, mit Beispiel.

Selbstverständlich kann (mit etwas Erfahrung) auch versucht werden, den entsprechenden Boden im Plastizitätsdiagramm einzuordnen, um zu einer Aussage nach DIN 18196 zu kommen. Er wird anhand von Feldversuchen in das vorhergehende Diagramm (Abb. 19.2-2) entsprechend, als „großer" Punkt, eingezeichnet. Dann können ungefähr die Wassergehalte der Fließgrenze (w_L) und die Plastizitätszahl (I_P) abgelesen werden. Ziehen wir von der Fließgrenze die Plastizitätszahl ab, erhalten wir die Ausrollgrenze (w_P). Das ist dann der Wassergehalt, bei dessen Unterschreitung (Wassergehalt muss kleiner sein) bindige Böden vegetationstechnisch bearbeitet werden sollten.

Für den „Baugrund" wurde eine Einschätzung entsprechend der Tabelle nur über die Körnungslinie (ohne aufwendige Bestimmung der Konsistenzgrenzen) durchgeführt. In Abbildung 19.2-2 ist das Ergebnis als dicker, durchaus ungenauer Punkt dargestellt. Als Benennung für diesen eingezeichneten Punkt ergibt sich die Bodengruppe **ST** (Sand-Ton-Gemisch)/**TL** (leicht plastischer Ton). Der Wassergehalt der darunter abgelesenen Fließgrenze (w_L) beträgt ca. 20,5 %, die links davon abgelesene Plastizitätszahl (I_P) beträgt etwa 10,5 %. Die sich daraus ergebende Differenz von 10 % ist dann die Ausrollgrenze (w_P).

Der tatsächlich im Labor durchgeführte Versuch zur Konsistenzgrenzenbestimmung bestätigte dieses Ergebnis.

HINWEISE

Zwischen den Benennungen SU* (nach Tab. 19.2-2) und ST/TL (nach Plastizitätsdiagramm) besteht nur wenig Diskrepanz, sie sagen in etwa das Gleiche aus: Die bindigen Bodenanteile beeinflussen stark das gesamte Bodenverhalten. Im Plastizitätsdiagramm gibt es die Benennungen SU* und ST* nicht! Alles, was sich zwischen SU und UL sowie zwischen ST und TL befindet, kann SU* oder ST* sein.

Selbstverständlich können anhand dieser Abbildung nur Böden bestimmt werden, die auch bindige Eigenschaften haben.

19.2.4 Die Normen DIN 18196 und DIN EN ISO 14688-1 im Vergleich

Beispiel Sand: **SE** gegenüber **fS, ms, gs', gu' (S, gu')**, eng gestuft

Ergebnis: Gleiche Aussage, aber nur durch die zusätzliche Angabe „eng gestuft"!

Konsequenz: C_u- und C_c-Werte können auch für die Benennung nach DIN EN ISO 14688-1 berücksichtigt werden, weil die Beschreibung des Bodens ausführlicher wird.

Beispiel Baugrund: **SU*** (Tabelle) beziehungsweise **ST/TL** (Bild) gegenüber **S, u*, g, t'**

Ergebnis: Nach DIN 18196 wird das durch die Tonanteile begründete Bodenverhalten herausgestellt.

Nach DIN EN ISO 14688-1 werden die Bodenarten nur nach ihren Häufigkeiten geordnet. Der nach DIN 18196, Plastizitätsdiagramm, so wichtige Tonanteil wird dabei nur gleichrangig mit den anderen Bodenarten aufgeführt.

Konsequenz: Schon bei gemischtkörnigen Böden, aber besonders bei bindigen Böden, ist die DIN 18196 aussagekräftiger!

HINWEISE

Bei bindigen Böden ist eine Einordnung in das Diagramm der DIN 18196 aussagekräftiger als eine Körnungskurve und deren Beurteilung. Als Ergänzung ist diese jedoch wichtig.

Niemand sollte sich nur mit der Angabe einer Bodenbenennung durch Dritte zufriedengeben, sondern immer die Körnungskurve und gegebenenfalls weitere Versuchsergebnisse verlangen – und den Boden dann selbst beurteilen.

19.3 Wasserdurchlässigkeit

Die Wasserdurchlässigkeit der Beispielböden „Sand“ und „Baugrund“ ergibt sich nach Kapitel 5.2 wie folgt:

Ermittlung aus grafischen Darstellungen der Körnungslinien

Beispiel Sand: Körnungsbereich 6, $k_f = 5 \times 10^{-5}$ m/s

Beispiel Baugrund: Körnungsbereich 9, $k_f = 1 \times 10^{-7}$ m/s

Da die Kurve für den Baugrund auch auf der Grenze verläuft, kann ebenso (sicherheitshalber) Bereich 10 gewählt werden: $k_f = 1 \times 10^{-8}$ m/s.

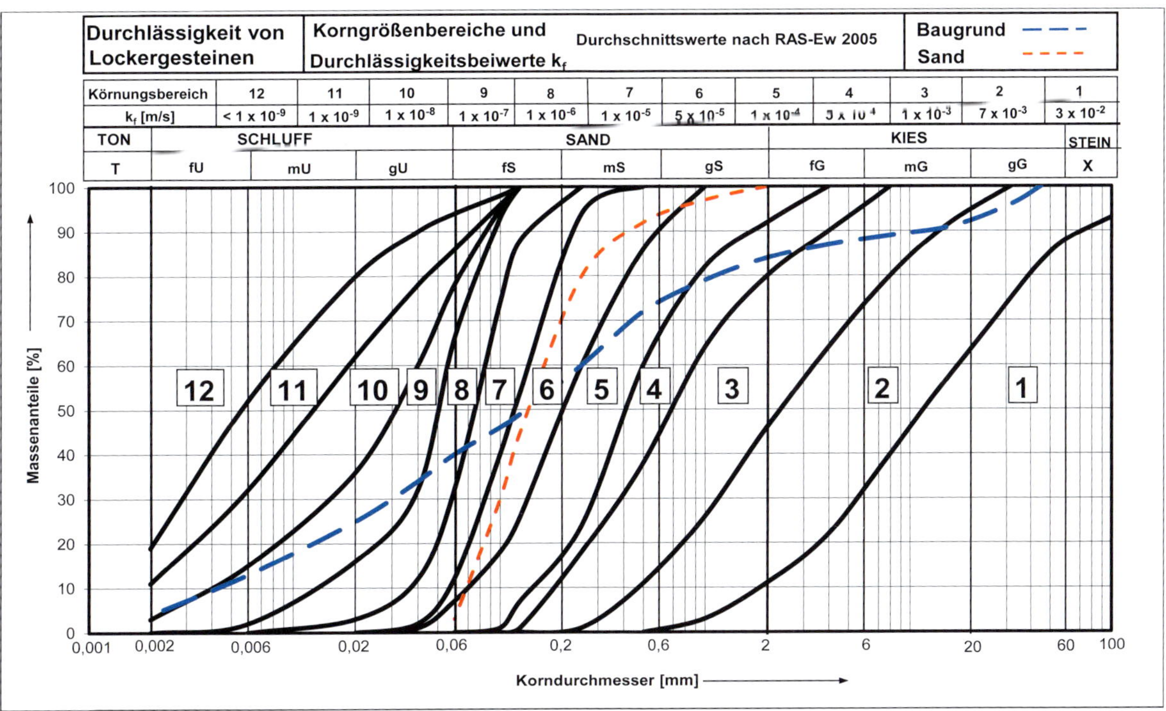

Abb. 19.3-1 Durchlässigkeitsbeiwerte k_f nach RAS-Ew 2005.

Ermittlung mit Formeln

Beispiel Sand:	$k_f = 0{,}5 \times 0{,}07^2 / 100$	$= 2{,}5 \times 10^{-5}$ m/s
Beispiel Baugrund:	$k_f = 0{,}5 \times 0{,}004^2 / (100 \times 60{,}0)$	$= 1{,}3 \times 10^{-9}$ m/s

Vergleich der Ergebnisse

Für den Sandboden sind die Ergebnisse annähernd gleich. Für den Baugrund ergibt die Ermittlung der Durchlässigkeitsbeiwerte mit der angegebenen Formel einen mindestens 10-fach niedrigeren Wert als aus der grafischen Darstellung. Dieser Boden wäre schon fast als Abdichtungsmaterial geeignet.

19.4 Kapillarität

Mit den beiden nachfolgenden Abbildungen 19.4-1 und 19.4-2 lassen sich die aktive (H_{ka}) und passive (H_{kp}) Kapillarität in Abhängigkeit von den Korngrößen ermitteln. Bei der aktiven Kapillarität wird nur der Korndurchmesser bei 10 % benötigt.

Bei der passiven Kapillarität gilt, dass der Korngrößenbereich in der Körnungskurve maßgebend ist, der den nächstgrößeren Bereich zu mindestens 30 % ausfüllt.

Tab. 19.4-1: Die passive kapillare Steighöhe H_{kp} in Abhängigkeit von der Bodenart bzw. der maßgebenden Korngröße (aus Bölling 1971)

Bodenart	Korngröße [mm]	H_{kp} [m]
Sand	2,0 bis 0,6 0,6 bis 0,2 0,2 bis 0,06	0,03 bis 0,1 0,1 bis 0,3 0,3 bis 1,0
Schluff	0,06 bis 0,02 0,02 bis 0,006 0,006 bis 0,002	1 bis 3 3 bis 10 10 bis 30
Ton	unter 0,002	30 bis 300

Beispiel Sand (aus Abb. 19.2-1):
Der Bereich 0,06 bis 0,2 mm füllt den nächstgrößeren Bereich (0,2 bis 0,6) mehr als vollständig aus. Also ist der Feinsandbereich maßgebend und der kapillare Anstieg beträgt zwischen 0,3 und 1,0 m.

Beispiel Baugrund (aus Abb. 19.2-1):
Bei weit gestuften Böden wird stets mit dem feinen Bereich, also hier Ton und Feinschluff begonnen. In diesem Fall sind es 12,5 % Ton und Feinschluff gegenüber 13 % Mittelschluff (ein Verhältnis von ca. 50 : 50). Damit füllen Ton und Feinschluff den Porenraum des Mittelschluffes vollständig aus. Es ist somit klar erkennbar, dass die feineren Bodenbereiche die jeweils gröberen Bereiche ausfüllen und damit der kapillare Aufstieg vom feinsten Bodenbereich bestimmt wird. Der kapillare Anstieg kann hiermit 10 bis 30 m betragen.

HINWEIS

Am Beispiel Baugrund ist ersichtlich, dass eine weite Stufung maßgeblich für den kapillaren Aufstieg ist.

Beispiel Sand:
Der Durchgang bei d_{10} beträgt 0,07 mm. Das ergibt einen kapillaren Aufstieg von ungefähr 120 cm in 24 Stunden (Abb. 19.4-2).
Beispiel Baugrund:
Der abgelesene d_{10}-Durchgang ergibt 0,004 mm (Abb. 19.4-2) und damit einen Aufstieg von ca. 75 cm in 24 Stunden.

HINWEIS

Anhand beider Beispiele ist ersichtlich, dass kapillarer Aufstieg und seine Geschwindigkeit nicht voneinander abhängig sind: Je feinkörniger ein Boden, desto langsamer, aber auch höher wird sein Aufstieg sein.

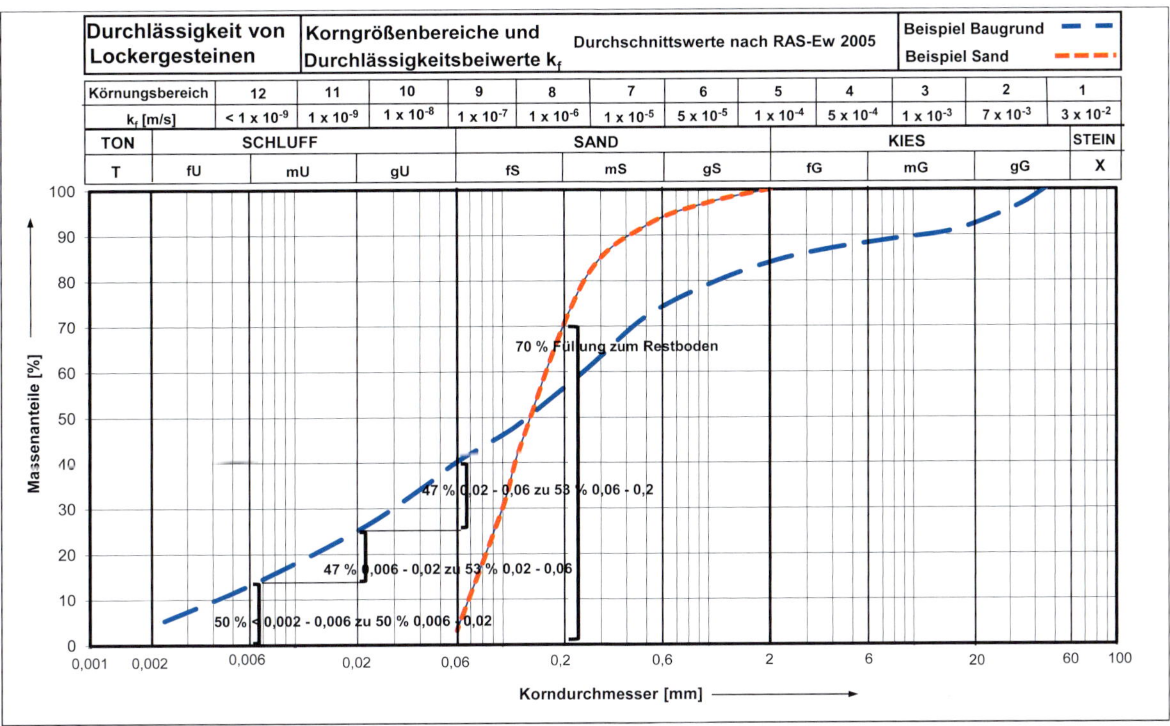

Abb. 19.4-1 Füllung des nächstgrößeren Körnungsbereiches.

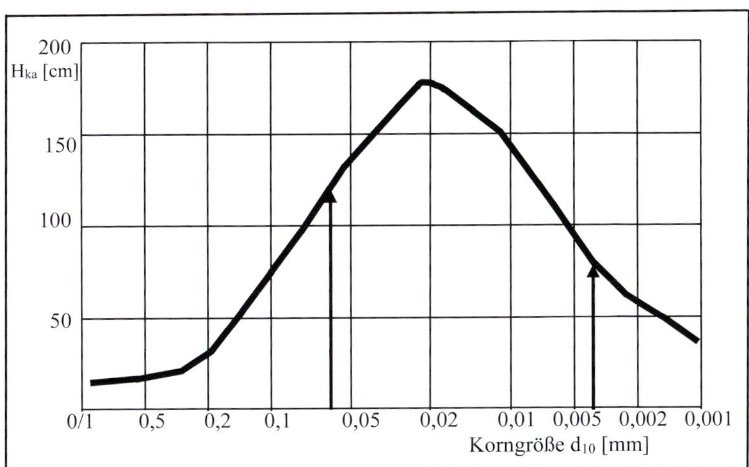

Abb. 19.4-2 Die Geschwindigkeit des kapillaren Aufstiegs:
Aktiver kapillarer Wasseraufstieg (Steighöhe H_{ka}) **in 24 Stunden** in Abhängigkeit vom maßgebenden d_{10}-Wert (nach Kézdi 1976).

HINWEISE zum kapillaren Bruch:

- Kapillarer Bruch ist die „Unfähigkeit“ von zwei aufeinanderliegenden unterschiedlichen Böden, das in ihnen befindliche Wasser jeweils weiterzugeben. Hierbei macht es keinen Unterschied, ob der feine oder der grobe Boden oben oder unten liegt.
- Befindet sich beispielsweise ein feinerer auf einem gröberen Boden, so kann der wassergesättigte feinere Boden sein Wasser nicht nach unten in den gröberen Boden abgeben oder weiterleiten. Das könnte er nur, wenn beide Böden nicht zu unterschiedlich wären, das heißt in ihrer Kornverteilung nicht zu weit auseinanderlägen. Denn diese Kornverteilung bedingt auch die Porengröße von Böden.
- Dazu ein gut verständliches Beispiel: Wird Kaffee aufgebrüht, so wird das Kaffeepulver in einen Papierfilter gegeben und in diesen dann das heiße Wasser gegossen, das dann in die darunter stehende Kaffeekanne läuft. Ab einem bestimmten Zeitpunkt hört das Wasser auf zu laufen, der Kaffee ist fertig. Wird jetzt der nasse Filter beispielsweise auf eine Tageszeitung gelegt, so ist festzustellen, dass die Zeitung noch jede Menge Feuchtigkeit aus dem Filter ziehen kann! Der Filter verhält sich demnach wie ein feinerer Boden (kleine Poren) zur Kaffeekanne als gröberer Boden (hier nur eine, wenn auch sehr große Pore). Interessant ist dann das Verhältnis Filter zu Tageszeitung: Filter und Zeitung sind annähernd gleich fein!
- Es sollte demnach vermieden werden, dass zwei sehr unterschiedliche Böden aufeinander zu liegen kommen. Bei Baumaßnahmen kann es allerdings auch schon ausreichen, wenn bei schichtweisem Aufbau einzelne Schichten zu stark verdichtet werden. Das passiert zum Beispiel, wenn der lockere Oberboden vor dem Bau ausgekoffert und auf Miete gesetzt wird. Während des Baues wird aber der Baugrund verdichtet. Wenn nun der lockere Oberboden wieder angedeckt wird, kann es schon zu einem kapillaren Bruch kommen, weil sich die Poren des Baugrundbodens durch das Verdichten stark verkleinert haben.

19.5 Abschätzung der Frostempfindlichkeit

Die Frostempfindlichkeit der Beispielböden „Sand“ und „Baugrund“ ergibt sich nach Kapitel 10 wie folgt:

Beispiel Sand: F1, da Bodengruppe SE.
Beispiel Baugrund: F3, da Bodengruppe SU*.

Tab. 19.5-1: Einteilung der Böden in die Frostempfindlichkeitsklassen nach ZTV E-StB 17

Frostempfindlichkeitsklasse	Klassenbezeichnung	Bodengruppe nach DIN 18196
F1	nicht frostempfindlich	GW, GI, GE SW, SI, SE
F2	gering bis mittel frostempfindlich	a) ST, GT, SU, GU b) TA, OT, OH, OK
F3	sehr frostempfindlich	TL, TM, UL, UM, UA, OU ST*, GT*, SU*, GU*

Ergänzende Anmerkungen zu Böden der Frostempfindlichkeitsklasse F2:
Für die in Tabelle 19.5-1 unter a) aufgeführten Böden ist gegebenenfalls eine Zuordnung in die Frostempfindlichkeitsklasse F1 entsprechend der Abbildung 10-1 (Seite 52) möglich.

20 DIE LEISTUNGSFÄHIGKEIT DER EINZELNEN BODENGRUPPEN

In diesem Abschnitt wird in Tabellen dargelegt, wie der Boden anhand der ermittelten Bodenarten unter verschiedensten Gesichtspunkten zu bewerten ist und welche weiteren Bodenparameter abgeleitet werden können.

Voraussetzung zur Nutzung der Tabellen ist die möglichst genaue **Kenntnis der Bodengruppe** und ihre Bezeichnung nach der DIN 18196 sowie die **Festlegung des gesuchten Parameters** beziehungsweise der hinterfragten bodenmechanischen Eigenschaften.

Die Tabellen sind jeweils getrennt nach grobkörnigen, gemischtkörnigen und feinkörnigen Böden zu folgenden Parametern oder Bodeneigenschaften aufgestellt:

- Bodengruppen und ihre Erkennungsmerkmale,
- Bearbeitbarkeit und Bearbeitungsaufwand zur Bodenlockerung,
- Hinweise zum Verdichtungsverhalten und Verdichtungsgrad,
- Hinweise zum Einfluss des Wassers.

20.1 Bodengruppen und ihre Erkennungsmerkmale

Tab. 20.1-1: Grobkörnige Böden – Erkennungsmerkmale

Bodengruppe	Erkennungsmerkmale (Versuche nach Kap. 13.3)
GE eng gestufte Kiese	Boden besteht aus eng begrenzter Kies-Korn-Gruppe.
GW weit gestufte Kies-Sand-Gemische	Etwa gleiche Anteile der Korngruppen im Kies-Sand-Bereich.
GI intermittierend gestufte Kies-Sand-Gemische	Ein Korngrößenbereich fehlt fast völlig.
SE eng gestufte Sande	Boden besteht aus eng begrenzter Sand-Korn-Gruppe.
SW weit gestufte Sand-Kies-Gemische	Etwa gleiche Anteile der Korngruppen im Kies-Sand-Bereich.
SI intermittierend gestufte Sand-Kies-Gemische	Ein Korngrößenbereich fehlt fast völlig.

Tab. 20.1-2: Gemischtkörnige Böden – Erkennungsmerkmale

Bodengruppe	Erkennungsmerkmale (Versuche nach Kap. 13.3 und 13.4)
GU Kies-Schluff-Gemische	Kies und Sand überwiegen, Schluffanteile sind im Sand schwer wahrnehmbar.
GU* Kies-Schluff-Gemische	Kies und Sand überwiegen, Schluffanteile prägen den Sandbereich und die Gesamtprobe.
GT Kies-Ton-Gemische	Kies und Sand überwiegen, Schluff- und Tonanteile sind im Sand schwer wahrnehmbar.
GT* Kies-Ton-Gemische	Kies und Sand überwiegen, Schluff- und Tonanteile prägen den Sandbereich der Gesamtprobe.
SU Sand-Schluff-Gemische	Sand überwiegt, Schluffanteile sind unter Umständen schwer wahrnehmbar.
SU* Sand-Schluff-Gemische	Sand überwiegt, Schluffanteile prägen den Sand.
ST Sand-Ton-Gemische	Sand überwiegt, Schluff- und Tonanteile sind im Sand unter Umständen schwer wahrnehmbar.
ST* Sand-Ton-Gemische	Sand überwiegt, Schluff- und Tonanteile prägen den Sand.

Tab. 20.1-3: Feinkörnige Böden – Erkennungsmerkmale

Bodengruppe	Erkennungsmerkmale T Boden ist trocken (oder getrocknet) F Boden ist feucht (Versuche nach Kap. 13.4)
UL leicht plastische Schluffe	**T** geringe Trockenfestigkeit **F** keine bis leichte Plastizität
UM mittelplastische Schluffe	**T** geringe bis mittlere Trockenfestigkeit **F** leichte bis mittlere Plastizität
UA ausgeprägt plastische Schluffe	**T** mittlere bis hohe Trockenfestigkeit **F** mittlere bis ausgeprägte Plastizität
TL leicht plastische Tone	**T** mittlere bis hohe Trockenfestigkeit **F** leichte Plastizität
TM mittelplastische Tone	**T** hohe Trockenfestigkeit **F** mittlere Plastizität
TA ausgeprägt plastische Tone	**T** sehr hohe Trockenfestigkeit **F** ausgeprägte Plastizität

20.2 Bearbeitbarkeit und Bearbeitungsaufwand zur Bodenlockerung

Erläuterungen zu den Bezeichnungen in den Tabellen
Bodengruppe: Bezeichnung entsprechend DIN 18196
Bearbeitbarkeit: Unterscheidung je nach Konsistenz
Bearbeitungsaufwand: Manueller oder maschineller Arbeitsaufwand zur Lockerung. Lockerungen der obersten 20 bis 25 cm Boden lassen sich, außer mit Handgeräten wie Spaten etc., noch mit motorisch betriebenen Fräsen, Eggen, Grubbern und Spatenmaschinen durchführen. Bei größeren Tiefen (bis ca. 80 cm) muss mit speziellen Tiefenlockerungsgeräten gearbeitet werden. Diese haben oft den Nachteil, dass sie nur grob, in „Blöcken" lockern können (keine **homogene** Lockerung), den Boden in ihren Fahrspuren zusätzlich verdichten und auf kleineren Flächen nicht eingesetzt werden können.

Eventuell kann die tiefgründige Lockerung (sehr grob!) auch mit einem Tieflöffelbagger ausgeführt werden. Sein Einsatz ist besonders bodenschonend, wenn das Gerät beispielsweise auf einer technischen Fläche (befestigter Weg, lastverteilende Platten etc.) steht.

ANMERKUNGEN:

Die nachfolgenden Tabellen verstehen sich für verdichtete Böden, die gelockert werden sollen. „Nicht bearbeitbar" bedeutet auch, dass im Normalfall keine Wirkung erzielt werden kann.

WICHTIGER HINWEIS

Das Ziel einer **homogenen** Lockerung kann nur bei nicht bindigen Böden und mit Einschränkungen auch noch bei gemischtkörnigen Böden erreicht werden. In bindigen Böden ist dies dagegen nur sehr eingeschränkt möglich.

Die Bearbeitbarkeit der Bodengruppen GE, GW, GI, SE, SW, SI sowie GU, GT, SU, ST ist ohne Einschränkungen möglich!

Tab. 20.2-1: Grobe Orientierungsangaben für die Bearbeitbarkeit und den Bearbeitungsaufwand zur Lockerung gemischtkörniger Böden (zwischen 15 und 40 % Massenanteil < 0,06 mm)

Bodengruppe	Konsistenz	Bearbeitbarkeit	Bearbeitungs-aufwand
GU* Kies-Schluff-Gemische	fest halbfest steif breiig/weich/flüssig	mittel bis eingeschränkt gut bis eingeschränkt eingeschränkt nicht bearbeitbar	mittel bis hoch gering bis hoch hoch
GT* Kies-Ton-Gemische	fest halbfest steif breiig/weich/flüssig	eingeschränkt bis ungünstig mittel bis ungünstig eingeschränkt nicht bearbeitbar	hoch bis sehr hoch mittel bis sehr hoch hoch
SU* Sand-Schluff-Gemische	fest halbfest steif breiig/weich/flüssig	ungünstig gut bis eingeschränkt eingeschränkt nicht bearbeitbar	sehr hoch gering bis hoch hoch
ST* Sand-Ton-Gemische	fest halbfest steif breiig/weich/flüssig	nicht bearbeitbar ungünstig eingeschränkt nicht bearbeitbar	sehr hoch hoch

Tab. 20.2-2: Grobe Orientierungsangaben für die Bearbeitbarkeit und den Bearbeitungsaufwand zur Lockerung feinkörniger Böden (über 40 % Massenanteil < 0,06 mm)

Bodengruppe	Konsistenz	Bearbeitbarkeit	Bearbeitungsaufwand
UL leicht plastische Schluffe	fest halbfest steif breiig/weich/flüssig	ungünstig eingeschränkt eingeschränkt nicht bearbeitbar	sehr hoch hoch hoch
UM mittelplastische Schluffe	fest halbfest steif breiig/weich/flüssig	nicht bearbeitbar ungünstig ungünstig nicht bearbeitbar	 sehr hoch sehr hoch
UA ausgeprägt plastische Schluffe	fest halbfest steif breiig/weich/flüssig	nicht bearbeitbar ungünstig ungünstig nicht bearbeitbar	 sehr hoch sehr hoch
TL leicht plastische Tone	fest halbfest steif breiig/weich/flüssig	nicht bearbeitbar ungünstig ungünstig nicht bearbeitbar	 sehr hoch sehr hoch
TM mittelplastische Tone	fest halbfest steif breiig/weich/flüssig	nicht bearbeitbar ungünstig ungünstig nicht bearbeitbar	 sehr hoch sehr hoch
TA ausgeprägt plastische Tone	fest halbfest steif breiig/weich/flüssig	nicht bearbeitbar nicht bearbeitbar nicht bearbeitbar nicht bearbeitbar	

HINWEISE

Die Schwierigkeit der Lockerung bindiger Böden steigt mit ihrem Gehalt an bindigen Anteilen. Im trockenen Bereich müssen demzufolge die Lockerungsgeräte immer leistungsfähiger werden, wobei gleichzeitig aber das Lockerungsergebnis immer schlechter wird (Lockerung in „kleinen Stücken“). Im feuchten (nassen) Bereich klebt dagegen der Boden so gut zusammen, dass eine Trennung in Einzelbestandteile nicht mehr möglich ist. Es können nur noch Risse zwischen den Bodenklumpen erzeugt werden.
Der „gefährlichste“ ist stets der steifplastische Bereich! Werden hier, zum Beispiel durch Befahrung (häufig unabsichtlich), mit wenig Aufwand hohe Verdichtungsleistungen erzielt und soll der Boden anschließend gelockert werden – was noch gehen kann –, darf nicht der hohe Aufwand zur Lockerung der verdichteten Fahrspuren vergessen werden.

Stark vereinfachte Faustregel: Lockerung ausschließlich im halbfesten Bereich und im festen und steifen Bereich nur in Ausnahmefällen.

Exkurs: Auswirkung der Bearbeitung zwischen halbfester und plastischer Konsistenz
Die in einem Tonboden vertretenen Tonminerale bestimmen seine bodenmechanischen Eigenschaften. Die Kaolin-Tone sind verhältnismäßig wenig plastisch. Im Gegensatz dazu sind die aus der Montmorillonit-Gruppe gebildeten Tonböden hochplastisch, quellfähig und im Allgemeinen thixotrop*. Aus Montmorillonit ist beispielsweise der bautechnisch wichtige Bentonit-Ton aufgebaut.

* Thixotropie bezeichnet einen Vorgang in feinkörnigen, meist tonigen Sedimenten, bei dem durch mechanische Beanspruchung reversible Viskositätsunterschiede auftreten. Typisch ist ein Wechsel von fest nach flüssig durch Erschütterung mit anschließender

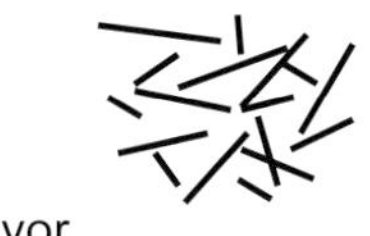

Abb. 20.2-1 Thixotropie

Rückkehr in den festen Zustand. Meist sind es plättchenförmige Tonminerale, die sich – in mikroskopischem Maßstab – zunächst in alle Raumrichtungen gegeneinander abstützen. Bei Erschütterung bricht die Struktur wie ein Kartenhaus in sich zusammen, die Mineralplättchen parallelisieren sich und beginnen, da es nun keine internen Haftkräfte mehr gibt, unter Einwirkung der Schwerkraft aneinander vorbeizugleiten.

Grund einer solchen Strukturveränderung oder -zerstörung ist immer eine Bearbeitung während eines falschen Wassergehalts! Deshalb sollte sich besonders bei vegetationstechnischen Arbeiten der Bearbeitungszeitpunkt nach dem Wetter beziehungsweise nach der Bodenfeuchtigkeit richten. Sich einem Termindruck zu unterwerfen, ist oft nicht hilfreich. Gegebenenfalls reichen einige Tage (Wochen) aus, um in den günstigen halbfesten Bereich zu kommen, in dem die Bodenstruktur erhalten bleibt.

Ist die Bodenstruktur erst einmal zerstört, so ist sie durch kein Bodenlockerungsverfahren wieder in den Urzustand zurückzuführen! Im Verlauf der Jahre/Jahrzehnte wird sie sich natürlich verbessern, mehr aber auch nicht.

Für den bautechnischen Bereich ist es genau andersherum, hier muss der Boden in einem gut verdichteten Zustand sein. Aus diesem Grund sollte im steifplastischen Bereich verdichtet werden, hier sind die besten Verdichtungsleistungen zu erreichen. Das geht eingeschränkt auch noch im weichen oder halbfesten Zustand.

20.3 Hinweise zum Verdichtungsverhalten und Verdichtungsgrad

Erläuterungen zu den Bezeichnungen in den Tabellen
Bodengruppe: Bezeichnung entsprechend DIN 18196
Verdichtungsfähigkeit: Sie wird nur grundsätzlich aufgezeigt und ist selbstverständlich abhängig von der Bodenfeuchtigkeit.
Gerät, Übergänge, Wirktiefe: Es werden nachfolgend vier gängige Gerätetypen vorgestellt:

- Vk = Vibrationsplatte bis 400 kg (klein),
- Vg = Vibrationsplatte über 400 kg (groß),
- Wk = Walze bis 7 t (klein),
- Wg = Walze bis 12 t (groß).

Ein Übergang bedeutet dabei eine Überfahrt in Vor- oder Rückwärtsbewegung. Die Wirktiefe ist ein Maß für die verdichtbare Schichtdicke.
Optimale Verdichtung (Proctordichte), Wassergehaltsbereich: Grobe Einschätzung erzielbarer und möglicher Proctordichten und der dazugehörigen Wassergehaltsbereiche. Ausgegangen wird von Wassergehalten, die auch eine optimale Verdichtung zulassen. Ist dies nicht der Fall, kann die Verdichtungsleistung durch dünnere Schichten und stärkere Maschinenleistung erreicht werden – aber nur bei Wassergehalten **unter** dem optimalen Wassergehalt!
Gefühlter Wassergehaltsbereich: Grobe Einschätzung des anstehenden Wassergehalts nur durch Anfühlen.
Hinweise zur Auswirkung von Verdichtungen auf vegetationstechnisch genutzte Böden
Bei Flächen, die vegetationstechnisch genutzt werden sollen, können auch unbeabsichtigte

Verdichtungen zum Problem werden. Sie werden durch Befahren (Baustellenverkehr) oder durch Lagerstellen auf der zukünftigen Vegetationsfläche hervorgerufen. Wenn dieses nicht beispielsweise durch Absperrungen oder eine sinnvolle Baustellenplanung vermieden werden kann, müssen diese Flächen anschließend wieder gelockert werden.

Tab. 20.3-1: Grobe Orientierungsangaben für die Verdichtungsfähigkeit, zum Geräteeinsatz, zur Proctordichte (mit Wassergehaltsbereich) und zum gefühlten Wassergehalt für die Verdichtung grobkörniger Böden (bis 5 % Massenanteil < 0,06 mm)

Bodengruppe	Verdichtungsfähigkeit	Gerät / Übergänge / Wirktiefe [cm]	Proctordichte [t/m³] / Wassergehalte [%]	Gefühlter Wassergehalt
GE eng gestufte Kiese	sehr schlecht	Vg / 4–6 / 30–40	1,9–2,0 / 7–10	fast trocken
GW weit gestufte Kies-Sand-Gemische	sehr gut	Vg / 4–6 / 30–40	2,0–2,3 / 4–8	fast trocken
GI intermittierend gestufte Kies-Sand-Gemische	mittel bis schlecht (Gefahr der Entmischung)	Vg / 4–6 / 30–40	1,9–2,1 / 6–9	fast trocken
SE eng gestufte Sande	schlecht	Vk / 4–6 / 20–30	1,7–1,8 / 8–11	mäßig feucht
SW weit gestufte Sand-Kies-Gemische	gut	Vk / 4–6 / 20–30	1,8–1,9 / 9–11	mäßig feucht
SI intermittierend gestufte Sand-Kies-Gemische	schlecht (Entmischung möglich)	Vk / 4–6 / 20–30	1,7–1,8 / 8–12	mäßig feucht

HINWEIS: Gebrochene Materialien weisen bessere Verdichtungsfähigkeiten auf.

Tab. 20.3-2: Grobe Orientierungsangaben für die Verdichtungsfähigkeit, zum Geräteeinsatz, zur Proctordichte (mit Wassergehaltsbereich) und zum gefühlten Wassergehalt für die Verdichtung gemischtkörniger Böden (5 bis 40 % Massenanteil < 0,06 mm)

Bodengruppe	Verdichtungsfähigkeit	Gerät / Übergänge / Wirktiefe [cm]	Proctordichte [t/m³] / Wassergehalte [%]	Gefühlter Wassergehalt
GU Kies-Schluff-Gemische	gut bis mittel	Vg / 4–6 / 20–40	2,1–2,2 / 5–8	mäßig feucht
GU* Kies-Schluff-Gemische	mittel	Vg / 4–6 / 20–40	1,8–1,9 / 11–13	mäßig feucht
GT Kies-Ton-Gemische	gut	Vg / 4–6 / 20–40	1,8–1,9 / 11–14	mäßig feucht
GT* Kies-Ton-Gemische	mittel	Vg / 4–6 / 20–40	1,8–1,9 / 11–15	mäßig feucht
SU Sand-Schluff-Gemische	gut bis mittel	Vk / 4–6 / 10–20	1,7–1,8 / 12–16	feucht
SU* Sand-Schluff-Gemische	mittel	Wk / 4–8 / 30–40	1,6–1,8 / 12–17	feucht
ST Sand-Ton-Gemische	gut bis mittel	Vk / 4–6 / 10–20	1,6–1,7 / 13–18	feucht
ST* Sand-Ton-Gemische	schlecht	Wk / 4–8 / 30–40	1,5–1,7 / 13–19	feucht

Tab. 20.3-3: Grobe Orientierungsangaben für die Verdichtungsfähigkeit, zum Geräteeinsatz, zur Proctordichte (mit Wassergehaltsbereich) und zum gefühlten Wassergehalt für die Verdichtung feinkörniger Böden (über 40 % Massenanteil < 0,06 mm)

Bodengruppe	Verdichtungsfähigkeit	Gerät / Übergänge / Wirktiefe [cm]	Proctordichte [t/m³] / Wassergehalte [%]	Gefühlter Wassergehalt
UL leicht plastische Schluffe	schlecht	Wg / 4–8 / 20–30	1,6–1,7 / 13–19	feucht
UM mittelplastische Schluffe	schlecht	Wg / 4–8 / 20–30	1,6–1,7 / 13–20	feucht
UA ausgeprägt plastische Schluffe	schlecht	Wg / 4–8 / 20–30	1,5–1,6 / 15–23	feucht
TL leicht plastische Tone	schlecht	Wg / 4–8 / 20–30	1,5–1,6 / 16–22	feucht
TM mittelplastische Tone	schlecht	Wg / 4–8 / 20–30	1,4–1,5 / 20–25	feucht
TA ausgeprägt plastische Tone	sehr schlecht	Wg / 4–8 / 20–30	1,4–1,5 / 23–28	feucht

HINWEIS

Die Verdichtungsfähigkeit wird als schlecht eingestuft, weil der Verdichtungsaufwand im Verhältnis zu grob- und gemischtkörnigen Böden deutlich größer ist (u. a. Maschinentyp und -gewicht, Belastungsdauer). Dennoch können bei geeignetem Einsatz sehr gute Verdichtungsqualitäten erzielt werden (z. B. im Teichbau).

20.4 Einfluss des Wassers

Wassereinflüsse sind zum einen abhängig von der jeweiligen Bodengruppe und zum anderen vom Verdichtungszustand. Daraus ergibt sich dann die Durchlässigkeit und daraus wiederum die Brauchbarkeit als Dränungs- oder Abdichtungsmaterial.

20.4.1 Wasserdurchlässigkeit und Eignung als Dränung oder Abdichtung

Erläuterungen zu den Bezeichnungen in den Tabellen:

Bodengruppe: Bezeichnung nach DIN 18196

Wasserdurchlässigkeit: Die Wasserdurchlässigkeit wird qualitativ abgeschätzt. Dabei wird unterschieden:

- **uv** – der Boden befindet sich in einem natürlichen (unverdichteten) Zustand,
- **v** – der Boden befindet sich im verdichteten Zustand.

Eignung als Dränung: Die Eignung des Bodens für die Verwendung als Dränmaterial wird abgeschätzt.

Eignung als Abdichtung: Die Eignung des Bodens für die Verwendung als Abdichtungsmaterial wird abgeschätzt.

Tab. 20.4-1: Grobe Orientierungsangaben für die Wasserdurchlässigkeit und die Eignung als Dränage- und Abdichtungsmaterial für grobkörnige Böden (bis 5 % Massenanteil < 0,06 mm)

Bodengruppe	Wasserdurchlässigkeit (uv = unverdichtet; v = verdichtet)	Eignung als Dränung (im eingebauten Zustand)	Eignung als Abdichtung (nur im verdichteten Zustand)
GE eng gestufte Kiese	**uv:** sehr hoch **v:** sehr hoch	sehr gut	nicht geeignet
GW weit gestufte Kies-Sand-Gemische	**uv:** sehr hoch **v:** hoch	sehr gut	nicht geeignet
GI intermittierend gestufte Kies-Sand-Gemische	**uv:** sehr hoch **v:** hoch	sehr gut	nicht geeignet
SE eng gestufte Sande	**uv:** hoch **v:** hoch	sehr gut	nicht geeignet
SW weit gestufte Sand-Kies-Gemische	**uv:** mittel **v:** mittel	gut bis mittel	nicht geeignet
SI intermittierend gestufte Sand-Kies-Gemische	**uv:** hoch **v:** hoch bis mittel	sehr gut bis gut	nicht geeignet

HINWEIS: Besonders bei den intermittierend gestuften Böden sind Einschränkungen durch Suffosionsvorgänge zu beachten.

Tab. 20.4-2: Grobe Orientierungsangaben für die Wasserdurchlässigkeit und die Eignung als Dränage- und Abdichtungsmaterial für gemischt- und feinkörnige Böden (5–40 % Massenanteil < 0,06 mm)

Bodengruppe	Wasserdurchlässigkeit (uv = unverdichtet; v = verdichtet)	Eignung als Dränung (im eingebauten Zustand)	Eignung als Abdichtung (nur im verdichteten Zustand)
GU Kies-Schluff-Gemische	**uv:** sehr hoch **v:** hoch	mittel	nicht geeignet
GU* Kies-Schluff-Gemische	**uv:** hoch **v:** mittel bis gering	schlecht	nicht geeignet
GT Kies-Ton-Gemische	**uv:** hoch **v:** mittel	schlecht	nicht geeignet
GT* Kies-Ton-Gemische	**uv:** mittel **v:** gering	nicht geeignet	nicht geeignet
SU Sand-Schluff-Gemische	**uv:** sehr hoch bis hoch **v:** mittel	schlecht	nicht geeignet
SU* Sand-Schluff-Gemische	**uv:** hoch **v:** mittel bis gering	nicht geeignet	nicht geeignet
ST Sand-Ton-Gemische	**uv:** mittel **v:** gering	nicht geeignet	nicht geeignet
ST* Sand-Ton-Gemische	**uv:** mittel bis gering **v:** sehr gering	nicht geeignet	nicht geeignet

Tab. 20.4-3: Grobe Orientierungsangaben für die Wasserdurchlässigkeit und die Eignung als Dränage- und Abdichtungsmaterial für feinkörnige Böden (über 40 % Massenanteil < 0,06 mm)

Bodengruppe	Wasserdurchlässigkeit (uv = unverdichtet; v = verdichtet)	Eignung als Dränung (im eingebauten Zustand)	Eignung als Abdichtung (nur im verdichteten Zustand)
UL leicht plastische Schluffe	**uv:** hoch **v:** mittel bis gering	nicht geeignet	mittel bis gering
UM mittelplastische Schluffe	**uv:** mittel **v:** gering	nicht geeignet	gut bis mittel
UA ausgeprägt plastische Schluffe	**uv:** gering **v:** sehr gering	nicht geeignet	gut
TL leicht plastische Tone	**uv:** mittel bis gering **v:** gering bis sehr gering	nicht geeignet	gut
TM mittelplastische Tone	**uv:** sehr gering **v:** sehr gering	nicht geeignet	sehr gut
TA ausgeprägt plastische Tone	**uv:** sehr gering **v:** sehr gering	nicht geeignet	sehr gut

20.4.2 Empfindlichkeit gegen Erosion und Frost

Erläuterungen zu den Bezeichnungen in den Tabellen:
Bodengruppe: Bezeichnung nach DIN 18196
Kapillarität: Die Kapillarität des Bodens wird grob abgeschätzt.
Frostempfindlichkeit: Die Hinweise beziehen sich grundsätzlich auf verdichtete Böden.
Erosionsgefährdung: Empfindlichkeit gegen Oberflächenerosion. Sie ist immer abhängig von der Intensität der Niederschläge und der Hangneigung! Die hier aufgezeigten Merkmale beziehen sich auf die in Deutschland auftretenden „normalen“ Niederschläge und keine ausgeprägten Hangneigungen. Extreme beiderseits können dazu führen, dass auch als „sicher“ eingestufte Böden (sehr) stark erodieren!

Die Erosionsgefährdung wird qualitativ abgeschätzt. Dabei wird unterschieden:

- **uv** – der Boden befindet sich in einem natürlichen (unverdichteten) Zustand,
- **v** – der Boden befindet sich im verdichteten Zustand.

Tab. 20.4-4: Grobe Orientierungsangaben für die Kapillarität, Frostempfindlichkeit und Erosionsgefährdung für grobkörnige Böden (bis 5 % Massenanteil < 0,06 mm)

Bodengruppe	Kapillarität	Frostempfindlichkeit	Erosionsgefährdung (uv = unverdichtet; v = verdichtet)
GE eng gestufte Kiese	keine	nicht frostempfindlich	keine
GW weit gestufte Kies-Sand-Gemische	gering bis keine	nicht frostempfindlich	keine
GI intermittierend gestufte Kies-Sand-Gemische	keine	nicht frostempfindlich	keine
SE eng gestufte Sande	keine	nicht frostempfindlich	sehr hoch
SW weit gestufte Sand-Kies-Gemische	gering	nicht frostempfindlich	**uv:** sehr hoch **v:** mittel
SI intermittierend gestufte Sand-Kies-Gemische	gering bis keine	nicht frostempfindlich	sehr hoch

HINWEIS: Gebrochene Materialien weisen eine geringere Erosionsgefährdung auf.

Tab. 20.4-5: Grobe Orientierungsangaben für die Kapillarität, Frostempfindlichkeit und Erosionsgefährdung für gemischt- und feinkörnige Böden (5 bis 40 % Massenanteil < 0,06 mm)

Bodengruppe	Kapillarität	Frostempfindlichkeit	Erosionsgefährdung (uv = unverdichtet; v = verdichtet)
GU Kies-Schluff-Gemische	gering	gering bis mittel frostempfindlich	**uv:** hoch **v:** gering
GU* Kies-Schluff-Gemische	hoch	sehr frostempfindlich	**uv:** mittel **v:** gering
GT Kies-Ton-Gemische	mittel	gering bis mittel frostempfindlich	**uv:** gering **v:** gering bis keine
GT* Kies-Ton-Gemische	hoch	sehr frostempfindlich	**uv:** gering bis keine **v:** keine
SU Sand-Schluff-Gemische	hoch bis mittel	gering bis mittel frostempfindlich	**uv:** hoch **v:** mittel bis gering
SU* Sand-Schluff-Gemische	hoch	sehr frostempfindlich	**uv:** hoch **v:** gering
ST Sand-Ton-Gemische	hoch	gering bis mittel frostempfindlich	**uv:** gering **v:** gering
ST* Sand-Ton-Gemische	sehr hoch bis hoch	sehr frostempfindlich	**uv:** gering bis keine **v:** keine

Tab. 20.4-6: Grobe Orientierungsangaben für die Kapillarität, Frostempfindlichkeit und Erosionsgefährdung für feinkörnige Böden (über 40 % Massenanteil < 0,06 mm)

Bodengruppe	Kapillarität	Frostempfindlichkeit	Erosionsgefährdung (uv = unverdichtet; v = verdichtet)
UL leicht plastische Schluffe	hoch	sehr frostempfindlich	**uv:** gering **v:** gering
UM mittelplastische Schluffe	sehr hoch bis hoch	sehr frostempfindlich	**uv:** gering **v:** gering bis keine
UA ausgeprägt plastische Schluffe	sehr hoch	sehr frostempfindlich	**uv:** gering **v:** gering bis keine
TL leicht plastische Tone	sehr hoch bis hoch	sehr frostempfindlich	**uv:** gering **v:** gering bis keine
TM mittelplastische Tone	sehr hoch	sehr frostempfindlich	**uv:** gering **v:** keine
TA ausgeprägt plastische Tone	sehr hoch (extrem)	gering bis mittel frostempfindlich	**uv:** gering **v:** keine

21 MÖGLICHKEITEN DER BODENVERBESSERUNG

Ziel einer Bodenverbesserung ist es, den vorhandenen Boden mit einem Fremdmaterial so zu verbessern, dass er dem gewünschten Verwendungszweck gerecht wird. Dazu muss der vorhandene Boden, in der Form einer Körnungskurve, genauso bekannt sein wie das Zusatzmaterial und der gewünschte Zielbereich. Mit dem aufgezeigten Verfahren sind dann die genauen Mischanteile zu ermitteln. Eine Alternative ist ein Bodenaustausch.

Ein Beispiel der einfachsten Form einer mechanischen, rein bautechnischen Bodenverbesserung ist eine Zuwegung (Baustraße), auf der so oft Kies/Schotter aufgebracht wird, bis diese Strecke befahrbar ist. Dazu bedarf es auch keiner genauen Ermittlung eines Mischungsverhältnisses. Wenn das Material „eingearbeitet“ ist (aufgrund des tiefgründigen Untergrunds), kommt einfach die nächste Schicht Schotter oben darauf.

Das hier vorgestellte und berechnete Beispiel (siehe Kap. 21.4) einer Bodenverbesserung für eine Rasentragschicht enthält sowohl bautechnische als auch vegetationstechnische Gesichtspunkte. Bei einer rein bautechnischen Bodenverbesserung (in Richtung besserer Verdichtbarkeit und geringerer Setzung) ist eine Bepflanzung kaum mehr möglich.

21.1 Vorüberlegungen

Der Grund für eine Bodenverbesserung ist stets eine negativ ausgefallene Bewertung des vorhandenen Bodens in Bezug auf seine gewünschte Leistungsfähigkeit. Entsprechend seiner Kornzusammensetzung ist er also für den vorgesehenen bau- oder vegetationstechnischen Zweck nicht geeignet.

Typische Beispiele für bautechnische Zwecke

- Trag- und Dränschichten im Sportplatzbau,
- Untergrund und Unterbau im Wegebau,
- Frostschutz-, Trag- und Deckschichten im Wegebau,
- Anpassung der Bodeneigenschaften zur Vermeidung von Kontakterosion.

Typische Beispiele für vegetationstechnische Zwecke

- Abmagerung oder Erhöhung feinkörniger Anteile für Saat- und Pflanzflächen,
- belastbare Rasentragschichten,
- Dachbegrünungen.

Grundsätzlich bieten sich nun folgende Lösungsmöglichkeiten an:

a) Mechanische Bodenverbesserung

Bei der mechanischen Bodenverbesserung wird der größte Teil des vorhandenen ungeeigneten Bodens (Boden 1) behalten und mit einem Zusatzmaterial (Boden 2) so vermischt, dass die Mischung dem gewünschten Verwendungszweck gerecht wird.

b) Bodenaustausch

Der vorhandene, ungeeignete Boden wird vollständig gegen einen neu zu beschaffenden, anforderungsgerechten Boden ausgetauscht.

Nachfolgend werden die Grundzüge einer mechanischen Bodenverbesserung dargestellt. In manchen Fällen mag eine Mischung von Ausgangsmaterial und Zusatzmaterial nach Augenmaß möglich und ausreichend sein. Voraussetzung für die hochwertigere, genauere Ermittlung des Mischungsverhältnisses ist das Vorliegen der Körnungslinien von Ausgangs- und Zusatzmaterial. Ein Beispiel verdeutlicht die Vorgehensweise bei der Ermittlung des erforderlichen Mischungsverhältnisses.

Grundsätzlich sind stark steinige Böden und bindige Böden mit hohem Wassergehalt oder zu festem Gefüge als vorhandene Böden in der Regel nicht geeignet. Mischungen ab etwa 30 % Zusatzmaterial sind aufwendig und häufig nicht mehr wirtschaftlich. Zusätzlich ist unbedingt zu beachten, dass keine schädlichen Stoffe enthalten sind.

21.2 Ermittlung des Mischungsverhältnisses

Zur Ermittlung des Mischungsverhältnisses wird folgende Vorgehensweise empfohlen:

Schritt 1: Beschreibung der Aufgabe

Die Beschreibung der Aufgabe erfolgt unabhängig von den vorliegenden Bodenverhältnissen. Die im Objekt benötigte Leistung des Bodens, wie Durchlässigkeit oder Belastbarkeit, ist festzulegen.

Schritt 2: Festlegung der Anforderung an den Boden

Entscheidend ist die zu fordernde Kornzusammensetzung. Hierzu ist eine ideale Körnungslinie unter Zulassung einer gewissen Bandbreite (sogenannte empfohlene Körnungsbänder beispielsweise nach Regelwerken) abzuleiten oder festzulegen.

Schritt 3: Einfache Feldversuche (ggf. Laborversuche)

Für das Verfahren müssen die Körnungslinien des vorhandenen, ungeeigneten Bodens (Boden 1) und des verfügbaren Zusatzmaterials (Boden 2) in einfachen Feldversuchen (ggf. Laborversuchen) ermittelt werden. Für die spätere praktische Baudurchführung sind zusätzlich der Wassergehalt beziehungsweise die Konsistenz der Böden zum Zeitpunkt der Arbeiten zu beachten.

Schritt 4: Ermittlung des Mischungsverhältnisses
Anhand des geforderten/gewünschten Körnungsbereiches wird auf transparentem Papier oder einer durchsichtigen Folie eine „Lehre" erstellt. In ein Diagramm (Abb. 21.2-1) werden die maßgebenden Kennwerte aus den Körnungslinien des vorhandenen Bodens 1 (auf der senkrechten Achse bei 0 % Anteil des Zusatzmaterials) und des Zusatzmaterials Boden 2 (auf der senkrechten Achse bei 100 % Anteil des Zusatzmaterials) eingetragen und linear miteinander verbunden.

Anleitung

1. Die Massenanteile gleicher Korndurchmesser der Körnungskurven der zu mischenden Böden auftragen, und zwar die des Ausgangsmaterials (Boden 1) auf der senkrechten Achse bei 0 % und die des Zusatzmaterials (Boden 2) auf der senkrechten Achse bei 100 %;
2. gleiche Korndurchmesser durch Geraden verbinden;
3. transparente Lehre mit den geforderten Körnungsbereichen so auf dem Diagramm verschieben, dass alle Verbindungsgeraden die Achse der Lehre in den entsprechenden Körnungsbereichen schneiden;
4. auf der waagerechten Achse den Anteil des Zusatzmaterials (Boden 2) an der fertigen Mischung ablesen und das Mischungsverhältnis berechnen.

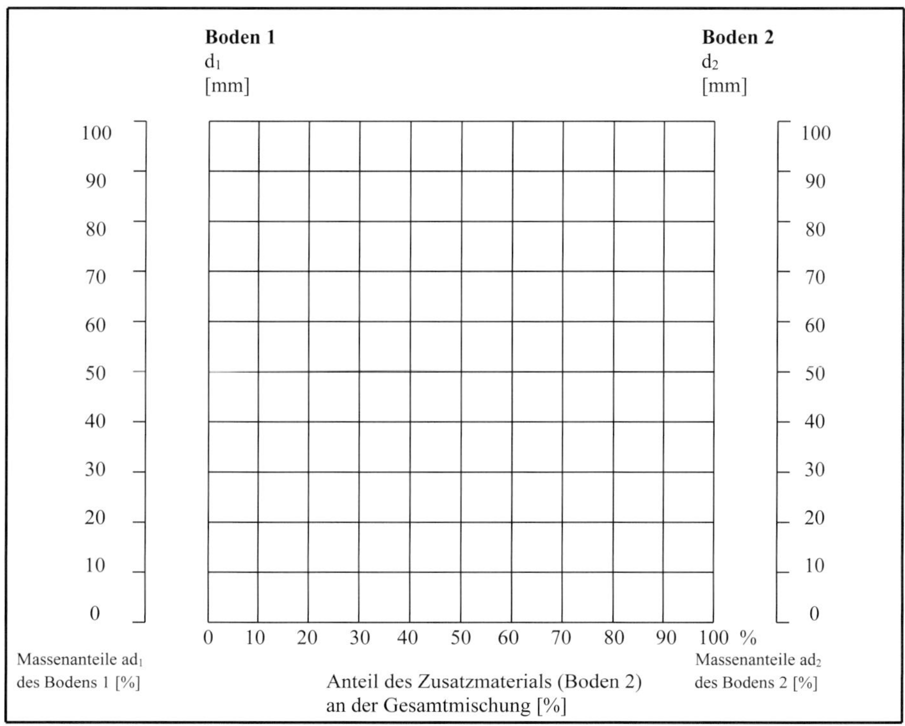

Abb. 21.2-1 Diagramm zur Ermittlung des Mischungsverhältnisses zweier Böden.

Schritt 5: Darstellung des Mischungsergebnisses

Das Ergebnis der Mischung wird als Körnungslinie dargestellt.

Schritt 6: Prüfung der Eignung der Mischung

Es ist zu prüfen, ob der „neue“ Boden zu dem darunterliegenden Boden oder zu etwaigen aufzubringenden Bodenschichten passt, zum Beispiel im Hinblick auf eine geforderte Durchlässigkeit oder eine zu verhindernde Kontakterosion. Ferner können aus der Bodengruppe des „neuen“ Bodens weitere Bodeneigenschaften und Verarbeitungshinweise abgeleitet werden.

21.3 Hinweise zur Bauausführung

Es werden das Baumischverfahren oder Ortsmischverfahren („mixed in place“) und das Zentralmischverfahren („mixed in plant“) unterschieden.

HINWEIS zur Witterung:

Bei Bodenverbesserungsarbeiten darf gefrorener Boden grundsätzlich **nicht** ver- und bearbeitet werden.

1. Arbeitsablauf im Baumischverfahren

1.1 Vorbereitung des Planums

- Pflanzenreste, größere Steine und gegebenenfalls Oberboden entfernen.
- Wassergehalt überprüfen und eventuell optimalen Wassergehaltsbereich einstellen.
- Gemischt- und feinkörnige Böden aufreißen und gegebenenfalls zerkleinern.
- Profil abgleichen.
- **Höhenveränderungen** durch Einmischung der Zusatzmaterialien beachten!

1.2 Zusatzmaterialien verteilen

Eine gleichmäßige Verteilung ist unbedingt erforderlich. Daher gilt für streufähige Zusatzmaterialien:

- nur in Ausnahmefällen von Hand oder mit Düngerstreuern ausbringen.
- bei größeren Baumaßnahmen mit speziellen Verteilern arbeiten.

1.3 Einmischen des Zusatzmaterials

- Das Zusatzmaterial ist gleichmäßig vor Ort mit dem Boden zu mischen. Die Geräte sind entsprechend Mischtiefe, Verfahren und Bodenart auszuwählen. Verwendbar sind beispielsweise Fräsen, Scheibeneggen, Spatengeräte, Spezialgeräte.

1.4 Planierarbeiten

- Es sind auch Radlader oder Planierraupen einsetzbar.

1.5 Verdichten der Mischung

- Der geforderte Verdichtungsgrad ist mit Geräten ausreichender Leistung zu erzielen.

HINWEIS

Die im Baumischverfahren erreichbare Höchstdicke der verbesserten Schicht ist abhängig von der Leistung des Mischgerätes (und des Verdichtungsgerätes). Bei beziehungsweise unmittelbar nach Niederschlägen sind die Arbeiten einzustellen.

2. Arbeitsablauf im Zentralmischverfahren

2.1 Vorbereiten der Entnahmestelle

- Pflanzenreste, größere Steine und gegebenenfalls Oberboden entfernen.
- Wassergehalt des zu verbessernden Bodens überprüfen.

2.2 Gewinnung des zu verbessernden Bodens
- Er ist an der Gewinnungsstelle zu lösen, zu laden und zur Mischanlage zu transportieren.

2.3 Mischvorgang
- Es ist eine chargenweise oder kontinuierliche Mischung des Bodens mit den Zusatzmaterialien, gegebenenfalls mit Anpassung an den erforderlichen Wassergehalt, vorzunehmen.

2.4 Transport des Mischgutes zum Einbauort
- Normale Lkw oder Radlader (bei kurzen Entfernungen) sind ausreichend.

2.5 Mischgutverteilung und -verdichtung
- Üblich ist eine lagenweise Verteilung. Die geforderte Ebenheit und Schichtdicke sind zu beachten. Die Verteilung kann mit Gradern oder Straßenfertigern erfolgen. Bei geringeren Ansprüchen können Planierraupen und Radlader eingesetzt werden. Erst danach kann der Boden verdichtet werden.

HINWEIS

Die im Zentralmischverfahren erreichbare Höchstdicke des verbesserten Bodens kann durch die Zahl der eingebauten Lagen beliebig variiert werden.

21.4 Beispiel Bodenverbesserung einer Rasentragschicht

Für einen Hausgarten soll eine 250 m^2 große Rasenfläche in robuster und bespielbarer Qualität hergestellt werden. Nach visuellen und manuellen Prüfungen weist der vorhandene Oberboden einen hierfür zu hohen Feinkornanteil auf: Es kommt das Verfahren der mechanischen Bodenverbesserung in Betracht.

Ermittlung des Mischungsverhältnisses

Schritt 1: Beschreibung der Aufgabe

Es ist eine belastbare Rasenfläche herzustellen. Als Bewertungsmaßstab werden die Eigenschaften eines Rasentragschichtgemisches nach DIN 18035-4: Sportplätze – Teil 4: Rasenflächen, Dezember 2018, herangezogen.

Schritt 2: Festlegung der Anforderung an den Boden

Entscheidend ist die zu fordernde Kornzusammensetzung. Das empfohlene Körnungsband für Rasentragschichtgemische zeigt nachfolgende Abbildung.

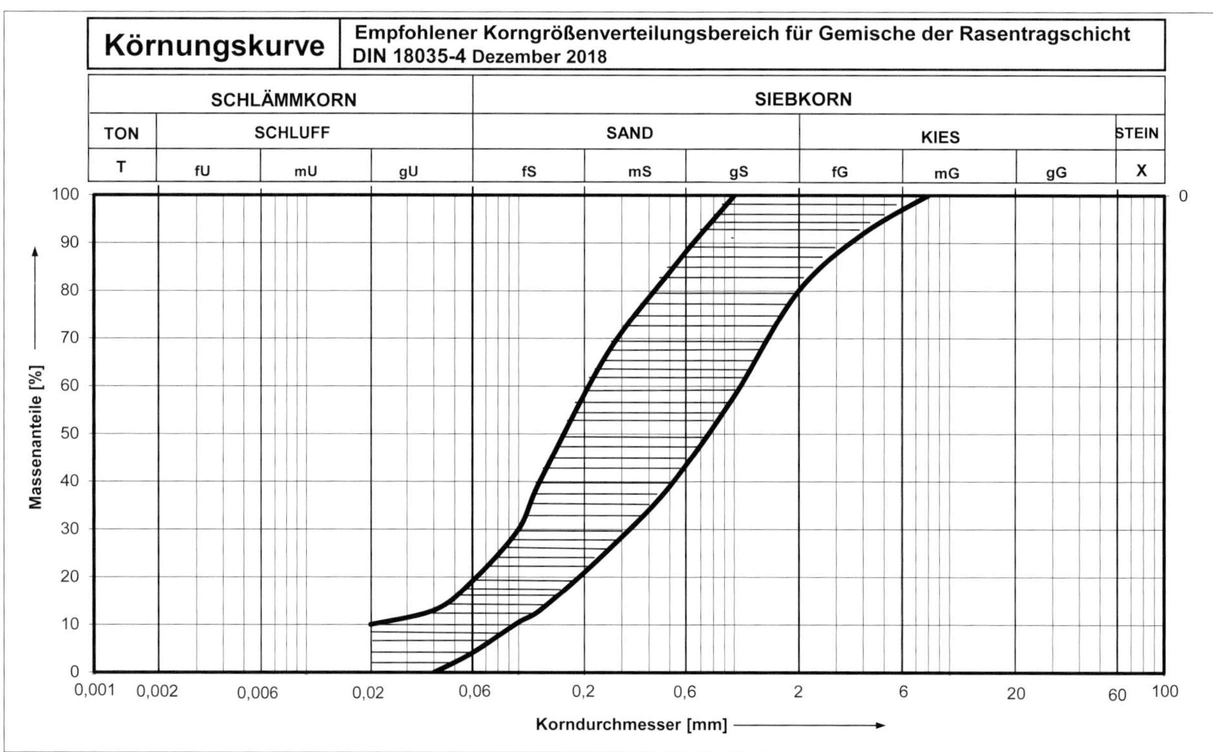

Abb. 21.4-1 Empfohlenes Körnungsband für Rasentragschichtgemische nach DIN 18035-4.

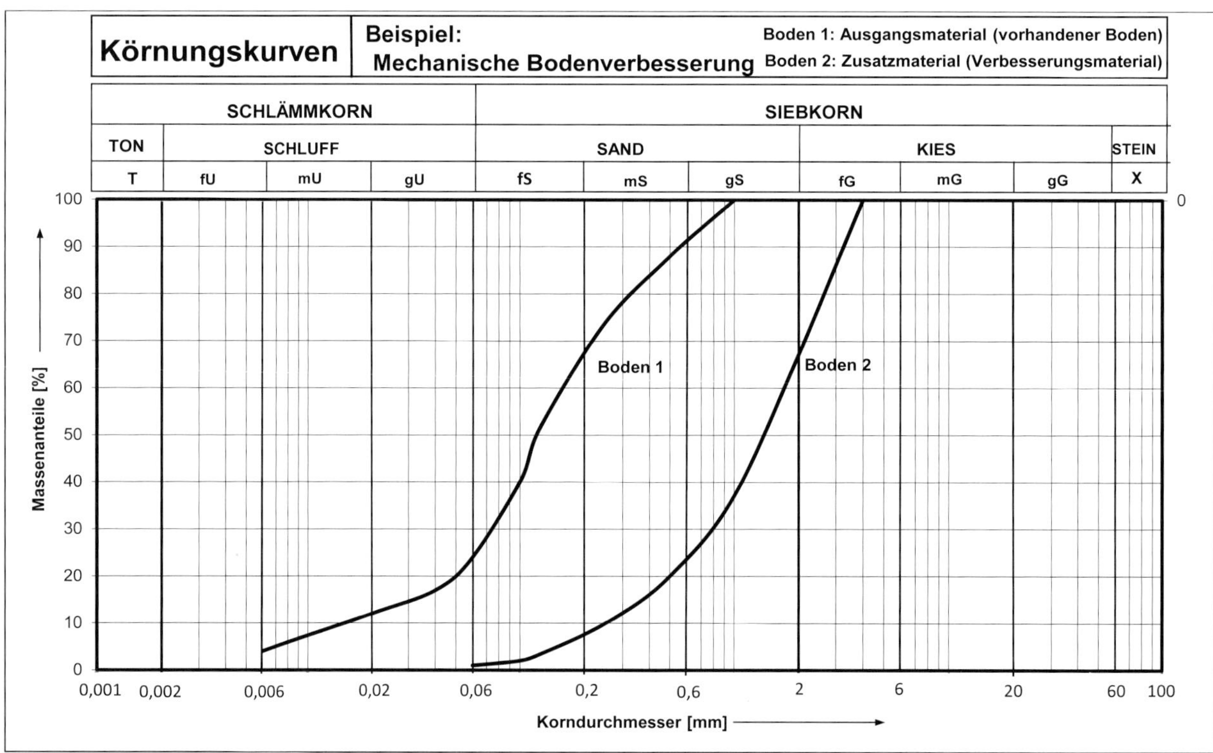

Abb. 21.4-2 Körnungslinien des vorhandenen Oberbodens (SU*) und des möglichen Zusatzmaterials (SW).

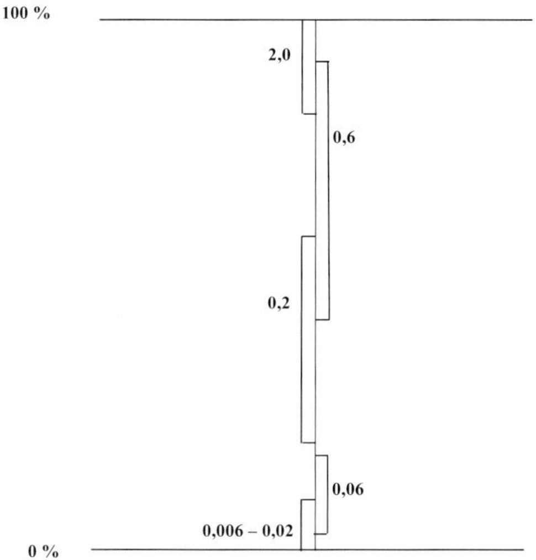

Abb. 21.4-3
Lehre für den Körnungsbereich des Rasentragschichtgemisches.

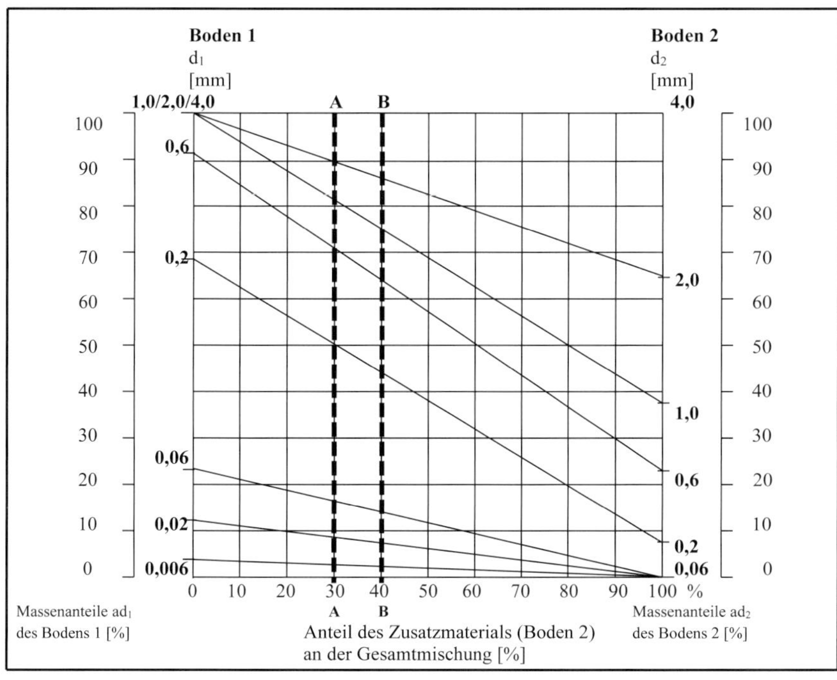

Abb. 21.4-4
Diagramm zur Ermittlung des Mischungsverhältnisses zweier Böden.

Schritt 3: Einfache Feldversuche (gegebenenfalls Laborversuche)

Die Körnungslinien des vorhandenen Oberbodens und des zur Verfügung stehenden Zusatzmaterials zeigt Abbildung 21.4-2.

Als eine Vereinfachung für den nächsten Schritt wird nun für beide Böden eine Tabelle mit den Massenanteilen bei markanten Korndurchmessern erstellt (Tab. 21.4-1).

Tab. 21.4-1: Massenanteile von Oberboden und Zusatzmaterial

Korndurchmesser	Massenanteile (Summen-%)	
d [mm]	Boden 1	Boden 2
4	–	100
2	–	67
1	100	38
0,6	91	23
0,2	67	8
0,06	23	1
0,02	12	–
0,006	4	–

Schritt 4: Ermittlung des Mischungsverhältnisses

Anhand des geforderten/gewünschten Körnungsbereiches wird auf transparentem Papier oder einer durchsichtigen Folie eine „Lehre“ erstellt (Abb. 21.4-3).

In ein Diagramm (siehe Abb. 21.4-4) werden die maßgebenden Kennwerte aus den Körnungslinien des vorhandenen Bodens 1 (auf der senkrechten Achse bei 0 % Anteil des Zusatzmaterials) und des Zusatzmaterials Boden 2 (auf der senkrechten Achse bei 100 % Anteil des Zusatzmaterials) eingetragen und linear miteinander verbunden.

Es können sich mehrere mögliche Mischungsverhältnisse ergeben. Dabei kann der Anteil des Zusatzmaterials an der Gesamtmischung zwischen 18 und 56 % betragen. Nachfolgend sind für zwei beispielhafte Mischungen (30 und 40 % Anteil des Zusatzmaterials an der Gesamtmischung) die Massenanteile in Abhängigkeit des Korndurchmessers aufgelistet (Tab. 21.4-2).

Tab. 21.4-2: Massenanteile des gemischten Materials für die beiden gewählten Zumischungen

Korndurchmesser	Massenanteile (Summen-%)	
d [mm]	Lösung A (30 %)	Lösung B (40 %)
4	100	100
2	90	86
1	82	75
0,6	71	63
0,2	50	43
0,06	16	13
0,02	9	7
0,006	3	2

Schritt 5: Darstellung des Mischungsergebnisses

Die Ergebnisse der beispielhaften Mischungen sind in Abbildung 21.4-5 als Körnungslinien dargestellt.

HINWEIS

Das Ergebnis bzw. die beiden Ergebnisse aus Abbildung 21.4-4 ergeben keinen Hinweis, ob der verbesserte Boden die gestellten Anforderungen wirklich erfüllt. Dafür muss das Ergebnis als Körnungskurve(n) dargestellt und interpretiert werden. Zu diesem Zweck werden die Ergebnisse der beispielhaften Mischungen (Massenanteile der jeweiligen Mischung A und B) an den Schnittpunkten aufgenommen und im Kornverteilungsdiagramm als Körnungskurven eingetragen.

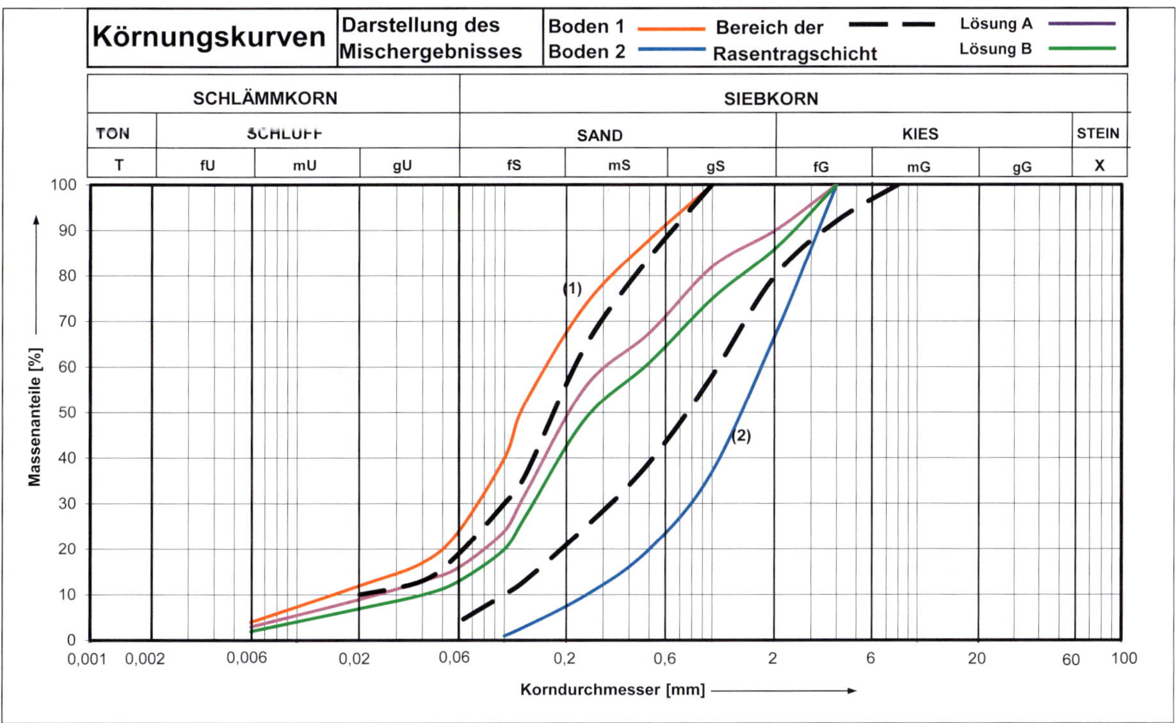

Abb. 21.4-5 Körnungslinien der Mischungen.

Schritt 6: Prüfung der Eignung der Mischung

Lösung A: Das wirtschaftlichere Mischungsverhältnis von etwa 1 : 2 (30 % : 70 %) verläuft im Feinkornbereich gerade noch im gewünschten Körnungsbereich.

Lösung B: Das unwirtschaftlichere Mischungsverhältnis von etwa 2 : 3 (40 % : 60 %) führt zu etwas besseren hydraulischen Eigenschaften und zu besserer Tragfähigkeit.

HINWEIS

Der Boden der gewählten Lösungsvariante ist entsprechend den gültigen Normen (siehe Kap. 7) zu benennen. Die für den Verwendungszweck relevanten Aspekte wie Wasserdurchlässigkeit (k_f-Wert), Frostverhalten, Suffosion/Erosion (gegebenenfalls Filterregeln und kapillarer Bruch) sowie weitere Ableitungen aus den Körnungskurven sind eventuell zu untersuchen.

Hinweise zur Bauausführung
Die Umsetzung von Lösung A bedeutet bei einer zu verbessernden Schichtstärke des Ausgangsmaterials von 20 cm, dass für die zu bearbeitende Fläche von 250 m^2 eine Menge von 15 m^3 = 27 t von Boden 2 (bei einer mittleren Feuchtdichte von 1,8 t/m^3) benötigt wird!
Lösung A (30 %): (250 m^2 × 0,2 m) × 0,3 = **15 m^3** × 1,8 t/m^3 = **27 t**
Lösung B (40 %): (250 m^2 × 0,2 m) × 0,4 = **20 m^3** × 1,8 t/m^3 = **36 t**

Bei Wahl des Baumischverfahrens:
Ist eine Erhöhung der Fläche kein Problem oder sogar erwünscht, so müsste das Zusatzmaterial in einer Höhe von ca. 6 bis 7 cm für Lösung A aufgebracht und anschließend eingearbeitet werden.

Um keine Erhöhung der Fläche zu erhalten, müsste etwa ein Drittel des Oberbodens ausgekoffert und abtransportiert werden; hier würde sich die Frage stellen, wohin.

Bei Wahl des Zentralmischverfahrens:
Bei diesem Verfahren wird der vorhandene Boden gelöst, an einer geeigneten Stelle mit dem Verbesserungsmaterial gemischt, um anschließend zurücktransportiert und eingebaut zu werden. Ist eine Erhöhung der Fläche nicht erwünscht, dann sind nur 70 % des anstehenden Bodens zu verwenden, auch hier würde sich die Frage stellen, wohin mit dem Rest.

Kritikpunkte:
Für das Baumischverfahren ist bei beiden Lösungen die Schichtdicke für kleinere Mischgeräte, wie beispielsweise handgeführte Fräsen, zu mächtig. Es können nur große, platzaufwendige Mischgeräte eingesetzt werden.

Das Zentralmischverfahren kann dagegen ohne Einschränkungen durchgeführt werden. Allerdings ist dieses Verfahren auch der kostenintensivere Vorgang.

21.5 Weitere Hinweise

Die weiteren Hinweise zu den Mischverfahren und zur Vegetationstechnik enthalten praktische Unterweisungen und Tipps zu Bodenverbesserungen.

Zu den Mischverfahren
1. Eignung des Materials: Die zu mischenden Böden **müssen** mischbar sein, das heißt es sind in der Regel nur nicht bindige (schwach bindige) Böden geeignet (Ton und Sand können beispielsweise auf der Baustelle nicht miteinander gemischt werden – der Sand rieselt im trockenen Zustand nur in die Risse und im feuchten Zustand klebt er sich nur außen an).
2. Grenze der Zumischung: Maximal ein Drittel Fremdmaterial kann zugemischt werden, darüber hinaus ist ein Bodenaustausch meistens sinnvoller.
3. Mischung: Sie hängt außer von der örtlichen Situation (Flächenanordnung und Größe, Transportwege, Zugänglichkeit) noch von den zur Verfügung stehenden Geräten ab.
3.1 Baumischverfahren: Das Fremdmaterial wird auf der zu verbessernden Fläche ausgebreitet und anschließend eingearbeitet. **Arbeitsvorgang:** Die direkte Methode ist vom Einwirkungsbereich des Arbeitsgerätes (Fräse) abhängig – von einigen Zentimetern bis zu einer Arbeitstiefe von maximal etwa 30 cm.
3.2 Zentralmischverfahren: Der entnommene (ausgekofferte) Boden wird, möglichst im Nahbereich, mit dem Zusatzmaterial vermischt und wieder aufgebracht. **Einfacher Mischvorgang:** Die zu mischenden Böden werden Schaufel für Schaufel (mittels Radlader) auf einen Haufen gegeben, der anschließend mindestens drei Mal umgesetzt wird, bevor er wieder zurücktransportiert und eingebaut wird.

4. Ergänzende Hinweise: Eine Bodenverbesserung mit einem Mischungsverhältnis von unter 1 : 10 bringt meistens keine nennenswerte Veränderung und lohnt sich daher nicht. Aber auch bei diesem Verhältnis sind bei nur 10 cm zu verbessernder Schicht mindestens 18 kg/m^2 an Fremdmaterial auszubringen. Bei einer großflächigen Bodenverbesserung sind deshalb **immer** Massen an Zusatzmaterial zu verteilen. Auch bei kleineren Flächen, beispielsweise einem Staudenbeet, sind schon relativ große Mengen an Zusatzmaterial mit dem Spaten einzuarbeiten. Ein wenig Sand auszustreuen, reicht dabei keinesfalls aus.
Das Zusatzmaterial ist fast immer ein Boden **ohne** organische Bestandteile. Das kann ein in der Nähe entnommener Baugrund oder ein Boden aus einem Kieswerk (z. B. Pflastersand, Estrichkies) sein.

Zur Vegetationstechnik (grobe Leitlinien)
Hier steht der Anwendungsbezug auf unterschiedliche Nutzungsarten im Vordergrund. Bei Gehölzen soll die Maßnahme für einen meist langen Zeitraum vorhalten – spätere Änderungen sind in der Regel nicht mehr möglich. Auch bei Rasenflächen sollen die Verbesserungen für einen längeren Zeitraum wirksam sein – spätere Änderungen wären langwierig oder aufwendig (Neubau). Bei Nutzgärten und Staudenbeeten ist das Ziel häufig vor allem, den Boden kurzfristig zu verbessern, Änderungen sind dabei später ohne weiteres durchführbar.

In der nachfolgenden Aufzählung sind die wichtigsten vegetationstechnischen Nutzungsmöglichkeiten aufgeführt, wobei Rasen und Gehölze in der Regel langfristigen Nutzungen unterliegen.

a) Rasenflächen – In der Regel sind Sande und gemischtkörnige Böden bis 15 % Feinkornanteil mischbar, Kiese und bindige Böden nicht.
b) Nutzgarten/Stauden – Mit einer etwas größeren Bandbreite gilt das Gleiche wie zuvor.
c) Gehölze – Hier ist am meisten möglich, weil besonders auch Pioniergehölze mit fast allen Bedingungen zurechtkommen. Auszuschließen wären nur sehr grobe und stark bindige Böden.

HINWEIS

Wenn es um die Vegetationstechnik geht, sind immer auch Standortansprüche der jeweiligen Pflanzen betroffen (als Beispiel sei hier die Staudenvielfalt mit ihren sehr unterschiedlichen Ansprüchen genannt). Bei Fragen zu diesem Themenkomplex müssen weitergehende Informationen eingeholt werden. Hier geht es lediglich darum, den Boden so vorzubereiten/zu verbessern, dass er als Pflanzenstandort physikalisch geeignet ist, oder festzustellen, dass er es nicht ist. Im letztgenannten Fall kann ein Bodenaustausch nicht umgangen/ausgeschlossen werden.

ABSCHNITT D: ANWENDUNGSBEISPIEL

22 NUTZUNG VON FREIFLÄCHEN AN EINEM HAUSNEUBAU

Anhand eines Grundstückes mit einem Rohbau wird in diesem Abschnitt die Arbeitsweise des Buches beispielhaft vorgestellt.

22.1 Festlegung der Arbeitsschritte

Grundsätzlich ist die Vorgehensweise immer: Wie beginne ich? Denn nicht nur beim ersten Mal kann eine vorgefundene Situation vermeintlich hilflos machen. Es herrscht nicht nur Ratlosigkeit, welche Feldversuche anzuwenden sind, sondern vor allen Dingen, wie sie zu interpretieren sind und was mit den Ergebnissen anzufangen ist.

Letztendlich müssen alle Ergebnisse anschließend in Bezug auf die spätere Nutzung gesehen werden. Am „einfachsten" ist die Beurteilung eines unberührten Bodens, am „schwierigsten" ist dagegen seine Beurteilung auf einer Fläche, wo schon diverse (Erd-) Arbeiten stattgefunden haben.

HINWEIS

Das Leitmotiv ist stets, sich darüber Klarheit zu verschaffen, welche Funktion(en) der Boden erfüllen soll bzw. wie seine spätere Nutzung geplant ist.

Die Vorgehensweise umfasst folgende Arbeitsschritte:

1. Situation vor der Begehung

- Welche Fläche(n) sollen überbaut werden (z. B. Gartenhaus, Weg)?
- Existiert eine (Garten-)Planung?

2. Begehung

- Erster Eindruck: Neben der Topografie wird festgestellt, ob die Fläche/das Baufeld homogene oder unterschiedliche Bedingungen aufweist.
- Sind eine oder mehrere Untersuchungsstellen notwendig?

3. Feldversuche

- Feldversuche werden mit den gegebenen (vorhandenen bzw. mitgebrachten) Hilfsmitteln bis zur erforderlichen Tiefe (eventuell in Schichten) durchgeführt.

4. Ergebnisse und Auswertung der Feldversuche

- Die wertfreien Untersuchungsergebnisse sind in Bezug zum Objekt zu bewerten. Erst jetzt kann mit der Planung begonnen werden.

5. Bodenuntersuchungen beim Bau

a) Kurz vor Baubeginn: Ist der Boden bearbeitbar und wenn ja, unter welchen Bedingungen? Sind Änderungen erforderlich?
b) Als Kontrolle nach Bauabschnitten: Wurde der Boden bisher sachgemäß bearbeitet?
c) Nach Bauabschluss: Ist das Gesamtergebnis zufriedenstellend?

HINWEISE

Die Schnelligkeit, mit der die Feldversuche durchgeführt werden (bitte keine Hast), hängt neben der Erfahrung von der Anzahl der Untersuchungen ab. Die Auswertungen richten sich nach den Zielvorgaben, von wenigen Ergebnissen bis hin zur vollständigen Verarbeitung aller Kenndaten. Die Genauigkeit aller Ergebnisse hängt davon ab, wie gründlich die Versuche durchgeführt werden!

22.2 Konkrete Vorgehensweise für dieses Beispiel

Nachfolgend wird für dieses Beispiel die Vorgehensweise vorgestellt, wie Erkenntnisse erlangt und daraus Schlussfolgerungen gezogen werden können.

22.2.1 Situation vor der Begehung

Es handelt sich um den letzten fertiggestellten und auch schon bezogenen Neubau in einem ca. 1 ha großen Baugebiet. Das leicht abschüssige Grundstück hat eine Fläche von 520 m² (20 × 26 m), davon sind bis jetzt mit Haus und Doppelgarage 150 m² überbaut. Die Erschließung des Baufeldes war im Herbst abgeschlossen. Das Haus wurde im Spätsommer bezogen. Jetzt erst soll der Garten geplant werden. Wunsch des Bauherrn: Erd-, Pflaster- und Pflanzarbeiten (Gehölze) noch im Herbst, Raseneinsaat und Stauden im Frühjahr.

HINWEIS

Die am häufigsten auftretende Situation: Das Haus steht und erst jetzt beginnt die Planung der Freiflächen (Garten). Bodenschutz/Bodenverdichtungen wurden nicht beachtet.

22.2.2 Begehung

Erster Eindruck: Von der ursprünglichen Geländeoberfläche ist beinahe nichts mehr zu sehen – fast alles ist mit aufgefülltem Boden bedeckt (siehe Abb. 22.2-1). Unter diesem Füllboden liegen wahrscheinlich feinkörnige und durch Erschließungsmaßnahmen verdichtete Böden vor. Deutliche Verdichtungsspuren sind erkennbar. Der Oberboden wurde offensichtlich flächendeckend befahren beziehungsweise belastet. Der Aushub von Haus und Garage befindet sich als Oberbodenmiete auf einer Grundfläche von ca. 10 × 4 m (bei über 2 m Höhe) ca. drei Meter neben dem Haus (siehe Abb. 22.2-2). Daneben war eine ehemalige Lagerstelle von Baustoffen. Reste davon und auch Bauschutt sind noch vorhanden (siehe Abb. 22.2-3). Das Grundstück hat ein leichtes Gefälle zur Straße hin und keinen Bewuchs mehr. Es ist eine ehemalige Ackerfläche und das deutet auf überwiegend homogene Bodenverhältnisse hin.

Ergebnis des ersten Eindrucks: Leicht bindiger Oberboden – bei vermutlich halbfester Konsistenz – und deshalb wahrscheinlich auch bindiger Baugrund.

Abb. 22.2-1 Rund um das fast fertige Gebäude ist aufgefüllter Boden (z. T. Sand, z. T. „Lehm") von wenigen Zentimetern bis zu einem Meter angedeckt worden.

Abb. 22.2-2 Oberbodenmiete im Nahbereich des Hauses. Einfach abgekippt oder geschoben, gibt es Schutz vor seitlich eindringendem Wasser?

FAZIT 1:

Im aufgefüllten Bodenbereich reichen zwei Untersuchungsstellen. Der Baugrund muss dabei auch erfasst werden.

FAZIT 2:

Mieten sind unbedingt von Verunreinigungen freizuhalten bzw. davor zu schützen. Besonders angelieferte Oberböden sollten noch vor dem Abkippen auf Verunreinigungen kontrolliert und gegebenenfalls abgelehnt werden – wer will verunreinigte Böden in seinem Garten haben und sich auch noch bei späteren Gartenarbeiten die Hände aufschneiden?!

22.2.3 Feldversuche

Die nachfolgenden Versuche werden in die Schritte a bis d unterteilt.

a) Verwendung der einfachsten Ausstattung, aber zusätzlich mit Bohrstock (Pürckhauerstab) + Hammer, Ausstechzylinder + Messspitzen.

b) Beim Eintreiben des Bohrstockes ist ab 40 cm Tiefe mehr Kraft aufzuwenden, deshalb wird er erst zur Hälfte seiner Gesamtlänge (= 0,5 m) eingetrieben (gedreht und ca. 1 cm hochgezogen), dann bis ca. 75 cm (gedreht und ca. 1 cm hochgezogen) und erst danach wird er bis zur vollen Tiefe eingetrieben (gedreht und vollständig herausgezogen).

c) Die Infiltrationsmessung mit den beiden Messspitzen, an der ehemaligen Geländeoberfläche, wird schon nach 10 min abgebrochen. Während dieser Zeit ist der Wasserspiegel (nur) um 1 bis 2 mm abgesunken.

d) Baugrund und Oberboden werden mit den gleichen Methoden untersucht. Eine visuelle Bestimmung der Korngrößen entfällt, weil sich der Boden kaum in seine Einzelbestandteile ausbreiten lässt. Es werden der Reibeversuch und die Wasserlagerung, die für mäßig feuchte bindige Böden gilt, angewendet.

FAZIT:

Der erste bei der Begehung gewonnene Eindruck in Bezug auf Boden und Verdichtung hat sich bestätigt.

Abb. 22.2-3 Auf (auch innerhalb?) der Oberbodenmiete sind Verunreinigungen (Schotter) zu erkennen. Ist es nur Schotter oder sind sogar Schutt und Glas vorhanden?

22.2.4 Ergebnis und Auswertung der Feldversuche

Als Ergebnis dieser Feldversuche liegen vor:

- Durch das Eintreiben des Pürckhauerstabes an beiden Untersuchungspunkten ergeben sich jeweils hohe Widerstände unterhalb ca. 40 bis 50 cm Tiefe.
- Der Oberboden ist ein stark schluffiger Sand (SU*) mit geschätzten 3 bis 4 % an organischer Substanz und reicht bis in ca. 40 cm Tiefe. Infolge der Klebwirkung der organischen Anteile verhält sich der erdfeuchte Oberboden wie ein bindiger Boden!
- Der darunter anstehende erdfeuchte Baugrund ist ein leicht plastischer Ton (TL).
- Es sind keine Vernässungen festzustellen.
- Das Ergebnis der Infiltrationsmessung von nur 1 bis 2 mm nach 10 Minuten bestätigt die Vermutung, dass eine Verdichtung vorliegt, denn solch eine Versickerleistung bedeutet, dass das Wasser eher verdunstet, als dass es versickert.

Aussagen:

- Es handelt sich um einen mäßig verdichteten Oberboden (aus Infiltrationsmessung) und einen noch stärker verdichteten Baugrund (aus Eintreibvorgang des Pürckhauerstabes).
- Der Oberboden wird in diesem Zustand für die Vegetation weitgehend tauglich sein. Für belastbare Rasenflächen oder spezielle Vegetation (z. B. Stauden) müsste er allerdings verbessert/gelockert werden. Der verdichtete Baugrund ist bei bautechnischen Flächen weitgehend unproblematisch.

FAZIT:

Aus dem Oberboden lässt sich beispielsweise für eine Staudenbepflanzung „noch etwas machen“, die Verwendung des Baugrundes für Gehölze wirft dagegen mehr Probleme auf, weil Bodenverbesserungen in größeren Tiefen (wegen fehlender Erreichbarkeit) nicht einfach durchzuführen sind.

Hinweise zu Zuwegungen (Garage, Terrasse etc.)

Grundvoraussetzung für alle technischen Einrichtungen ist eine frostfreie Gründung (bis 80 cm) und die Auskofferung des Oberbodens. Der Baugrund muss so beschaffen sein, dass er die (späteren) Belastungen tragen kann. Ist er das nicht von sich aus, so muss er in einen solchen Zustand gebracht werden. Bei nicht bindigen Böden ist das in der Regel einfacher zu erreichen als bei bindigen Böden.

Der vorliegende leicht plastische Ton im halbfesten Zustand ist, über seinen festgestellten Bodenwiderstand hinaus, weiter gut zu verdichten. Sollten aber Niederschläge nach der Auskofferung des Oberbodens den Baugrund aufweichen, muss mit Schwierigkeiten gerechnet werden. Aus diesem Grund sollten die in Betracht kommenden Flächen vor Niederschlägen abgedeckt werden! Der nachfolgende Aufbau/Oberbau (Schotter, Sand/Splitt, Deckschicht) ist belastungsabhängig und nach Fachliteratur zu ermitteln. Wichtig ist dabei, dass die Maximalbelastungen nicht überschritten werden dürfen. Wird beispielsweise die Garagenzufahrt für Pkw konzipiert, so sollte ein Umzugs-Lkw auch nicht „nur einmal" darauf fahren!

Hinweise zur belastbaren Rasenfläche

Für belastbare Rasenflächen wird auf die Sportplatznorm DIN 18035-4 verwiesen. In dieser Norm wird versucht, die gegenteiligen Aspekte wie Tragfähigkeit (Belastbarkeit) und Pflanzenansprüche bei Rasentragschichten miteinander zu vereinbaren. Für die Tragfähigkeit sind dabei die groben Körnungsbereiche zuständig, für die Vegetation dagegen die feineren Körnungen (in Bezug auf Speicherung von Wasser und Nährstoffen). Die organischen Anteile sollen dabei 2 % nicht übersteigen.

Schlussfolgerung: Was für den Sportplatzbau gut ist, kann für den Hausgarten nicht schlecht sein!

Es muss also nur die Körnungskurve in das vorgegebene Körnungsband eingezeichnet werden, um die Eignung des Bodens zu erkennen.

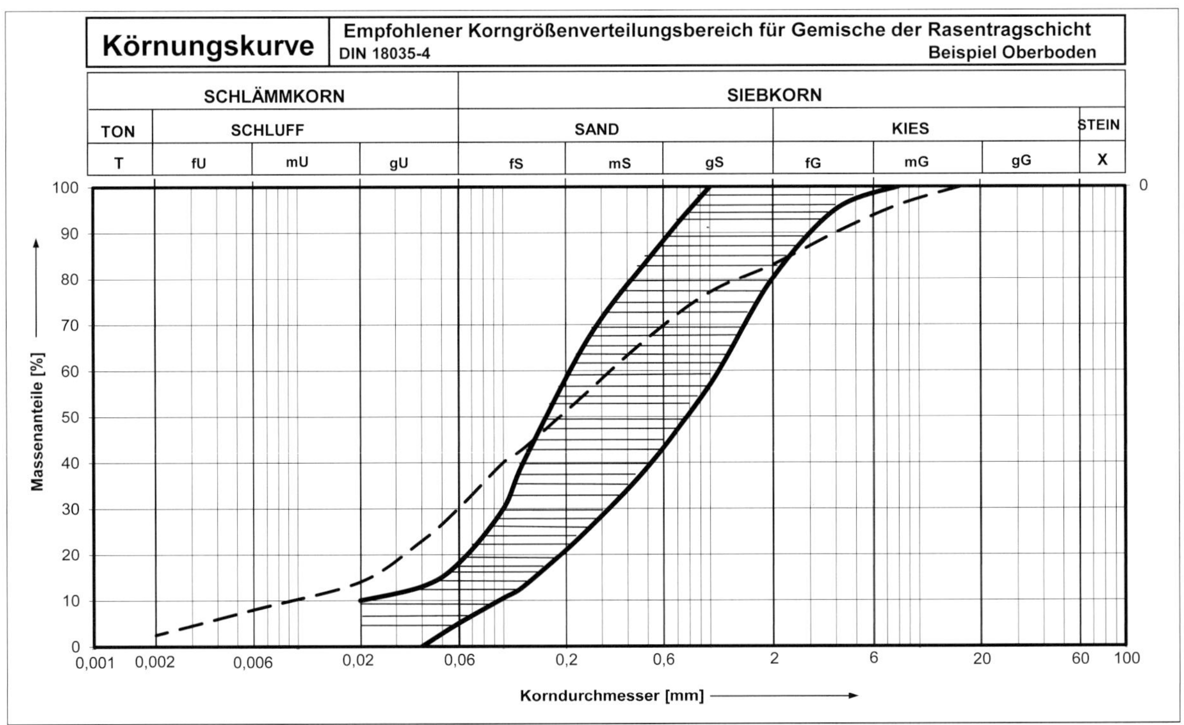

Abb. 22.2-4 Die Ergebnisse des Oberbodens zeigen nach DIN EN ISO 14688-1 einen schwach tonigen, kiesigen, schluffigen Sand (S, u, g, t') im halbfesten Zustand und nach DIN 18196 einen stark schluffigen Sand (SU*). Nach Berechnung des k_f-Wertes aus der Körnungslinie ist der Boden mit $1{,}5 \times 10^{-8}$ m/s (schon an der Grenze zu 10^{-9}) im verdichteten Zustand also kaum wasserdurchlässig. Die organischen Anteile liegen bei 4,1 %.

Liegt die Körnungslinie des Bodens rechts außerhalb des Körnungsbandes, so müssten, sofern dieser Boden eingebaut würde, vermehrt Wasser und Nährstoffe zugefügt werden. Liegt die Körnungskurve dagegen links außerhalb des Körnungsbandes, so würde der Boden bei Trockenheit sehr hart werden und im zu feuchten Zustand nicht sehr belastbar sein. Soll der Boden im Wunschbereich, innerhalb des Körnungsbandes bleiben, dann ist eine mechanische Bodenverbesserung anzuwenden.

Wie zu ersehen ist, liegt dieser Oberboden offensichtlich zu einem Großteil außerhalb des Körnungsbandes. Er wäre deshalb für einen belastbaren Rasen wegen seiner zu hohen bindigen Anteile ungeeignet. Er ist aber sehr wohl für einen wenig belasteten Zierrasen gut geeignet! Von einer Rasenfläche abgesehen ist er für Pflanzflächen, einschließlich eines Nutzgartens, gut geeignet. Bei einem Staudengarten würde er sich im Allgemeinen für die meisten Stauden ebenfalls eignen. Bei speziellen oder besonderen Stauden wäre das jedoch im Einzelfall zu prüfen, denn die Standortansprüche einzelner Stauden können sehr breit gefächert sein.

Hinweise zu Witterungseinflüssen auf die Bodenbearbeitung

Im Normalfall können nicht bindige Böden fast immer bearbeitet werden. Bei bindigen Böden sollte das dagegen **vorher** schon gut überlegt sein, denn bei diesen ändert sich über die Witterung ständig der Bodenzustand (die Konsistenz), der jeweils bekannt sein sollte.

Die Schwierigkeit liegt im bautechnischen Bereich, wenn im zu feuchten Bereich die Arbeiten eingestellt werden müssen, weil sich das (Verdichtungs-)Gerät festgefahren hat. Wenn der Boden zu trocken ist, muss gegebenenfalls nachverdichtet werden.

Probleme ergeben sich auch bei zu feuchten Böden, die vegetationstechnisch genutzt werden sollen. Der einzige Konsistenzbereich, in dem maschinell bodenschonend gearbeitet werden kann, ist der Bereich halbfest (fest). Dieser Zustand stellt sich durch Trocknungsvorgänge ein, in der Regel **nur** durch Abwarten!

Durch Bestimmung der Bodengruppen nach DIN 18196 kann obendrein ermittelt werden, ob es sich überhaupt lohnt zu warten, denn auch in einem heißen Sommer und/oder Frühherbst wird zum Beispiel ein ausgeprägt plastischer Ton (TA) nur in den obersten Zentimetern halbfest und fest werden. Darunter, also im Einwirkungsbereich fast aller auf einer Baustelle verwendeten Geräte, verbleibt ein solcher Boden im plastischen – dem am besten verdichtbaren – Bereich. Nur leicht plastische Böden wie SU, GU, ST und GT haben die Chance, am Ende einer längeren Trockenperiode in den halbfesten Bereich zu kommen.

Kleine Hilfsmittel zum schnelleren Erreichen des halbfesten Bereichs wären das Aufreißen der Oberfläche zwecks zügigerer Verdunstung und/oder das Abdecken der jeweiligen Fläche **vor** Niederschlägen mittels einer Folie und dem Aufdecken danach. Bei schon geringem Gefälle besteht eine weitere Möglichkeit darin, durch leichtes Anwalzen die Oberfläche so zu glätten, dass das Regenwasser abgeleitet werden kann – das Wasser kann durch diese einfache Maßnahme nur geringfügig in den Boden eindringen.

Das alles kostet – wie auch immer – Zeit und verursacht dadurch fast auch immer höhere Kosten. Das muss ein Bauherr und Unternehmer in eigener Person für sich entscheiden: Sollen die Arbeiten schnell abgeschlossen werden, aber auf dem Rasen steht später ständig Wasser? Wo liegt die Priorität? Als Planer/Unternehmer muss diese Problematik dagegen mit dem Bauherrn geklärt und gelöst werden.

HINWEIS

Zeitvorgaben in Verbindung mit bindigen Böden ergeben (fast) immer Probleme und Konflikte: Gegebenenfalls sollte gewartet werden, bis der Boden abgetrocknet ist. Lösung: Zeitvorgaben vermeiden und flexibel sein.

22.2.5 Bodenuntersuchungen beim Bau

Diese weiterführenden Untersuchungen werden hier nicht behandelt, weil sie direkt von den jeweiligen Planungen, den beabsichtigten Zeitvorgaben und der Bauausführung abhängig sind. Ein solches Beispiel würde den Rahmen dieses Buches sprengen.

FAZIT:

Weiterführende Untersuchungen stellen eine Art „Boden-Bauaufsicht" dar als Vorbeugung gegen unsachgemäße Bodenbearbeitung oder als Reaktion auf bereits erfolgte unsachgemäße Bodenbearbeitung mit dem Ziel, dass die Vorgaben an den Boden eingehalten werden.

HINWEISE

Sollten unterschiedliche Teilergebnisse einer Probe vorliegen, so ist ein Versuchsergebnis davon falsch interpretiert oder der Versuch nicht richtig ausgeführt worden – das sollte nicht vorkommen. **Alle** Versuche sollten in einem derartigen Fall wiederholt werden. Feldversuche dürfen keinesfalls „im Vorbeigehen" gemacht werden. Ein kurzes, aber intensives „Hantieren" mit dem Boden ist dabei unerlässlich. Boden ist kein „Dreck" oder Schmutz, sondern ein mehr oder weniger belebter Baustoff, auch wenn er manchmal (unangenehm) riecht (organische Anteile).

LETZTER HINWEIS

Wenn Laborergebnisse eines Bodens schon vorliegen oder später noch vorliegen werden, sollte diese Gelegenheit unbedingt genutzt werden, um zunächst die nötigen Feldversuche durchzuführen, ohne die Ergebnisse vorher einzusehen (!). Damit können die persönlichen Fähigkeiten mit den tatsächlichen Ergebnissen kontrolliert und verglichen werden.

Als Abschluss soll nochmals hervorgehoben werden, dass die Feldversuche und deren Interpretation die **Grundvoraussetzung** zum Erfolg sind und dazu gehören auch Übung, Übung, Übung.

ABSCHNITT E: PROBLEMFÄLLE

23 TYPISCHE FALLBEISPIELE

In diesem Abschnitt werden Fragen gestellt, die aufkommen können, wenn beim Bau oder erst nach seiner Fertigstellung ein Objekt nicht zur Zufriedenheit gelungen ist. Dabei ist es auch unerheblich, ob der „Fehler" selbst oder von anderen verursacht wurde

23.1 Vorgehensweise

Hier werden „einfache" Fragen zu offensichtlichen Mängeln gestellt und Lösungswege nach folgendem Schema aufgezeigt.

Wie hätte ich das vermeiden können?

a) Lösungsweg bei einem nicht bindigen Boden,
b) Lösungsweg bei einem bindigen Boden,
c) Lösungsweg, wenn ein nicht bindiger Boden auf einem bindigen Boden liegt (ggf. seltener auch umgekehrt). Grund: Nicht bindiger und bindiger Boden beeinflussen sich gegenseitig.

So lauten Fragen, wenn etwas nicht zur Zufriedenheit ausgefallen ist. Dabei ist es unerheblich, ob diese Fragen von einem Laien (an einen „Fachmann"), einem Auszubildenden (an den Kolonnenführer oder Meister) oder von einem Ingenieur (an einen Sachverständigen) gestellt werden. Unerheblich deswegen, weil jeder Fragesteller sich diese Fragen offensichtlich nicht selbst beantworten konnte und nun hofft, dass dies der jeweils Angesprochene mit seinem Fachwissen lösen kann.

Diese Fragestellungen ergeben sich, weil, wie in fast allen Fällen, einfach drauflos gearbeitet wurde – „so haben wir immer schon gearbeitet" und „der Boden hält das schon aus"!

Grundlage einer jeden Fallbearbeitung ist immer

1. die Erkundung des Standortes (Kap. 12) und anschließend
2. die Klärung der Frage „nicht bindiger oder bindiger Boden?" (Kap. 13.2).

Die unter Abschnitt A vermittelten Kenntnisse werden dabei weitgehend vorausgesetzt und nur in Einzelfällen aufgeführt.

Die zu den einzelnen Fallbeispielen aufgezeigten Lösungswege enthalten die wichtigsten Abschnitts- und Kapitelverweise, um den oder die Baufehler zu finden und aufzuzeigen, welche Maßnahmen zur Abhilfe möglich sind. Nachfolgend wird ein Musterbeispiel mit ausführlichen Erläuterungen aufgeführt (Kap. 23.2).

HINWEIS

Häufig sind es mehrere Parameter, die zum Schaden führen. Sie setzen aber immer voraus, dass aus Unwissenheit, vermeintlichem Zeitdruck oder Ignoranz etwas falsch gemacht wurde, was durch vorheriges Nachdenken oder auch „nur" durch Kenntnis der örtlichen Verhältnisse vermeidbar gewesen wäre. Die Beantwortung einer jeden Frage ergibt zwangsläufig die Konsequenz, ob und unter welchen Bedingungen Abhilfemaßnahmen möglich sind. Aus finanziellen Gründen, schlechter Zugänglichkeit etc. muss dann oft davon Abstand genommen werden und es muss mit dem (erst jetzt) erkannten Mangel gelebt werden.

23.2 Musterbeispiel

Ausgewählt und hier näher betrachtet wird das nachfolgende Beispiel 22 aus Kapitel 23.3.

22 Warum wächst es auf dem wieder eingebauten Oberboden jetzt wesentlich schlechter als vorher?

a) Abschnitt B: 13.3 + 13.5; Abschnitt C: 19 + 20
b) Abschnitt B: 13.4, 13.5 + 14; Abschnitt C: 19 + 20
c) Abschnitt B: 13.3/13.4 + 13.5, 14; Abschnitt C: 19 + 20

Voraussetzung:
Wie bei allen Beispielen wird vorausgesetzt, dass eine Erkundung der Bodenverhältnisse gemäß Kapitel 12 durchgeführt wird.

Erkundungsergebnis:
Es wird ein schwammig reagierender, unverdichteter Oberboden festgestellt (tiefe Fußspuren), der so gut wie nicht abtrocknet. Darunter befindet sich ein verdichteter bindiger Baugrund.

Hintergrund:
Zur Oberbodensicherung wurde dieser im mäßig erdfeuchten Zustand fachgerecht auf Miete gesetzt. Der darunterliegende bindige Baugrund wurde durch die Erschließungsmaßnahmen verdichtet. Nach Beendigung der Baumaßnahmen wurde der Oberboden bei annähernd gleicher Bodenfeuchte wieder angedeckt. Jetzt reagiert der Oberboden schwammig (er weist tiefe Fußspuren auf), er trocknet so gut wie nicht ab – so kann nicht gepflanzt oder eine Rasenansaat vorgenommen werden!

Lösungsweg:
Hier trifft Lösungsweg c) zu (daher fett gedruckt).
Durch die Kapitel 13.3 „Genauere Untersuchung von nicht bindigen und gemischtkörnigen Böden“ und 13.5 „Untersuchung von Böden mit organischen Anteilen“ wird zuerst die Zusammensetzung/Bodenart des Oberbodens ermittelt.

Die Zusammensetzung/Bodenart des bindigen Baugrunds ergibt sich durch die Untersuchungen nach Kapitel 13.4 „Genauere Untersuchung von gemischtkörnigen und feinkörnigen (bindigen) Böden“.

1. Ergebnis: Der Oberboden ist nicht bindig und hat < 4 % organische Anteile. Der Baugrund ist bindig (bei geringen Tonanteilen).
2. Beurteilung: Der bindige Baugrund wurde durch die Erschließungs- und Bauarbeiten so verdichtet, dass es zu einem kapillaren Bruch gekommen ist, denn der Oberboden ist locker geblieben.
3. Fazit: Der lockere Oberboden kann nur bei Wassersättigung sehr langsam Wasser an den Baugrund abgeben. Es finden deshalb nur sehr langsame Versickerungsvorgänge statt.
4. Abhilfe:
   a) Oberboden schonend auskoffern.
   b) Baugrund durch Einarbeitung von grobem Sand (Estrichkies) verbessern (Abschnitt C, Kap. 21).
   c) Einbau einer Dränage (siehe weiterführende Literatur).
5. Ohne Abhilfe: Es ist unklar, was falsch gelaufen ist und notgedrungen (meist aus finanziellen Gründen) bleibt alles so, wie es ist. Es ist das Beste daraus zu machen. Das wären dann unter anderem Nutzungsänderungen und auch eine andere Pflanzenauswahl.

Kritische Betrachtungen zum Musterbeispiel:
In diesem Beispiel wird nur die Situation eines lockeren Oberbodens auf einem verdichteten Baugrund betrachtet. Der Lösungsweg wird sich selbstverständlich ändern, wenn einzelne Zwischenergebnisse der Untersuchungen anders ausfallen. Zudem könnten für genauere Aussagen noch weitere Feldversuche angewendet werden, an der Schlussfolgerung würde sich aber trotzdem nichts ändern.

Der Vorgang, um Aussagen zu erhalten, bleibt wie bei allen Fragestellungen aber gleich: Die Voraussetzung ist immer zuerst die Kenntnis der Bodenart(en), dann gegebenenfalls noch weiterer Kennwerte (z. B. Wassergehalt, Dichte) und erst danach werden mit diesen Kenntnissen die gemachten Fehler aufgedeckt.

HINWEIS

Einfache Lösungen sind selten, überwiegend sind vernetztes Denken und eine gute Kombinationsgabe maßgebend, um Probleme zu lösen – und ein gemachter Fehler zieht für gewöhnlich andere/weitere Mängel nach sich!

23.3 Fallbeispiele

Nachfolgend werden 25 Fallbeispiele erörtert.

1 Warum sackt das Pflaster meiner (Garagen-)Zufahrt ab?
a) Abschnitt B: 13.3, 16 + 17; Abschnitt C: 19 + 20
b) Abschnitt B: 13.4, 14, 16 + 17; Abschnitt C: 19 + 20
c) Abschnitt B: 13.3/13.4, 14, 16 + 17; Abschnitt C: 19 + 20

2 Warum stehen Zaun oder Pergola schief?
a) Abschnitt B: 13.3, 16 + 17; Abschnitt C: 19 + 20
b) Abschnitt B: 13.4, 14, 16 + 17; Abschnitt C: 19 + 20

3 Warum sacken die Platten/Steine der Terrasse ab?
a) Abschnitt B: 13.3, 16 + 17; Abschnitt C: 19 + 20
b) Abschnitt B: 13.4, 14, 16 + 17; Abschnitt C: 19 + 20
c) Abschnitt B: 13.3/13.4, 14, 16 + 17; Abschnitt C: 19 + 20

4 Warum rutscht die Böschung ab?
a) Abschnitt B: 11.2, 13.3; Abschnitt C: 19 + 20
b) Abschnitt B: 11.2, 13.4 + 14; Abschnitt C: 19 + 20
c) Abschnitt B: 11.2 ,13.3, 13.4 +14; Abschnitt C: 19 + 20

5 Warum sind (tiefe) Fahrspuren auf dem Planum?
a) Abschnitt B: 13.3, 15.4 + 17; Abschnitt C: 19 + 20
b) Abschnitt B: 13.4; 14, 15.4 + 17; Abschnitt C: 19 + 20

6 Warum fährt sich die Rüttelplatte fest, warum lockert sich der Boden dabei?
a) Abschnitt B: 13.3, 15.4 + 17; Abschnitt C: 19 + 20
b) Abschnitt B: 13.4; 14, + 17; Abschnitt C: 19 + 20

7 Warum hat die Bodenverbesserung mit Sand nicht geholfen?
a) Abschnitt B: 13.3 + 13.5; Abschnitt C: 21
b) Abschnitt B: 13.4, 13.5 + 14; Abschnitt C: 21

8 Warum hat die Bodenverbesserung mit Torf (Kompost etc.) nicht geholfen?
a) Abschnitt B: 13.3 + 13.5; Abschnitt C: 21
b) Abschnitt B: 13.4, 13.5 + 14; Abschnitt C: 21

9 Warum gibt es Frostschäden?
a) Abschnitt B: 13.3, 15 + 18; Abschnitt C: 19 + 20
b) Abschnitt B: 13.4, 14, 15 + 18; Abschnitt C: 19 + 20

10 Warum erodiert der Boden – das hat er doch vorher nicht getan?
a) Abschnitt B: 11.2, 13.3 + 15; Abschnitt C: 19 + 20
b) Abschnitt B: 11.2, 13.4, 14 + 15; Abschnitt C: 19 + 20

11 Warum und woher kommen nach und nach die vielen „Steine"?
a) Abschnitt A: 2.2; Abschnitt B: 13.3; Abschnitt C: 19 + 20

12 Warum steht Wasser in der Pflanzgrube?
a) Abschnitt B: 13.3, 13.5 + 16; Abschnitt C: 19, 20 + 21
b) Abschnitt B: 13.4, 14 + 16; Abschnitt C: 19, 20 + 21
c) Abschnitt B: 13.3, 13.4, 13.5, 14. + 16; Abschnitt C: 19, 20 + 21

13 Warum ist der Rasen immer nass und trocknet nicht ab?
a) Abschnitt B: 13.3, 13.5, 16 + 18; Abschnitt C: 19 + 20
b) Abschnitt B: 13.4, 13.5, 14, 16 + 18; Abschnitt C: 19 + 20
c) Abschnitt B: 13.3, 13.4, 13.5, 14, 16 + 18; Abschnitt C: 19 + 20

14 Warum vertrocknet der Rasen so schnell?
a) Abschnitt B: 13.3, 13.5, 16 + 18; Abschnitt C: 19 + 20
b) Abschnitt B: 13.4, 13.5, 14, 16 + 18; Abschnitt C: 19 + 20
c) Abschnitt B: 13.3, 13.4, 13.5, 14, 16 + 18; Abschnitt C: 19 + 20

15 Warum verschlämmen die Pflanzflächen?
a) Abschnitt A: 5.2; Abschnitt B: 13.3 + 13.5; Abschnitt C: 19 + 20
b) Abschnitt A: 5.2; Abschnitt B: 13.4, 13.5 + 14; Abschnitt C: 19 + 20

16 Warum bilden sich Pfützen auf dem Planum und warum verbleiben sie so lange?
a) Abschnitt B: 11.2, 13.3 + 16; Abschnitt C: 19 + 20
b) Abschnitt B: 11.2, 13.4, 14 + 16; Abschnitt C: 19 + 20

17 Warum gedeihen die Pflanzen im Garten (Staudenbeet bis Heidegarten) nicht?
a) Abschnitt B: 13.3, 13.5 + 16; Abschnitt C: 19, 20 + 21
b) Abschnitt B: 13.4, 13.5, 14 + 16; Abschnitt C: 19, 20 + 21

18 Warum stellt sich der frisch angepflanzte Baum in der Pflanzgrube schief?
a) Abschnitt B: 11.2, 13.3, 13.5 + 16; Abschnitt C: 19, 20 + 21
b) Abschnitt B: 11.2, 13.4, 13.5, 14 +16; Abschnitt C: 19, 20 + 21
c) Abschnitt B: 11.2, 13.3, 13.4, 13.5, 14 + 16; Abschnitt C: 19, 20 + 21

19 Warum saugt sich der Boden bei Niederschlägen voll Wasser?
a) Abschnitt B: 13.3, 13.5, 16 + 18; Abschnitt C: 19, 20 + 21
b) Abschnitt B: 13.4, 13.5, 14, 16 + 18; Abschnitt C: 19, 20 + 21
c) Abschnitt B: 13.3, 13.4, 13.5, 14, 16 + 18; Abschnitt C: 19, 20 + 21

20 Warum ist der Boden immer steinhart?
a) Abschnitt B: 13.3, 13.5, 16 + 18; Abschnitt C: 19 + 20
b) Abschnitt B: 13.4, 13.5, 14, 16 + 18; Abschnitt C: 19 + 20

21 Warum wächst auf dem angelieferten „Oberboden" fast nichts?
a) Abschnitt B: 13.3, 13.5, 15, 16 + 18; Abschnitt C: 19 + 20
b) Abschnitt B: 13.4, 13.5, 14, 15, 16 + 18; Abschnitt C: 19 + 20
c) Abschnitt B: 13.3, 13.4, 13.5, 14, 15, 16 + 18; Abschnitt C: 19 + 20

22 Warum wächst es auf dem wieder eingebauten Oberboden wesentlich schlechter als vorher?
a) Abschnitt B: 13.3 + 13.5, Abschnitt C: 19 + 20
b) Abschnitt B: 13.4, 13.5 + 14; Abschnitt C: 19 + 20
c) Abschnitt B: 13.3/13.4 + 13.5, 14; Abschnitt C: 19 + 20

23 Warum stinkt der Boden, wenn ich grabe?
a) Abschnitt B: 13.3, 13.5 + 16; Abschnitt C: 19 + 20
b) Abschnitt B: 13.4, 13.5, 14 + 16; Abschnitt C: 19 + 20

24 Ändern Anteile von Bauschutt die Bodeneigenschaften?
a) Abschnitt A: 9; Abschnitt B: 13.3 + 13.5; Abschnitt C: 19 + 20
b) Abschnitt A: 9; Abschnitt B: 13.4, 13.5 + 14; Abschnitt C: 19 + 20

25 Warum versinken Mauer/Trockenmauer/Zaun/Pergola (eventuell partiell) im Boden?
a) Abschnitt B: 13.3, 16 + 17; Abschnitt C: 19 + 20
b) Abschnitt B: 13.4, 14, 16 + 17; Abschnitt C: 19 + 20

Die angeführten Bezugsstellen erheben keinen Anspruch auf Vollständigkeit, weil sich häufig doch sehr unterschiedliche Konstellationen bei den Fragestellungen ergeben können. In solchen Fällen müssen dann noch weitere Aspekte zur Beantwortung der Fragen herangezogen werden.

Auf der nachfolgenden Seite finden Sie eine Vorlage (Kopiervorlage) zur Zeichnung einer Körnungskurve.

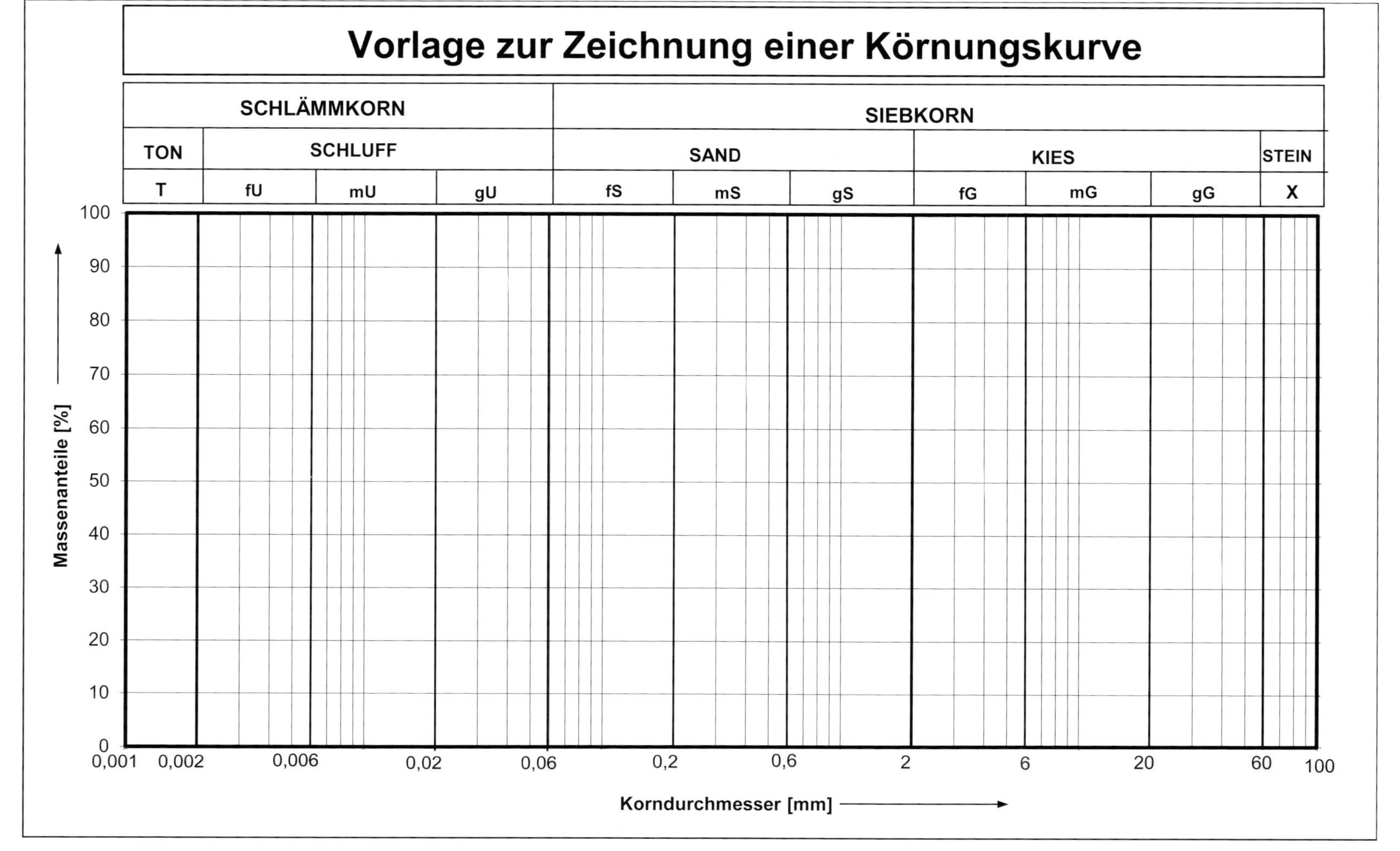
Vorlage zur Zeichnung einer Körnungskurve
SCHLÄMMKORN
SIEBKORN
TON
SCHLUFF
SAND
KIES
STEIN
T
fU
mU
gU
fS
mS
gS
fG
mG
gG
X
Massenanteile [%]
100
90
80
70
60
50
40
30
20
10
0
0,001
0,002
0,006
0,02
0,06
0,2
0,6
2
6
20
60
100
Korndurchmesser [mm]

SERVICE

Literatur- und Quellenhinweise

BEIER, H.-E. (1980): Vorlesungsmanuskript, Hochschule Osnabrück.

BÖLLING, W. H. (1971): Bodenkennziffern und Klassifizierung von Böden. Springer Verlag, Wien/New York.

FLOSS, R. (2011): Handbuch ZTV E-StB, Kommentar und Leitlinien mit Kompendium Erd- und Felsbau. Kirschbaum Verlag, Bonn.

LAY, B.-H., NIESEL, A., THIEME-HACK, M. (Hrsg., 2013). Lehr – Taschenbuch für den Garten-, Landschafts- und Sportplatzbau. Verlag Eugen Ulmer, Stuttgart.

LAY, B.-H., NIESEL, A., THIEME-HACK, M. (Hrsg., 2016): Bauen mit Grün – Die Bau- und Vegetationstechnik des Garten- und Landschaftsbaus. Verlag Eugen Ulmer, Stuttgart.

KÉZDI, A. (1976): Fragen der Bodenphysik. VDI-Verlag GmbH, Düsseldorf.

SCHEFFER, F., SCHACHTSCHABEL, P. (Hrsg., 2018): Lehrbuch der Bodenkunde. Springer Verlag GmbH, Heidelberg.

DIN-Normen*)

DIN 4023, Geotechnische Erkundung und Untersuchung – Zeichnerische Darstellung der Ergebnisse von Bohrungen und sonstigen direkten Aufschlüssen, Februar 2006.

DIN 4124, Baugruben und Gräben – Böschungen, Verbau, Arbeitsraumbreiten, Januar 2012.

DIN 18035-4, Sportplätze – Teil 4: Rasenflächen, Dezember 2018.

DIN 18035-5, Sportplätze – Teil 5: Tennenflächen, Januar 1987 (ersetzt im August 2007).

DIN 18125-2, Baugrund, Untersuchung von Bodenproben – Bestimmung der Dichte des Bodens – Teil 2: Feldversuche, März 2011.

DIN 18127, Baugrund, Untersuchung von Bodenproben – Proctorversuch, September 2012.

DIN 18130-1, Bestimmung des Wasserdurchlässigkeitsbeiwerts – Teil 1: Laborversuche, Mai 1998 (ersetzt durch DIN EN ISO 17892-11, Mai 2019).

DIN 18134, Baugrund – Versuche und Versuchsgeräte – Plattendruckversuch, April 2012.

DIN 18196, Erd- und Grundbau; Bodenklassifikation für bautechnische Zwecke, Mai 2011.

DIN 19682, Bodenbeschaffenheit – Felduntersuchungen – Teil 7: Bestimmung der Infiltrationsrate mit dem Doppelring-Infiltrometer, August 2015.

DIN EN 12616, Sportböden – Bestimmung der Wasserinfiltrationsrate, Dezember 2013.

DIN EN ISO 14688-1, Geotechnische Erkundung und Untersuchung – Benennung, Beschreibung und Klassifizierung von Boden – Teil 1: Benennung und Beschreibung, Mai 2018.

DIN EN ISO 14688-2, Geotechnische Erkundung und Untersuchung – Benennung, Beschreibung und Klassifizierung von Boden – Teil 2: Grundlagen für Bodenklassifizierungen, Mai 2018.

DIN EN ISO 17892-1, Geotechnische Erkundung und Untersuchung – Laborversuche an Bodenproben – Teil 1: Bestimmung des Wassergehalts, März 2015.

DIN EN ISO 17892-4, Geotechnische Erkundung und Untersuchung – Laborversuche an Bodenproben – Teil 4: Bestimmung der Korngrößenverteilung, April 2017.

DIN EN ISO 17892-11, Geotechnische Erkundung und Untersuchung – Laborversuche an Bodenproben – Teil 11: Bestimmung der Wasserdurchlässigkeit, Mai 2019.

Regelwerke)**

Bundesanstalt für Wasserbau – BAW (Herausgeber):

MAK – Merkblatt Anwendung von Kornfiltern an Bundeswasserstraßen, Ausgabe 2013 mit Änderung A1 2015.

Forschungsgesellschaft für Straßen- und Verkehrswesen e. V. – FGSV (Herausgeber):

TP BF-Stb – Technische Prüfvorschriften für Boden und Fels im Straßenbau – Teil B 9.3: Prüfung der Gleichmäßigkeit der Verformbarkeit von Böden mit dem Befahrungsversuch und dem Benkelman-Balken, Ausgabe 1983 (ersatzlos zurückgezogen 2006).

RAS-Ew, Richtlinien für die Anlage von Straßen – Teil: Entwässerung, Ausgabe 2005

ZTV E-StB 17, Zusätzliche Technische Vertragsbedingungen und Richtlinien für Erdarbeiten im Straßenbau, Ausgabe 2017.

Forschungsgesellschaft Landschaftsentwicklung Landschaftsbau e. V. – FLL (Herausgeber):

Empfehlungen für Planung, Bau und Instandhaltung von Abdichtungssystemen für Gewässer im Garten-, Landschafts- und Sportplatzbau, Ausgabe 2005.

Bildnachweis

DIN – Deutsches Institut für Normung e. V., Berlin*): Abb. 19.2-2 (von H. Kutza ergänzt), 21.4-1, 22.2-4 (von H. Kutza ergänzt)
FGSV – Forschungsgesellschaft für Straßen- und Verkehrswesen e. V., Köln**): Abb. 5.2-4 (von H. Kutza zusammengestellt), 10-1, 19.3-1 (von H. Kutza zusammengestellt und ergänzt)
Hemker, Olaf: Abb. 4.3-3
Kutza, Jan Oliver: Abb. 2.1-1 bis 2.1-3, 2.2-2 bis 2.2-7, 2.2-9, 2.2-11, 5.1-2, 5.1-3, 11.2-1 bis 11.2-4, 12.1-3 bis 12.1-8, 13.1-1, 13.1-2, 14.4-1 bis 14.4-18, 16.3-1

Alle anderen Abbildungen stammen von Heiner Kutza bzw. wurden von ihm nach den angegebenen Quellen gefertigt.

*) Aus DIN-Normen übernommene Texte, Tabellen und Abbildungen sind wiedergegeben mit Erlaubnis des DIN Deutsches Institut für Normung e. V. Maßgebend für das Anwenden der DIN-Normen ist deren Fassung mit dem neuesten Ausgabedatum und den neuesten EN-Fassungen, die bei der Beuth Verlag GmbH, Burggrafenstraße 6, 10787 Berlin, erhältlich sind.

**) Aus FGSV-Regelwerken übernommene Texte, Tabellen und Abbildungen sind wiedergegeben mit Erlaubnis der Forschungsgesellschaft für Straßen- und Verkehrswesen e. V. Maßgebend für das Anwenden der FGSV-Regelwerke ist deren Fassung mit dem neuesten Ausgabedatum, die beim FGSV Verlag, Wesselinger Straße 117, 50999 Köln, erhältlich ist.

Register

Bibliografische Information der Deutschen Nationalbibliothek
Die Deutsche Nationalbibliothek verzeichnet diese Publikation in der Deutschen Nationalbibliografie; detaillierte bibliografische Daten sind im Internet über http://dnb.d-nb.de abrufbar.

Wollgrasweg 41, 70599 Stuttgart (Hohenheim)
E-Mail: info@ulmer.de
Internet: www.ulmer.de
Lektorat: Christine Condé, Birgit Schüller
Herstellung: Isabell Scherrieble
Umschlaggestaltung: Verlag Eugen Ulmer
Satz: Atelier Reichert, Stuttgart
Reproduktion: TimeRay Visualisierungen, Jettingen
Druck und Bindung: Firmengruppe APPL, aprinta druck, Wemding
Printed in Germany

ISBN 978-3-8186-0815-6